〔加〕特伦斯·迪金森 著　谢 懿 i

夜观星空

天文观测实践指南

NightWatch: A Practical Guide to Viewing the Universe

观测信息
更新至2025年

北京科学技术出版社

Published by arrangement with: Firefly Books Ltd., 66 Leek Crescent, Richmond Hill, Ontario, L4B1H1 Canada
www.fireflybooks.com

Updated with corrections, 2014

著作权合同登记号 图字：01-2012-0803

图书在版编目（CIP）数据

夜观星空 /（加）特伦斯·迪金森著；
谢懿译．—北京：北京科学技术出版社，2012.9（2024.6 重印）
书名原文：NightWatch：A Practical Guide to Viewing the Universe
ISBN 978-7-5304-5899-0

Ⅰ．①夜… Ⅱ．①特… ②谢… Ⅲ．①天文观测－普及读物 Ⅳ．① P12-49

中国版本图书馆 CIP 数据核字 (2012) 第 106744 号

策划编辑：田　恬
责任编辑：邵　勇
责任印制：李　茗
图文制作：北京地大天成印务有限公司
出 版 人：曾庆宇
出版发行：北京科学技术出版社
社　　址：北京西直门南大街 16 号
邮政编码：100035
电　　话：0086-10-66135495（总编室）　0086-10-66113227（发行部）
网　　址：www.bkydw.cn
印　　刷：雅迪云印（天津）科技有限公司
开　　本：787mm × 970mm　1/16
字　　数：200 千字
印　　张：12
版　　次：2012 年 9 月第 1 版
印　　次：2024 年 6 月第 24 次印刷
ISBN 978-7-5304-5899-0

定价：78.00 元

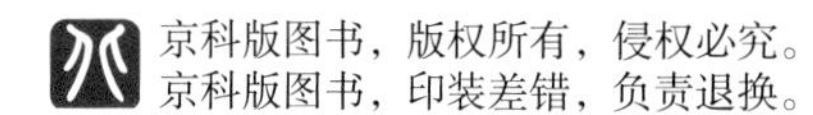

中文版序

我们头顶璀璨的星空永远是地球上人类的向往和众多天文爱好者的方向。随着近年来大家生活水平的提高，越来越多的朋友不满足于把每天 24 小时全部花在关注地球表面的人和事上，而是对地球之外浩瀚的宇宙产生了兴趣。天文学本身是一门观测的学科，除了为我们带来无尽的遐想之外，能够亲自站在星空下体验观测的乐趣也是一种非常难得的享受。

现在大家手中的这本《夜观星空》是我读过的最适合的天文观测入门书籍。作者根据自己多年的天文观测经验写出了这本书，在书中介绍了与天文观测相关的天文知识，特别是对天文观测设备（肉眼、双筒望远镜、天文望远镜）的特点以及不同目标的观测技巧给出了重要的提示。

感谢北京科学技术出版社独具慧眼，为国内广大天文爱好者引进了这本世界一流的天文观测畅销书，并且选择了国内年轻一代里文笔非常出色的专业人员担任此书的翻译。星空之美一定会超乎我们的想象，希望大家和我一样，在这本书的帮助之下，更多地亲身参与天文观测，从中得到更多的感悟和收获。

朱进

北京天文馆馆长

2012 年 5 月 25 日

2006 年 5 月 7 日，瓦解中的施瓦斯曼 - 瓦赫曼 3 号彗星的几个最亮的部分经过指环星云所在的那片望远镜视场，这是太阳系天体和深空天体并列的罕见景象。

序

到了 21 世纪，人们对宇宙的兴趣与日俱增，他们不仅仅阅读书籍，也会走到户外亲眼观察夜空。观星是一项极为有益的活动，还没有人因为在这一领域中付出的努力而感到后悔。和对其他事物的兴趣一样，一个人对自己看到的东西了解得越多，就会越发满足。

这正体现了拥有一本好书的重要性，它是你的观星伴侣，会提醒你，使你在不断阅读中进步。就像好朋友一样，这本书应该知识丰富、可靠、言简意赅，在传达内容的同时不会成为你和星星之间的障碍。无论你是用 203 毫米（8 英寸）的天文望远镜观测木星卫星，还是用双筒望远镜扫视银河，抑或是学习一些星座和星星的名字，这本书都应该耐用并易于使用。

富有经验的观测者都有他们最青睐的书籍。这些书都经受住了户外使用和室内研读的双重考验，成了观测者的老朋友，它们就像饱经风霜的老兵，在不计其数的日日夜夜里体现了它们的忠诚。我的“老朋友”包括 H.A. 雷伊的《星星：观测它们的新方法》（*The Stars: A New Way to See Them*），这是一本古怪而迷人的星座介绍书；艾伦·桑德奇的《哈勃星系图》（*Hubble Atlas of Galaxies*）——如果哥伦布是一个好作家并且拥有照相机的话，他可能也会出版一本类似的书；以及罗伯特·伯纳姆的《伯纳姆天体手册》（*Burnham's Celestial Handbook*），虽然伯纳姆在世时没有得到足够的回报，这一倾力之作却使他永远活在了人们的心中。

特伦斯·迪金森的《夜观星空》也有望成为这样一本书。自从问世以来，它赢得了广大天文爱好者的信任和喜爱。迪金森本人既是一个富有经验的观测者，也是一位头脑清醒的作家。他知道天空中有什么以及如何才能最好地观测它们；他以朴实而亲切的语言与读者分享了自己的专长，使自己和他人都受益匪浅；他对天文学的深层次审美则体现在书中优美的图片上。他还在不断地完善和更新这本书，直到它自然地融入星空守望者的日常生活，就像渔夫手中锐利而趁手的小刀。在一个晴朗而无风的夜晚，何不尝试一下，为自己而眺望星空。

蒂莫西·费里斯

美国加利福尼亚大学伯克利分校名誉教授

目 录

绪言 2

第1章 发现宇宙 4
天文爱好者；星星的领域

第2章 宇宙的层次 8
银河系

第3章 后院天文学 22
天空中的运动；天空中的路标——北斗七星；测量星空；恒星亮度；星座和星星的名字；恒星和星座简表

第4章 北半球星空 34
全天星图；春季夜空；夏季夜空；城市中的观星误区；光污染；秋季夜空；冬季夜空；黄道和黄道星座

第5章 观星器材 56
双筒望远镜；天文望远镜；天文望远镜的常见问题；天文望远镜的类型；计算机时代的望远镜；附件；目镜；挑选第一架望远镜时需要考虑的因素

第6章 探索深空 80
双星；夜视能力；变星；星团；星云；恒星和星系的距离；侧视法；球状星团；星系；望远镜观测经验；天体的名称；20幅星图

第7章 行星 118
城市天文学；水星；金星；火星；小行星带；木星；土星；带外行星和矮行星；2013 ~ 2025年可见行星

第8章 月球和太阳 134
观测太阳；月径幻觉

第9章 日食和月食 144
月食；日食追逐者；近年来的日全食、日偏食和月食

第10章 彗星、流星和极光 152
著名的和非著名的彗星；流星；极光

第11章 天文摄影 162
旋门追踪器；CCD照相机

第12章 南半球星空 170
南半球星图

第13章 资源 184

绪 言

自1983年第一版问世以来，超过75万册的《夜观星空》进入了天文爱好者的手中。在本书出版后，最令我高兴的是我收到了许多业余天文学家的反馈，他们说这本书是他们探索天空的初级阶段中的主要指南。

如同之前的修订版一样，新版《夜观星空》的主要目的是为业余天文学家提供一本全面的入门书籍。按照读者的喜好，我没有改变书的基本结构和内容，但对许多页的内容都做了微调和更新。最显著的变化是增加了关于南半球天空的新章节以及和第4章北半球星图风格相同的一系列新的星图，这部分正是应读者的要求添加的。

和往常修订书一样，我会用许多关系更密切或质量更出众的图片来替换原来的。为了反映数字成像技术革命，以及自1998年上一版出版以来新上市的许多业余天文望远镜及其配件，我还大幅重写了有关天文摄影的章节。在必要的地方，我还对图表进行了更新。和以前一样，书中出现的价格都是以美元为单位的。

现在，虽然越来越多的人以休闲为目的涉足天文学，而且天文学设备的种类更多、质量更好了，但业余天文学家们有一个挥之不去的敌人：光污染——来自路灯、户外广告、停车场、楼房以及私人住宅和公共建筑物户外固定设备发出的光，其中任何一种光都能毁掉你院子中的夜景。即便你的观测地点可以免受直接的干扰，但户外照明通常会使城镇上空形成一个巨大的发光圆顶，足以盖过星星的光芒。

由于光污染日益严重，那些想要寻找黑暗夜空的人只能远远地躲入乡村。对许多狂热的天文爱好者来说，观星已经变成了远征。但这一切并非那么令人失望和绝望。光污染投下的乌云镶着有趣的银边，城镇天空的光芒非但没有减弱公众对天文学的兴趣，反而促进了它。在我们祖父母年轻的时候，他们站在门口就能看到布满星星的夜空和犹如丝带般的银河。今天，对大多数人来说，这已经变成了罕见而又奇特的景象，成了谈资和珍贵的记忆。

现在，很多家庭都会计划前往黑暗的地点观星。每年，数以千计的天文爱好者会在远离城市灯光的地方集会，参加夏季的“星空派对”，分享观星的乐趣。在之前版本的《夜观星空》中，我曾预言，随着城镇灯光势不可当地深入乡村，21世纪将会出现专门的“夜空保护区”——一块特意划出的地区，目前没有、将来也不会有灯光。眼下，这已经在一些国家中开始推行了。至少有半打这样的夜空圣地已经建成（第13章中的“星空派对”），在未来的几十年里肯定还会出现更多。

特伦斯·迪金森

加拿大安大略省亚克市

猎户星云是天空中的众多珍宝之一，就像一朵巨大的、在漆黑的宇宙中凝固的花朵，等待着星空探索者们充满好奇的凝望。

第1章

发现宇宙

我们就像船上的乘客，乘着地球在太空中穿行，而我们中的许多人除了自己所在的船舱之外，从来也没有关心过这艘大船的其他部分。

——S.P.兰利

想象一下这样一个世界，在那里，极微量的物质都有珠穆朗玛峰那么重。这种天体表面的引力极其强大，以至于一个人类访客在瞬间就会被其自身的重量压成一个还没有原子核厚的饼。

现在，想象一颗恒星受到奇异引力漏斗的撕扯，形成气体卷须。届时，环绕它运行的行星的天空会被这一过程中产生的光所照亮。这片区域中不会存在任何活着的生物，因为这里充满了超过致命剂量的X射线。

假设一颗行星隐藏在一片浓密的二氧化碳大气下，其中还夹杂着硫酸雨。这里非常热，熔点高达328℃的铅在此居然成了温度计中常用的液体。在这种地狱般的环境下，人类探险家会因为高温和窒息而丧命。

接下来，假设某一区域内有两颗恒星，它们照亮了这里。在强大的引力作用下，它们就像在跳华尔兹，每秒都有数百万吨的气态恒星物质在它们之间流动。这场拉锯战会以其中一颗恒星的爆炸毁灭而宣告结束，这会把附近所有的星球化为焦土。

以上这些外星景象都是真实存在的。那个致密的、具有超强引力的天体是一颗恒星爆炸后塌缩的核心，被称为中子星。那个引力漏斗则是一个大质量的黑洞，我们相信它就位于银河系的中心。那个二氧化碳温室则是金星，它是最靠近地球的行星，同时也是夜空中仅次于月亮的、最明亮的天体。那个双星系统是天琴β，可以在仲夏夜的头顶处看到。在一个拥有十万亿亿颗恒星和万亿颗未知行星的宇宙中，任何企图了解宇宙全部多样性的行为都是徒劳。

对我来说，当我站在夜晚恒星点缀的苍穹之下时，我总能感到这里充满了宇宙的魅力，而且恐惧地意识到地球只不过是漂浮在宇宙中的一粒尘埃。虽然我们能够思考自己在宇宙中的位置使得这粒尘埃变得不那么平凡，但是对外星人的好奇让这些遥远天体变得愈发神秘了。

天文爱好者

自从半个世纪前我第一次对宇宙着迷起，人类对宇宙的认识已经有了巨大的飞跃，新的发现不断涌现。从类星体、脉冲星、黑洞、有

任何一个想要了解夜空的人都会怀揣着好奇心出发，并获得探索宇宙的满足感。

上一页图：天文爱好者享受观星之夜。
上图：仙女星系就像一个由万亿颗恒星组成的巨大的盘状城市。

火山活动的卫星，到被更大的、由液氢组成的天体环绕的冰质小天体……差不多每个月会出现一些值得深思的新发现，我几乎不可自拔地沉浸其中。

与遥远的距离和天体的巨大尺寸较劲本身就是一种很吸引人的思维练习，在一个黑暗的夜晚站在那些恒星和行星之下则使业余天文学成了一种让人上瘾的消遣。对我来说，这是在宏观上与大自然的交流。我已经知晓了遥远的恒星和星系，此时，天空的全景会变得历历在目，我能想到："这是一颗比太阳大250倍的恒星……那儿，在我手指甲所能覆盖的区域里，是一个由500个星系所组成的星系团，其中的每个星系都和我们的银河系类似……那里则是我们银河系的核心，就隐藏在银河的裂隙之后。"所有这一切都能用肉眼看见并欣赏。当一个人成了天文爱好者并能够敏锐地区分不同的天体时，他便会拥有这种令人愉悦的体验。

对天文爱好者来说，自我发现就意味着要用望远镜自己来探索这些天空中的奇观。我的望远镜已经向我展示了恒星诞生的"星系托儿所"和恒星死亡时留下的"气体墓碑"。不久前的一个夜晚，我的望远镜——也就是天文爱好者常用的那种——向我揭示了7 000万光年之外的一个纺锤形星系的优美图像。自恐龙统治地球的时代起，那些从遥远的星空射来的光线便以10亿千米/时的速度在太空中疾驰。后院天文学就是一场视觉的冒险之旅。

在1997年3月23日的月全食中，月球几乎完全被地球的影子遮住了，就像戴了一层铜色的面纱。当这类比较容易观测的天文现象发生时，后院天文学家们早已准备就绪了。

在20世纪50年代，当我还是一个十几岁的少年时，我便渴望地看着《天空和望远镜》(*Sky & Telescope*)杂志中的望远镜广告。但那只是一个梦。那时，很少有天文爱好者能买得起望远镜，它们通常都由手工制造，价格十分昂贵，因此大多数人会选择自制望远镜。虽然大部分这类家庭制作的仪器——包括我自己的——都是徒有其表的垃圾，但还是有一些是品质极高的。今天，随着业余天文学的发展，与它在50年代所处的地下状态相比，情况已经完全不同了。现在，制造望远镜只是这个爱好中一个很小的组成部分。市场上有几十种价格低于1 000美元的高质量望远镜，而5 000美元的望远镜的性能可以完全超越上一代天文爱好

当海尔-波普彗星在1997年4月初达到最亮时，地球上数百万好奇的观众用肉眼就能清晰地看到它的两条彗尾。

者所使用的任何一种。

通过顶级品质的152毫米（6英寸）或者203毫米（8英寸）的天文望远镜（天文爱好者今天常用的尺寸）观测月球，你能看清一个足球场那么大的物体，以及月球平原上仅有几十米高的精细波纹——等同于从距离月球表面几百千米高的宇宙飞船上看到的景象。

1997年12月，所有的行星恰好在太阳的左侧连成一线，不过其中只有4颗是肉眼可见的。这幅图片显示的是它们中的3颗：最亮的那颗是金星，其右下角的是火星，左上角的是木星。

当你架好一架普通的天文望远镜时，你会看到巨大的木星那黄色、橙色、灰色、白色和棕色的云纹和云带，4颗大型卫星环绕着它，就像顺从的仆人紧张地想取悦主人；明亮的金星十分耀眼，会呈现类似月亮的圆缺变化；而土星精致的光环会在自己身上投下清晰而明显的影子。

星星的领域

在太阳系之外，还有无尽的地方等着我们探索。一架天文望远镜甚至是一副双筒望远镜就能将朦胧的银河转变为华丽的恒星聚会。在别处，从偶尔会闪耀着血红色的脉动变星到拥有一颗橙色子星和一颗蓝色子星的双星系统，恒星会呈现不同的颜色。

如果你知道该往哪里看，你还能在天空中看到星团，它们可能是由10颗或者20颗恒星组成的松散集合，也可能是由几十万颗恒星组成的巨大星群。如果你能够探测到更加深邃的空间，就会发现数千个星系——如同在银河系之外的巨大的恒星城市——点缀其间，就像呼出的冰冷空气凝固在时间中。

虽然星星总是在天上，但直到最近那些好的望远镜才真正到了大多数天文爱好者的手上。《夜观星空》主要是为那些对宇宙萌发了兴趣又尚未购买望远镜的人设计的。通过避开我认为不必要的术语和技术问题，这本书将使那些刚入门的天文爱好者作出聪明的决定：从事业余天文学并购买一架能助其终生游览宇宙的望远镜。

但本书也没有忽视那些用肉眼就能看到的天文现象：有时会覆盖北方天空的透明极光帷幕、围绕着太阳跳华尔兹的两颗行星、200万光年外的一个和银河系相似的星系等。从许多方面来说，探索夜空就像是到异国旅行。但是，正如其他旅行一样，只有当旅行者为此作好准备时，旅行的乐趣才会大大增加。而一旦你作好了准备，宇宙的盛景就会一次又一次地吸引你。

第2章

宇宙的层次

比起伟大的机器，宇宙开始看起来更像是一个伟大的思想。

——詹姆斯·金斯爵士

在人类的经验中，没有其他东西能像天文学这样拓展思路。遥远的距离和巨大的尺寸挑战着人们的想象力，而黑洞和星系相食这样的陌生概念折磨着人们的理解力。不过我们仍有可能理清整幅图像——整个宇宙的结构和范围。

当我们的曾祖父母还是孩子的时候，没有人知道在可见的恒星之外还存在什么——如果有的话。发现宇宙的真正范围是天文学在20世纪的任务。天文学家们现在有理由相信，空间和时间都有界限，宇宙是有限的。虽然我想在一幅插图中表现整个宇宙的组成部分和规模，但这需要一整面墙。因此，我们通过逐渐扩大范围的方法，通过11个立方体将该问题解释清楚。

本章中，由天文艺术家阿道夫·沙勒绘制的插图科学合理地描绘了目前所知的宇宙，每幅图描绘的景象的范围都比前一幅图大100万倍。每扩大一次就意味着长、宽、深都会增加100倍，因此整体会扩大100万倍。这一系列插图都以地球为中心。

我们从下一页的地球开始，把它圈进一个边长比地球直径稍大的假想立方体中。这很容易做到，而且可以让人轻松地了解地球的尺寸。许多人会定期在几个小时内飞跃地球周长的1/4。在一架高空飞行的喷气式客机里，你可以从地平线上获得地球表面曲率的线索，而你头上的深蓝色则代表着太空边缘的稀薄大气。

下一幅图会把地球缩成一个点，因为这个假想立方体的每条边都膨胀了100倍，达到了约200万千米。这个立方体现在已经能轻松地容纳月球的轨道了，后者是围绕地球的一个直径约为80万千米的圈。地球到月球的距离差不多是地球直径的30倍，“阿波罗”号的宇航员要花2天的时间飞越这段距离，而最快的行星际飞船大约要花6个小时。除了罕见的、来自小行星带的巨石误入外，从来没有其他天体进入过第2个立方体的边界。

第3个立方体包含了离我们比较近的水星、金星和火星的部分轨道，有几十艘机器人太空飞船行驶在这些行星间。这个立方体的边长约为2亿千米，比被称为“天文单位（AU）”的测量宇宙的标准单位稍大一点。1

第1个立方体

11 个立方体中的第 1 个立方体把地球放在一个想象中的、边长只比地球直径稍大的立方体中。地球的平均直径为 12 742 千米，质量约为 60 万亿亿吨。然而，正如后面的图所示，它只不过是宇宙中的一粒尘埃。

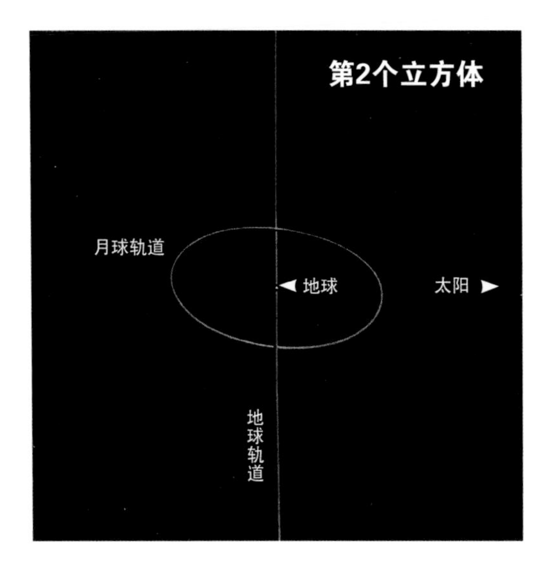

天文单位是1.5亿千米，是地球到太阳的平均距离。

除了几千颗从火星轨道之外的小行星带脱离并漂移至此的小行星——行星形成过程中残留的石块，这些行星间的区域基本上是空的。这些小行星中最大的犹如会飞的大山，如果撞上地球会造成大规模的破坏。幸运的是，这样的撞击极为罕见。最近的一次大碰撞发生在6 500万年前，正是恐龙灭绝的时候。

这个相对安静的区域中的另一个闯入者是彗星，它们也有大山那么大，但大部分由冰组成。当它们表面的物质因太阳辐射而蒸发时，彗星就会形成我们在照片中常见的朦胧的彗尾。

除去这些来自太阳系其他部分的造访者，这部分空间领域是相对安静、波澜不惊的。它已经这样存在了很长时间了——从它形成起地球已经绕太阳公转近50亿年了，现在依然如此。

与地球一样，其他太阳系的行星也在它们被引力限定的轨道上永不停息地绕着太阳转动，它们的样子各异，既包括布满环形山、与月球类似的水星，也包括由液氢和氦混合组成的巨大木星——其体积相当于1 000个地球。我们从空间探测器传来的信息中得知，这些行星比最

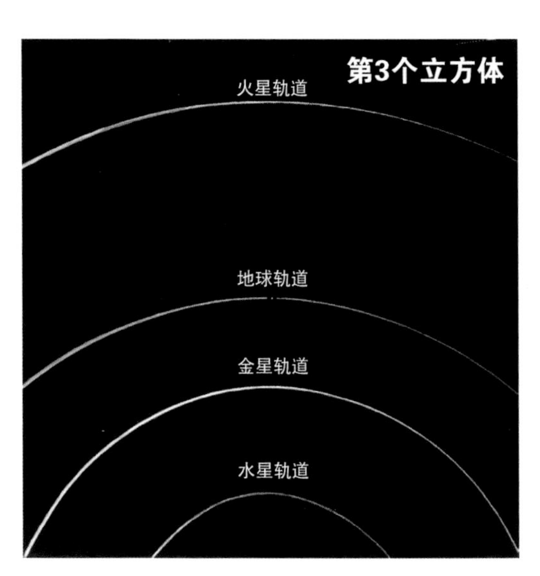

第2个立方体

立方体宽度：200万千米
光穿越立方体所需时间：7秒
立方体体积：800亿亿立方千米
地球到月球的平均距离：384 400千米
月球轨道周期：27.32天
月球直径：3 476千米
月球质量：地球的1.2%
月球体积：地球的1.6%

第3个立方体

立方体宽度：1.35天文单位或2亿千米
光穿越立方体所需时间：13分
立方体体积：1.8立方天文单位
地球到金星轨道的最小距离：0.27天文单位
地球到火星轨道的最小距离：0.38天文单位
地球到水星轨道的最小距离：0.53天文单位
水星轨道周期：88.0天
金星轨道周期：224.7天
地球轨道周期：365.25天
火星轨道周期：687.0天

富想象力的科幻作家想象出来的还要另类。

为了包括远至冥王星的所有太阳系的行星和矮行星，我们将进入第4个立方体，其边长为120天文单位。唯一还置身于这个立方体之外的太阳系成员是彗星，它们的长椭圆形轨道往往

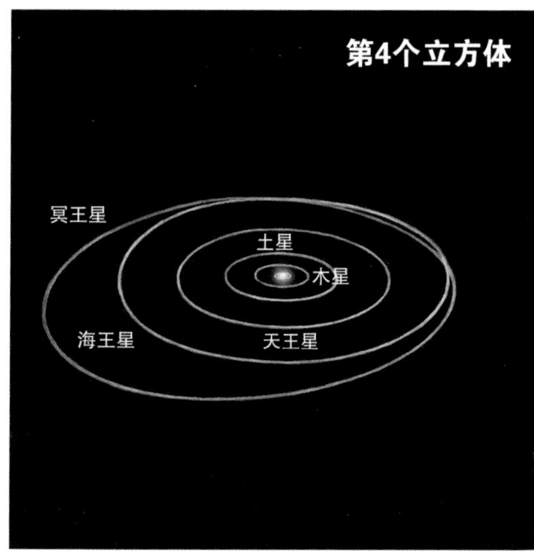

能把它们带到距离太阳几十亿千米的地方。（冥王星的轨道会切入海王星的轨道之内，但是它们的交点就像是高速公路的高架桥，其中一条轨道位于另一条的上方。）

从第4个立方体的边缘看去，除了木星和土星之外所有的行星都已经无法被肉眼看见了，那两颗行星看起来也只是不起眼的光点。在这么大的范围内，炽热的太阳是唯一显眼的天体；相比起来，行星仅仅是围绕它公转的碎片。

当天文学家用地球上最强大的望远镜观测其他恒星时，没有哪颗行星能被直接看见。就像太阳，那些恒星也会压倒它们的行星系统，哪怕是大如木星的天体。然而，在20世纪90年代，天文学家在十几颗类太阳恒星的周围间接地探测到了绕其公转的行星，这些行星和木星的大小相仿。它们光谱的变化（由绕恒星公

第4个立方体

立方体宽度：120天文单位
光穿越立方体所需时间：17小时
立方体体积：170万立方天文单位
木星轨道周期：11.86年
土星轨道周期：29.46年
天王星轨道周期：84.0年
海王星轨道周期：164.8年
冥王星轨道周期：248.0年
到太阳的平均距离：水星，0.39天文单位；金星，0.72天文单位；地球，1.00天文单位；火星，1.52天文单位；木星，5.20天文单位；土星，9.54天文单位；天王星，19.2天文单位；海王星，30.1天文单位；冥王星，24.6～52.6天文单位

第5个立方体

立方体宽度：12 000天文单位或0.19光年
光穿越立方体所需时间：70天
立方体体积：1.7万亿立方天文单位或0.007立方光年
立方体中（或刚出边界处）直径从几米到1 000千米的彗星数量：约1 000亿颗
所有已知彗星的总质量：约100个地球的质量

转的行星朝向或者背向地球吸引恒星所致）已经揭示出了其他恒星系统的存在。

第 5 个立方体的边长为 12 000 天文单位，其中包含大块几乎空无一物的空间。冥王星的轨道已经缩小成了一个围绕着太阳的小椭圆。从这个立方体的边缘看去，太阳是一颗非常明亮的恒星。为了显得更加清晰，左上角图中名为奥尔特云的彗星云被凸显了出来，它以荷兰天文学家扬· 奥尔特命名，他是第一个提出有数十亿颗彗星在太阳系边缘漫游的人。如果以这个立方体的边长为单位，与其最近的恒星仍在 50 倍于此的地方之外。

从现在起，英里或者千米对计算距离而言都会变得毫无用处，即使是天文单位很快也会变成累赘。为了更方便地计算星际距离，天文学家以光年作为单位，即光以 7.2 天文单位 / 时（299 792 千米 / 秒）的恒定速度运动一年所跨越的距离。

第 6 个立方体的边长为 120 万天文单位（20 光年）。太阳现在只是众多恒星中的一颗。距离我们最近的恒星半人马 α 是一个三星系统，它到地球的平均距离是冥王星的 8 000 倍。这些恒星系统之间的距离大得吓人。如果太阳和一个柚子差不多大的话，那么为了确保正确的比例，这个假想的立方体就要比地球还大。

第6个立方体

立方体宽度：120 万天文单位或 20 光年
立方体体积：8 000 立方光年
立方体中恒星的数量：17 颗（8 颗单星，3 个双星系统，1 个三星系统）
一些近距恒星与太阳相比的实际亮度：半人马 αA，1.2；半人马 αB，0.36；比邻星，0.000 06；巴纳德星，0.000 44；天狼星，23；波江 ε，0.3；天鹅 61A，0.08；天鹅 61B，0.04

第7个立方体

立方体宽度：2 000 光年
立方体体积：80 亿立方光年
立方体中恒星的数量：约 200 万颗
到太阳的平均距离：毕宿五，65 光年；角宿一，260 光年；昴星团，370 光年；参宿四，430 光年；M7 星团，800 光年；猎户星云，1 400 光年

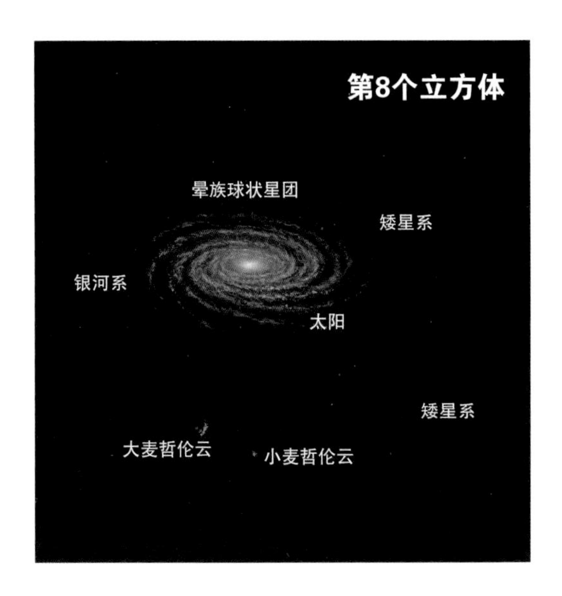

原子，这里每立方厘米还不足 1 个原子。在这些恒星间，可能存在却没有被探测到的唯一实质性天体可能是独自飘荡的木星级行星或黑洞——由特定类型的大质量恒星爆炸所产生的引力漩涡。然而，不论从理论上还是从观测上来说，都没有证据表明在这些恒星之间潜伏着数量可观的以上天体中的任何一种。

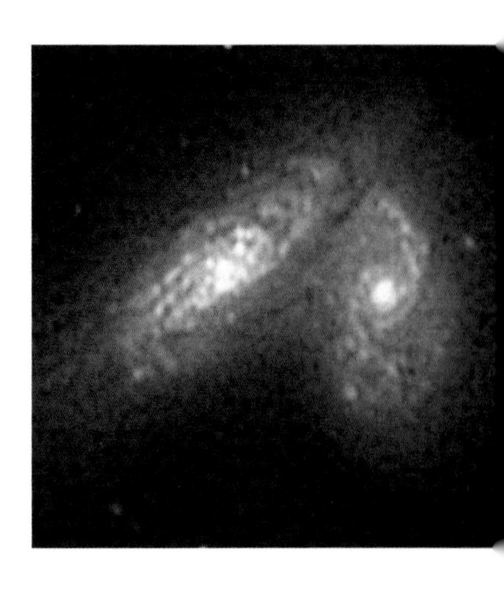

与我们邻近的其他恒星相比，太阳要亮得多。大部分恒星是被天文学家称为红矮星的暗弱恒星，只有 5% 的恒星比太阳明亮。在这个立方体中，唯一一颗远超太阳亮度的恒星是天狼星。它是夜空中最明亮的恒星，同时也是北半球中纬度地区肉眼可见的、距离最近的恒星。而由于身处南半球的天空，半人马 α 只有在美国迈阿密或者更南的地方才能看到。

太阳附近的每颗恒星周围都有大约 400 立方光年的空间，足以让皮卡德船长[1]及其星际飞船“企业”号上的船员们四处疾驰而不会撞上任何东西。或者说他们有可能撞上吗？除了在每颗恒星的奥尔特云外围中到处流浪的彗星，这里还会有其他东西吗？

恒星之间并不完全是真空的，但也差不多了。地球海平面处每立方厘米有 1 000 亿亿个

第 7 个立方体的边长为 2 000 光年，其中包含大约 200 万颗恒星，比在地球上最晴朗的

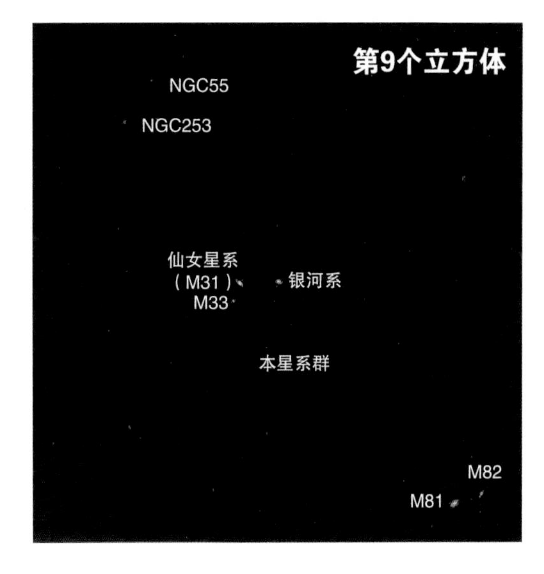

第8个立方体

立方体宽度：20 万光年
立方体体积：8 000 万亿立方光年
立方体中恒星的数量：约 1 万亿颗
银河系直径：9 万光年
太阳绕银河系的轨道周期：2.2 亿年
大麦哲伦云质量：100 亿个太阳的质量
小麦哲伦云质量：20 亿个太阳的质量

第9个立方体

立方体宽度：2 000 万光年
立方体体积：80 万亿亿立方光年
立方体中大型旋涡星系的数量：6 个
立方体中小型旋涡星系和矮星系的数量：约 100 个
立方体中恒星的数量：约 10 万亿
立方体体积占整个宇宙的百分比：0.000 000 03%

[1]《星际迷航》中的人物——编者注。

夜晚用肉眼看到的恒星数量多出几百倍。这些恒星拥挤得看似一颗叠在另一个颗上，但这仅仅是由于我们在如此小的空间里展示了如此多的恒星所致。请记住，它们彼此间的距离都达到了几十万天文单位。在第 7 个立方体的图中，我们可以看到一些肉眼可见的天体，包括一些明亮的恒星、猎户星云以及金牛座中的昴星团，它们全都在几百光年之外。虽然我们一晚上能够看到的大部分恒星都在这个立方体中，但它呈现的恒星数量只占银河系中恒星的千分之一。

第 8 个立方体的边长为 20 万光年，能轻松地容纳直径只有 9 万光年的银河系。在太阳的附近——从银河系的中心到其边缘的 2/3 处，银河系约有 3 000 光年厚。为了真正了解这一厚度和宽度的比例，请想象两张合在一起的光盘，我们的太阳就是这两张光盘之间的一粒灰尘。以每周 1 天文单位的速度，太阳要花大约 2.2 亿年才能绕银河系中心转动一圈。自诞生以来，太阳只绕了不到 25 圈。

在我们向宇宙边缘推进的过程中，第 9 个立方体的边长为 2 000 万光年。现在，我们的银河系仅仅是广袤的空间里几十个亮点中的一个。位于银河系周围 300 万光年以内的星系因为引力的束缚而成了一个永久的家庭，天文学家称其为本星系群。它们之中只有仙女星系和银河系大小相当，其余的规模都不足银河系的

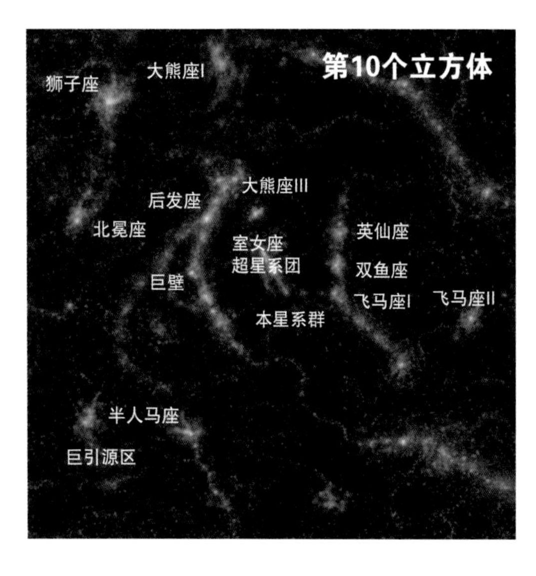

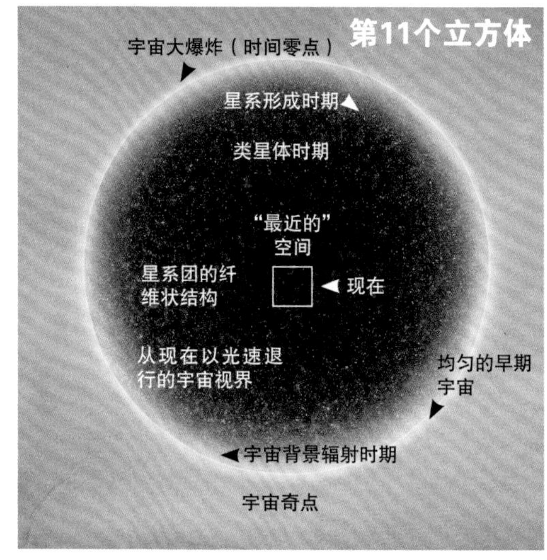

第10个立方体

立方体宽度：20 亿光年
立方体中星系的数量：约 1 亿
立方体中恒星的数量：约几百亿亿
超星系团之间的平均距离：3 亿光年
已知最大的超星系团中星系的数量：10 万个

第11个立方体

立方体宽度：大于已知的宇宙
宇宙中星系的数量：约 1 000 亿个
宇宙中恒星的数量：约 50 万亿亿颗
宇宙中行星的数量：非常不确定，也许有数万亿颗
宇宙的年龄：约 137 亿年
宇宙演化的命运：继续膨胀，也许永远膨胀下去

这幅图被称为哈勃深场，由在轨的哈勃空间望远镜曝光 100 小时所拍摄，它在一臂距离上的一粒盐所投射的天区中揭示出了数千个之前未知的星系。这里可见的最遥远的星系距离我们 50 亿 ~ 100 亿光年，呈几乎无法看见的斑点状。这些光从遥远的星系发出，目前刚刚抵达我们这里，而它们甚至在地球形成之前就已经上路了。

1/20。在本星系群之外、靠近这个立方体边缘的地方，其他和银河系类似的星系暗示了宇宙深处存在的东西。

星系间的空间是人们所能想象的最接近完全真空的地方，星系际巨洞内每立方米只有1个原子。远在地球出现之前，宇宙中的物质就聚集成了巨大的“岛屿”，最终形成了星系。它们之中既有比银河系大几倍、重百倍的庞然大物，也有只包含几千颗恒星的小不点。

星系是自然界中最大的“基础材料”，哈勃空间望远镜的观测说明宇宙至少包含了500亿个星系。为了了解星系是如何构成宇宙的，我们需要进入第10个立方体，将其边长设想为20亿光年。在这个立方体内，数百万个星系在一个看似无底的洞中畅游，银河系湮没在了星系的海洋中。不过这里依然存在结构，星系是宇宙中最后一种可见的宏大构造。这些星系并不是随机排列的，而是位于结点、集团和条带中。这些超星系团像是本星系群这样较小的星系团的集合，一些超星系团包含成千上万个星系。

我们所在超星系团是室女座超星系团，其中有至少5 000个星系，直径约为1亿光年。本星系群位于它的外缘。上一个立方体右下角的星系M81和M82也是它的成员，但更靠近该超星系团的中心区域。

我们仍然不知道为什么星系会聚集在松散的星系团中而不是随机分布的。一个理论认为，在宇宙形成后不久，物质便涌入了带状和煎饼状的厚片中，那里后来便成了星系的诞生地。

有一些相当有说服力的证据表明，我们的宇宙不是无边无际的。目前人们估计，宇宙的边界就在这个超星系团立方体之外，长130亿～140亿光年。现在，我们将大胆地迈出宇宙之旅的最后一步：再放大20倍，容纳已知的整个宇宙。

有观点认为宇宙的年龄是有限的，宇宙必定会在某个时刻终止。按照被广为接受的宇宙大爆炸理论，宇宙诞生自137亿年前的一次巨大的爆炸，从那时起它就一直在以接近光速的速度膨胀。就在你读完这句话的时间里，宇宙

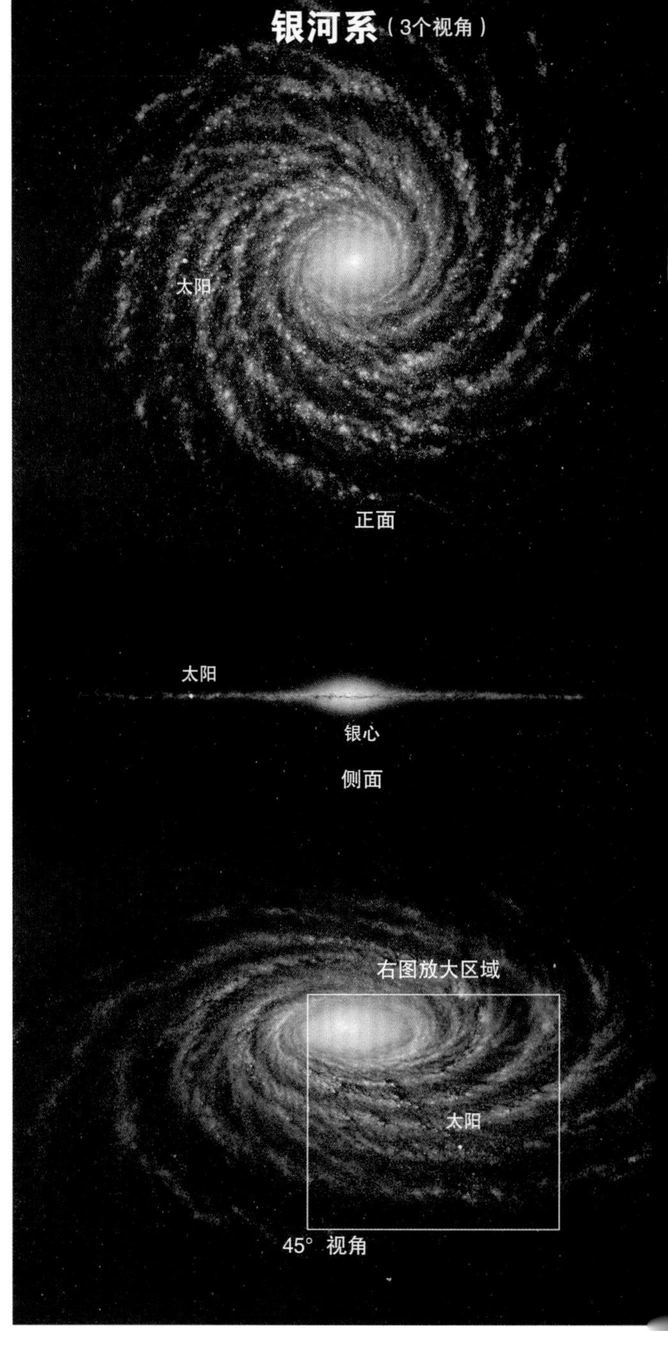

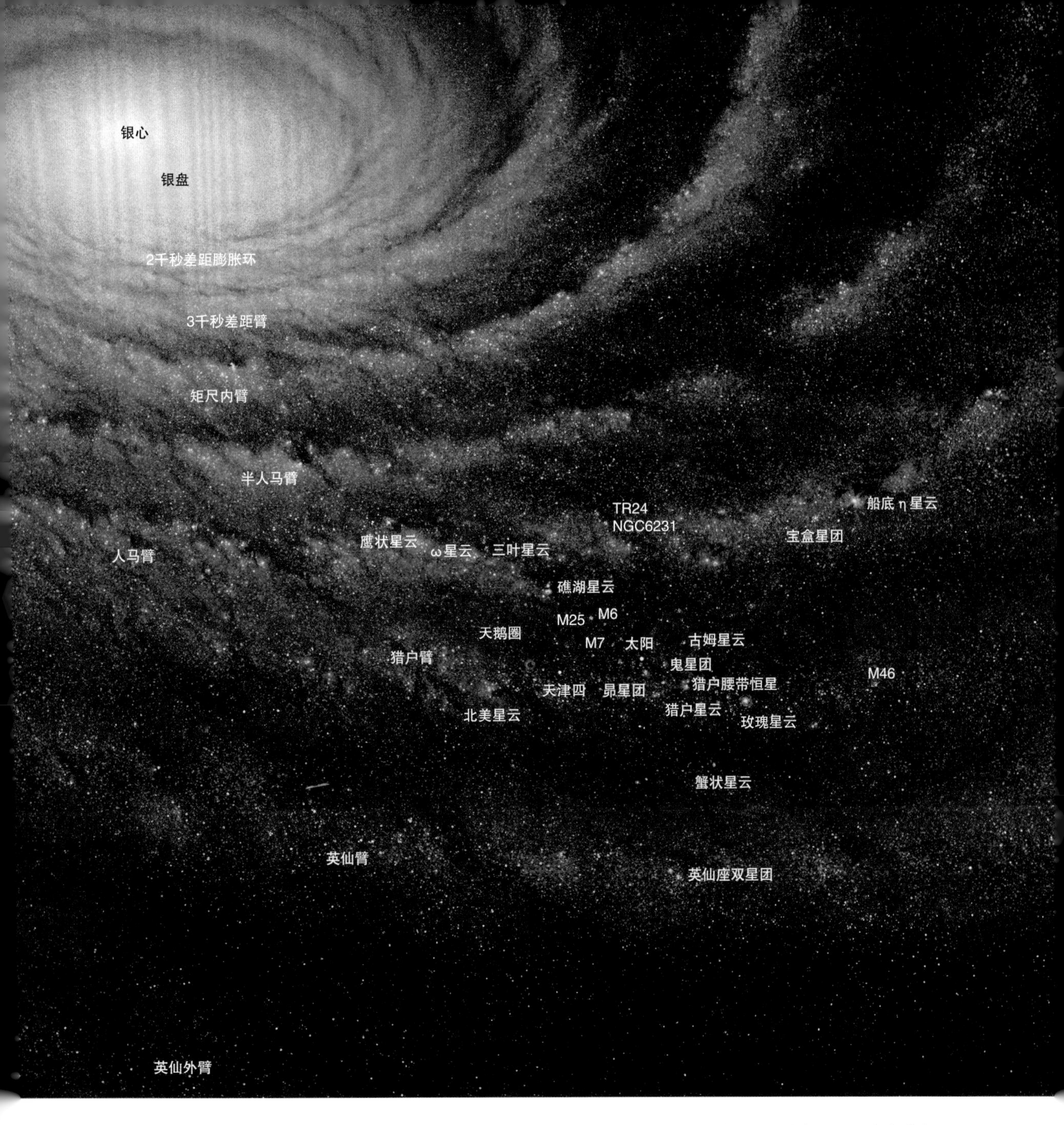

上一页的图从3个视角展示了直径为9万光年的银河系的形状和结构。
上图精确地标出了我们以及一些出名的恒星和星云的位置。

透视银河系

的体积将会增大 100 万亿立方光年。

就像膨胀的气球上的点，星系团之间的距离会因为宇宙的膨胀而被拉大。这一过程使得天文学家能够探究过去发生的事情，甚至可以追溯到宇宙的诞生时期。这种膨胀也把我们远远地推离了宇宙的某些区域，遥远的星系发出的光要花极为漫长的时间才能抵达地球。我们看到的这些星系都是它们发出的光离开它们时的样子，而不是它们今天的模样。因此，注视遥远的深空就像是乘坐一部时间机器旅行，是研究宇宙演化的十分有用的工具。

银河系被认为已经存在 120 亿年了。当我们看 100 亿～130 亿光年之外的物体时，我们看到的只是它们形成之后不久的样子（假设大多数星系大致是在相同的时间形成的）。在这些年轻的星系中，有许多远比银河系活跃，发出的辐射是银河系的 1 万倍。无论天文学家从哪个方向窥视宇宙的深处，都能看到剧烈活动的天体。天文学家认为，他们目睹的是宇宙诞生几十亿年后，星系形成的最早也是最剧烈的阶段。

当仪器探测 137 亿光年的地方时，它们发现的只是一片阴暗的能量霾。这被称为微波背景，看起来是宇宙大爆炸的遗迹。因此天文学家得出结论：我们生活在一个观测范围由其年龄决定的宇宙中，宇宙的边界即是时间的边界，我们无法看到宇宙诞生之前的景象。

探索这些数十亿光年远的遥远王国已经超出了天文爱好者及其设备的能力，只有大型天文台中的巨大仪器才能搜寻时间和空间边缘的秘密。值得注意的是，只有最后这个容纳整个宇宙的立方体和之前的超星系团立方体（第 10 和 11 个）才大大超出了天文爱好者的观测范围，而第 9 个立方体中距离我们超过 200 万光年的仙女星系用肉眼就可以看到。一架小型望远镜可以观测到第 9 个立方体中最明亮的星系，以及一些位于第 10 个立方体中、距离我们几亿光年的星系，但宇宙猎人们必须知道该往哪里看。

根据我们目前对银河系样子的最佳估计，上一页上下两张图分别显示的是银河系的正面和侧面。由于我们位于银河系中，为了推断出它确切的样子，我们要分析光学望远镜、红外望远镜和射电望远镜收集的信息。正面图顶部附近的细长结构是最近发现的一个正在被银河系吸纳的小型星系，以太阳为中心辐射出的线条表示我们从地球看银河时能看到的星座。在熟悉它们之后，你就能自己画出这幅图了。本页的三张照片由天文台拍摄，是距离我们一亿光年之内的、与银河系相似的旋涡星系（右下是旋涡星系的侧面图）。如果在某个遥远的星系的一颗恒星旁的行星上存在外星天文学家，那么他看到的银河系会和我们看到的这些遥远的星系十分相似。

银河系

银河系是我们在宇宙中的故乡。按照宇宙的标准，它是一个大都市，有数千亿个恒星公民——银河系中恒星的数量至少是地球上人口的40倍。

直径约9万光年的盘状银河系有一个明亮的银心，它大致厚1万光年、宽1.3万光年，最少有1000亿颗恒星。在银心中，10～1000颗恒星与太阳在银河系旋臂中占据的空间相同。靠近核球的恒星的间距都不到1/4光年；近距离碰撞必定是家常便饭，不过太阳至少在10亿年内与其他恒星的距离要大于1/4光年。

银河系的旋臂从银心伸出，延伸成一个扁平而对称的风车形。太阳位于从银心到银河系边缘的2/3处，在猎户臂的内环边上。这里是银河系的郊区，远离致密的核心但又没有过度远离其他的恒星邻居。在这些邻居中，最容易被看见是诸如猎户腰带上的蓝巨星和超巨星。这些质量远超太阳且力量强大的恒星构成了旋臂，并赋予了旋臂蓝白色的色调。

由于缺乏蓝巨星，而且黄色和红色的恒星占据主导，银河系核心区域的基调为黄色。蓝巨星是年轻的恒星，而银心似乎是更成熟的恒星的领地。蓝巨星一生短暂，年轻时就会死亡。它们会以惊人的速度挥霍自己的燃料，生命只能持续几百万年。在光辉而短暂一生之后，蓝巨星会演化成红巨星，不久可能以超新星爆炸的方式谢幕。

蓝巨星和较小的类太阳恒星都诞生于星云——由气体和尘埃组成、穿插于银河系旋臂中的云雾状天体。像

在晴朗的夏夜，从地球上看去，我们所在的银河系就是头顶那个模糊的带状弧形。这是在美国亚利桑那州的一个山顶上拍摄的广角照片，上面清晰地显示了在南方地平线上的银心。

猎户星云这样的恒星诞生地以亮星云的形式点缀在旋臂上，在彩色照片中呈粉色。在银河系的放大图（第 17 页）中，我们标出了用双筒望远镜可以看到的多个产星区。我们还在那幅图中标出了显眼的恒星和星团，它们中的大多数都可以用肉眼看到。

星团是亮星云的下一个演化阶段。随着时间的流逝，星团通常会解体，单颗的恒星会散落到旋臂的各个角落。旋臂间的恒星数量和旋臂中的几乎相等，但前者几乎都亮度较低，亮度与太阳相当或者更暗。旋臂似乎是有恒星形成的密度波，这种波会在整个银盘中传播。构成旋臂的蓝巨星和超巨星不会活到移入旋臂间区域的那一天。

在太阳和其他恒星绕银河系的中心转动时，旋臂的密度波会扫过它们，引发新恒星的形成。我们的太阳和太阳系似乎正在进入猎户臂。与我们相邻的很多恒星都是猎户臂中被称为古德带的年轻恒星集团的成员。当我们越过古德带遥望猎户座中的恒星时，我们是在由上向下看猎户臂的后边缘。当我们朝英仙座望去，我们是在朝与银心相反的方向往英仙臂（第 18 页）看去。天鹅座位于猎户臂的内侧，与猎户座方向相反。在夏末，靠近南方地平线的那部分银河是人马臂，朝向银心。暗星云遮挡了核球，把我们的视线挡在了人马臂之外。

旋臂之外的是银晕，那里是球状星团——致密的球形恒星群，由多达 400 万颗恒星组成——的居所。球状星团按照巨大的轨道绕银心转动。目前的研究显示，银晕——其他星系周围也有——的质量相当于数千亿颗恒星，但只有极少数的恒星能被看到。那些“看不到”的物质是现代天文学的重大谜团之一。

本章对银河系结构的描述都基于最新的发现。但因为星云物质阻挡了我们直接观测银心的视线，所以需要用其他方法——主要是使用射电望远镜——来填补空缺。即便如此，我们获得的银河系整体结构的最佳图像仍然不如天文台拍摄的其他星系的一般照片清晰。

我们在右图的冬季天空中可以看到，在银河系中与银心相反的一侧，有较为暗弱且结构略显松散的部分。左上图中的银心位于夏季星座人马座和天蝎座中。

第3章

后院天文学

我们头顶的天空中布满了星星，我们曾朝天躺着，仰望它们，讨论它们是被造出来的还是自然形成的。

——《哈克贝利·费恩历险记》，马克·吐温

一个多世纪前，拉尔夫·沃尔多·爱默生写道：“街上之人不识天上之星。”虽然没有研究表明爱默生对了几分，但几个世纪前莎士比亚就在《尤里乌斯·凯撒》中指出了此问题的部分原因，当时他以“点缀着数不清的星星”来描述夜空。

尽管壮观，但人们在看到满天星斗时的确会感到茫然，需要时间来清理、归类。对想学习区分每颗恒星的天文爱好者而言，许多人会拿着星图出门，然后一两个小时之后在挫败中放弃。

其实，问题通常在于星图而不是人。虽然今天已经很少使用，但绘有神话人物和动物、完全不实用的星图仍然到处可见。即便我们使用的是现代星图，它们也要么太小、要么点和线过于密集，以至于在对很多人来说非常重要的认星第一晚中掉链子。

我清晰地记得自己第一次认出星座时的激动，那是在1958年一个晴朗的冬夜（星座是按恒星的分布划分的若干区域，由我们的祖先在很久以前命名）。之前，我已经在天文学书籍上看过星图，但被那些看上去很复杂的点和线吓住了。但是，当我注视着晴朗的冬季夜空时，图像变得具体了：在我面前的是天上伟大的猎手——猎户座，它耀眼的腰带由三颗星组成，同时还被这位传奇猎人肩膀和腿上的四颗亮星所包围。在那以后的每个冬季，在大约五个月的时间里，我都会看到它大步穿行于夜空，它已经成了我熟悉的朋友。

猎户座是夜空中第二突出的一组恒星。而最容易辨认的是北斗七星，许多连一个星座都认不出的观星者都可以轻易地指出这7颗恒星。通过这两组恒星，我们就可以认出在加拿大、美国和欧洲等北半球地区能看到的所有主要的恒星和星座。一旦猎户座和北斗七星成了我们熟悉的景象，无论在哪个季节或夜晚的哪个时刻，星空中的其他部分都会变得一目了然。

天文爱好者在欣赏于1997年拜访地球的海尔-波普彗星。自1910年的哈雷彗星造访地球以来，它是中纬度地区在夜空中可见的最亮彗星，当时有很多天文爱好者在深夜观看了这颗大彗星。

天空中的运动

两颗恒星彼此间的位置会发生改变，但这种改变十分微小，所以在几千年的时间里，星座的样子依然如故。然而，由于地球绕其自转轴的转动（产生昼夜）和地球绕太阳的转动（地球年），整个天空中的天体会具有视运动。地球每天绕自转轴转动意味着在夜晚的不同时间，地球上特定一点所对应的方向也会变化。在一个晴朗的夜晚，站在一个让一颗亮星恰好位于某个标记物体（如一根旗杆或房子的三角形屋顶）上方的地方，你就可以观测这一运动。记住这个位置，15 ~ 45 分钟之后再回到这个地方，你会发现，相对于标记物，这颗亮星会发生明显的移动。一般说来，恒星会从东向西运动，就像太阳每天的运动过程一样。北方的恒星则会绕着距离北极星不远的北天极——天空的支点——慢慢地转动，而北极星几乎不动。这两页的长时间曝光照片生动地展示了这一现象。

周日运动

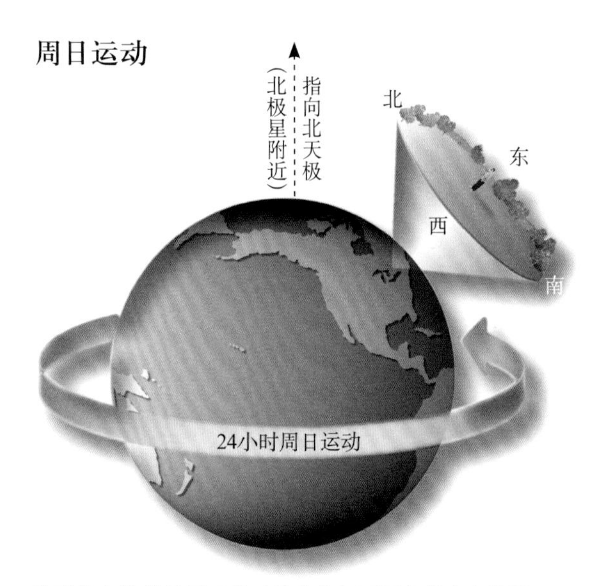

地球绕自转轴的周日转动使我们如同巨大转盘上的乘客，看到太阳似乎每天都会升起、落下，星星则会沿着长长的弧线划过夜空（上面的长时间曝光照片）。

由地球绕太阳的轨道运动所导致的恒星背景变化只有在数周或者数月之后才会显现出来，但这种变化是意义深远的，整个天空中的星星都会随着季节的变化依次进入你的视野。因此，每个季节都有其显眼的恒星和星座，我们会在下一章中详细描述它们。

按照本书以及天文学的惯例，每个季节提到的恒星和星座指的都是在夜半球看到的。由于我们永远只能看到一半天空（地球自己挡住了另一半），我们在不同季节看到的恒星和星座就会出现交叉。例如，我们在春季的天空中可以看到一些冬季或夏季的恒星。如果整夜不睡，一个观测者就能跳跃季节——至少从观星的角度上来说。随着地球绕其自转轴旋转（从北极上方向下看为逆时针，与公转方向相同），在子夜前后，在下一个季节出现的星星就会逐渐出现在东方。到了凌晨 4 点，观测者前方的星空已经换了一个季节，也就是说，地球已经转向了下一个季节夜晚可见的部分天空。

周年运动

地球轨道
夏季星座
秋季星座
从地球北极的
上方向下看
太阳
地球绕自转轴逆
时针转动
冬季星座
春季星座

晚上星空的转动（左上图）是地球绕其轴进行周日运动的结果，上面这张长时间曝光的星象迹线照片是这一运动在东南天空中的体现。在曝光时间长达 1 小时的拍摄中，转动的地球产生了这些星象迹线。左图显示的是第二种天空运动，它更为漫长，是地球绕太阳的周年运动。这种运动使我们面对银河系的位置在不断改变，从而使我们看到的星座有了季节性变化。

天空中的路标——北斗七星

虽然星星的位置是随机的，但因为巧合，北斗七星的 7 颗恒星就如同路标一样，能够指引我们顺着至少 7 个方向找到十几颗明亮的恒星或星群，所以它就犹如夜空中的一把钥匙。

测量星空

正如地图显示了城市间的距离一样，我们的入门星图也显示了重要的恒星和星群之间的距离——这个距离并不是指地球到这些恒星的远近，而是恒星彼此之间的视距离。它以“度（°）”为单位来计算（一个圆周为 360°），在天空中测量起来极其简单——只要举起你的手即可。将胳膊伸直，小指顶端的宽度差不多正好是 1°——足以覆盖太阳或月亮，二者的直径都为 0.5° 左右。北斗七星中指向北极星的 2 颗恒星的间距为 5°，相当于 3 根手指在一臂远处的宽度。

以此类推，一个拳头的宽度是 10°，而小指和食指间张开的距离是 15°，整只手从拇指到小指的宽度大约是 25°，相当于北斗七星的长度。更长的距离可以通过重复使用这种方法来测量。作为参考，从地平线到我们头顶的距离为 90°。记住，用手作为参考的测量方式只在一臂远的距离处有效。

这个方法对男人、女人和小孩来说都比较精确，因为手较小的人手臂也会较短。不过手的宽度似乎因人而异，因为一些人的拇指和小指比另一些人张得更开。和北斗七星进行对比就能看出你的手的张角是更接近 20° 还是 25°。所有人在几分钟之内都能成为测量恒星或者星群间距离的高手。

从哪个季节开始观星是无关紧要的。一旦掌握了测量方法，我们就可以用第 30 页上的北斗七星来瞬间定位多颗显眼的恒星。这是我们走向业余天文学家关键的第一步。猎户座中 7 颗最亮的恒星——3 颗位于其腰带，4 颗在其周围构成四边形——也能同样有效地作为天空中的路标。和北斗七星比起来，猎户座的唯一弱点是它只在每年的 11 月末至次年 4 月初的夜空中才显得突出。

业余天文学并不一定是公式、计算器、网格线、命名法、神话和术语的迷魂阵，它也可以用轻松而有趣的方式引领你在夜空中漫游。绝大多数人都想在第一个观星之夜就能够找到天空中的目标，而本书将会用最简单的方式来帮助人们达到这一目的。在下一章，用特殊恒星作为路标、更加详细的星图将会指引观测者畅游天空，这是了解星空的一条渐进而轻松的道路。

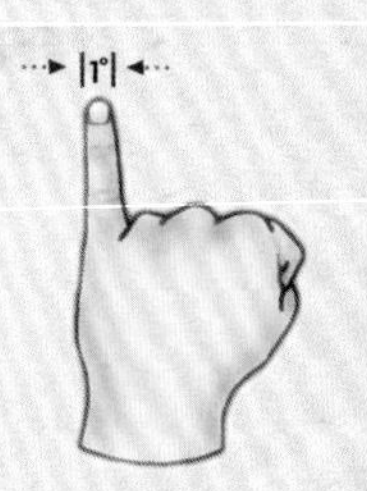

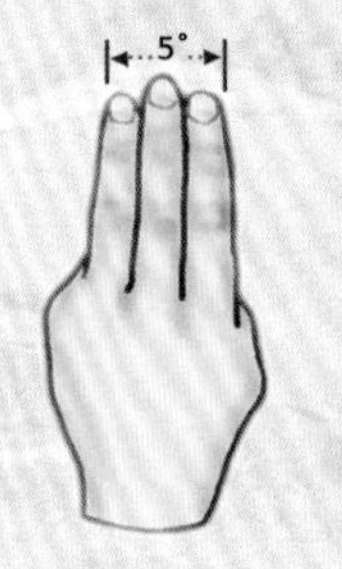

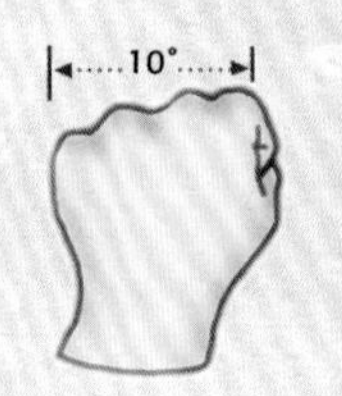

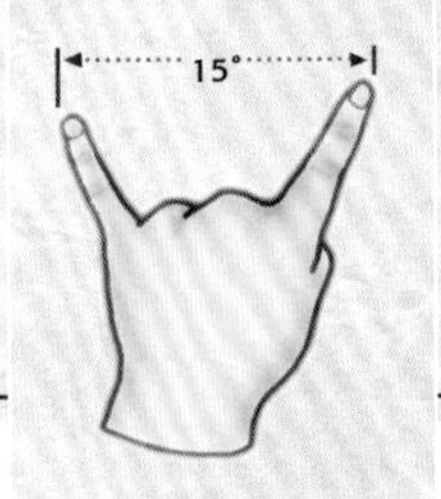

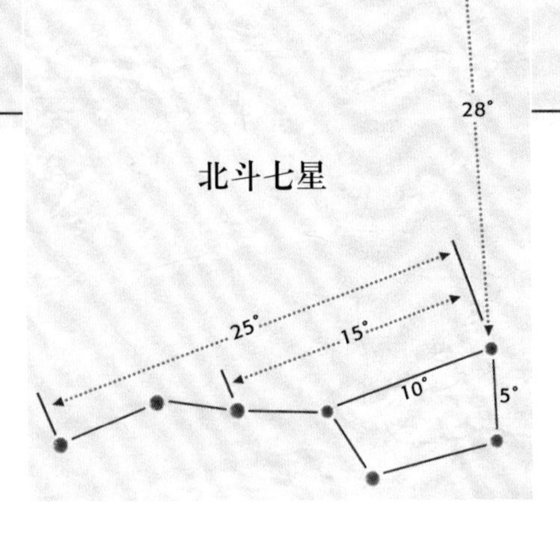

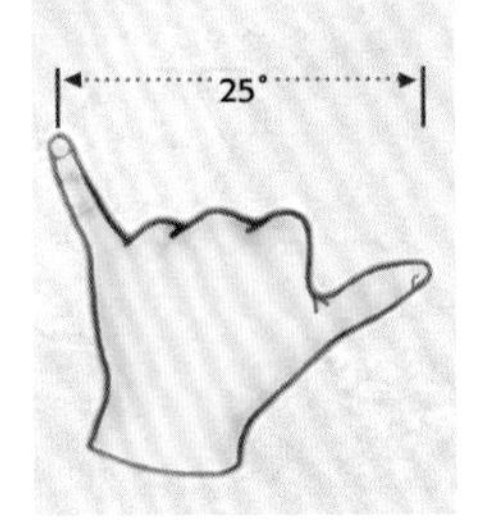

一旦你掌握了这种测量方法，在夜空中寻找目标就会变得容易多了。你可以用自己的手测量一下北斗七星，从而确定手的宽度。例如，许多人的小指和拇指张开的距离达不到 25°，可能只有 20° 或 22°。但是一旦你知道了自己的手与测量星空之间的关系，这种方法就会变得惊人的精确且实用。

对中北半球的观测者来说，北斗七星是常年可见的。无论在一年中的哪一天或者是晚上的哪个时刻，只要是晴朗的夜晚，我们都能在北半球的中纬度地区看到北斗七星悬挂于北天之上。（在北纬 25° ～ 40° 的地区，北斗七星在秋季的几周里会靠近或者位于北方的地平线之下。）在 11 月至次年 4 月，猎户座则会加入北斗七星的行列，同样成为天空中的路标。

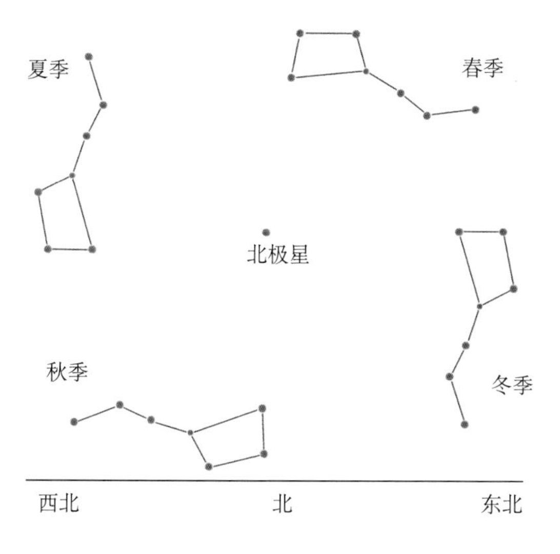

对住居在北半球中纬度地区（加拿大、美国、欧洲、中国和日本）的天文爱好者来说，北斗七星就是夜空中的路标。一旦你熟悉了其形状，你就可以在地球绕太阳的周年运动中追踪其指向的变化。上图是在美国波士顿或芝加哥的纬度上拍摄的冬季的北斗七星和北极星。

为了定位这些恒星，我们可以查阅第 30 页的表格。北斗七星和猎户座会有规律地在天空中运动，其他天体也是如此。在第一次认星之前，我们还需要掌握测量天空中恒星与星群之间的距离的方法（见上一页）。

宇宙中的恒星

和太阳一样，其他恒星也会通过与氢弹爆炸过程相同的核聚变反应来产生光和能量。一些恒星比太阳大，还有一些恒星比太阳的温度高。但由于那些恒星离我们极为遥远，就算是最近的恒星与我们的距离也比太阳远 25 万倍左右，所以它们看上去就是一个亮点。

在肉眼可见的恒星中，99% 的恒星比太阳更大、更亮，这使我们对天空中的恒星有了错误的认识。事实上，银河系中 95% 的恒星比太阳要暗，它们相对微弱的光使其消失在了天文爱好者的眼中，所以我们才会有以上的错误认识。而那些肉眼可见的恒星都是银河系中的大个子，就像探照灯位于众多 100 瓦的灯泡之中。

这些宇宙灯塔距离我们如此遥远，因此，从这一周到下一周，甚至从这一年到下一年里，恒星彼此间的相对运动是十分不明显的。虽然它们穿行于天空中，但其相对运动和其之间的距离比起来无足轻重。我们的曾祖父母看到的北斗七星和我们今天看到的完全一样，2 000 多年前希腊天文学家喜帕恰斯绘制的星图所显示的恒星位置和我们现在看到的几乎完全一样。（说“几乎”是因为一颗亮星和一些较暗的恒星从那时起已经移动了大约一个满月的距离，但是绝大多数恒星间相对位置的变化是微乎其微的。）

星座和星星的名字

远在喜帕恰斯之前，古代的天文学家就已经把星空划分为了若干区域，将其称为星座。其实构成星座的恒星间几乎没有联系。这些星座与神话传说有很深的渊源，而黄道十二宫则成了占星术的标志。

今天，天文学家们仍使用源自古希腊的、传统的拉丁语形式的星座名称，少数星座（其中大部分都很暗）则是在 17 世纪和 18 世纪被确定的，用来填补古人的空缺。1930 年，国际天文学联合会正式确定

恒星亮度

瞥一眼北斗七星，我们就会发现其中的恒星并不是天空中最亮的，有几颗恒星远比它们明亮，还有许多则相对暗淡。在公元前 2 世纪，希腊天文学家喜帕恰斯萌生了一个想法，决定根据亮度对恒星进行分类。他将恒星划分成 6 类，指定最亮的恒星为 1 等，最暗的为 6 等，其他的分布其间。

虽然这一系统已被细化并扩展，包括了用望远镜可以观测到的暗于 6 等和亮于 1 等的天体，但此分类一直沿用至今。相差 1 等代表亮度增大或减小 2.5 倍。因此，一颗 1 等星比一颗 2 等星亮 2.5 倍，比 3 等星亮 6 倍左右，比 4 等星亮 16 倍左右，比 5 等星亮 40 倍左右，比在极为晴朗的夜晚肉眼可见的 6 等星亮 100 倍左右。

但是，没有一个系统是完美的。喜帕恰斯指定的一些 1 等星太亮了，它们现在被归为 0 等星，那些更亮的星则被归为 –1 等，以此类推（这就像是一个上下颠倒的温度计）。在这个星等系统中，最暗的为 30 等，这是哈勃空间望远镜所能探测到的最暗的天体。一颗 6 等星比一颗 30 等星亮 40 亿倍；而太阳的亮度为 –27 等，比 6 等星亮 16 万亿倍。

夜空中最亮的恒星是天狼星，为 –1 等。只有木星（–3 等）、金星（–4 等）和火星（+2 ~ –3 等）比它更亮。

星等	天体
–27	太阳
–20	最亮的火流星
–13	满月
–9	娥眉月
–4	金星（最亮的行星）
–1	天狼星和老人星（夜空中最亮和第二亮的恒星）
+6	肉眼极限
+9	双筒望远镜极限
+13	203毫米（8英寸）望远镜极限
+18	大型望远镜目视极限
+23	大型望远镜照相极限
+27	大型望远镜CCD成像极限
+30	哈勃空间望远镜极限

（温度计刻度：–30、–20、–10、0、+10、+20、+30）

夜晚，城市中的灯光解释了为什么观测者会认为有的天体亮、有的天体暗。其中一些看上去明亮是因为它们距离观测者较近，而另一些本身就极为明亮，纵然它们离观测者比较远。

了星座名称及其边界，从那时起再无更改。虽然天上共有 88 个星座，但有 1/4 位于南天，在中北纬地区无法看见；剩下的 3/4 中又有一半十分暗弱。在业余天文学的入门阶段，认识暗弱的星座并无必要。一开始，你只要熟悉 15 ~ 20 个最亮的星座即可。

恒星的名字则没有星座的名字那么正式。数百颗明亮的恒星在几个世纪前就已被命名，但只有约 75% 的名字沿用至今。尽管目前所用的绝大部分名称是阿拉伯语以及少量的希腊语、拉丁语和波斯语，但据我们所知，最早命名恒星的是巴比伦人。中世纪时期，在天文学领域，阿拉伯是世界上最发达的国家，因此阿拉伯语的星名最多。阿拉伯天文学家保留了希腊 - 拉丁星座名称的传统，但他们重新命名了恒星。虽然许多星名在英语中没有意义，但它们通常都会被翻译成一个合乎逻辑的词。例如，人们认为参宿四在古阿拉伯语中是“伟人的腋窝”的意思，角宿一在拉丁语中是“麦穗”的意思，南河三在希腊语中是“在狗前方”的意思。第

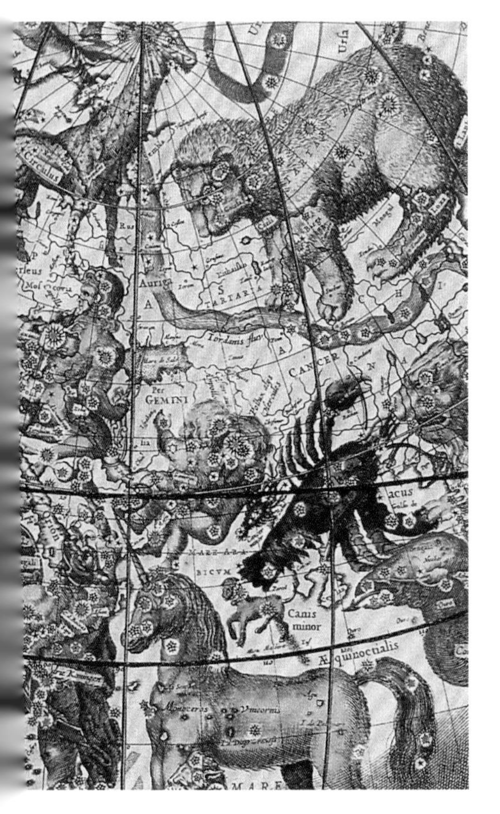

夜空和数千年前的神话传说颇有渊源（左图）。关于星座的有趣故事赋予天文学丰富的历史，但对想熟悉夜空的初学者来说用处不大。这本书所用的定位箭头系统从两个关键点——北斗七星和猎户座——开始，指引观测者找到主要的星座。在上图中，猎户座的 7 颗亮星可以带领我们找到冬季天空中的重要恒星和星座。

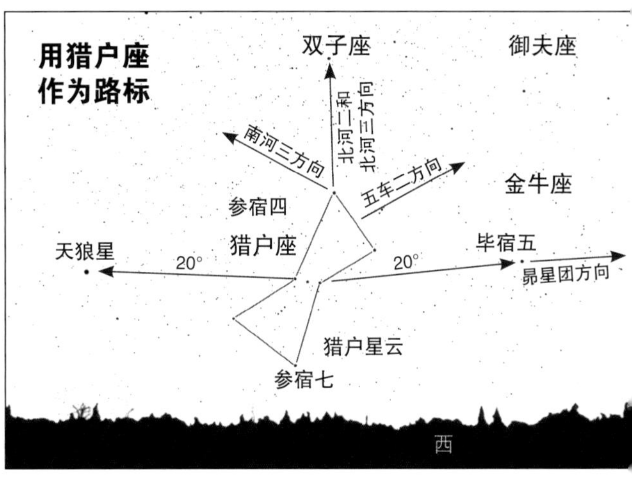

如图所示，在 3 月和 4 月的夜空中，猎户座位于西方地平线之上。在 12 月至次年 3 月初，猎户座则位于南方地平线上的高处（第 53 页照片）。

32 ～ 33 页有一张恒星和星座的简表，其中列出了一些星星名字的含义。

恒星构形的现代名称并不是官方称谓，如北斗七星和夏夜三角形，它们只是便于观星者记忆、叙述。

以下数据针对的时间为晚上 8 ～ 10 点或夏令时晚上 9 ～ 11 点，纬度为北纬 40° ～ 55°。在纬度更靠南的地区，北斗七星在天空中的位置会更低，猎户座则会更高。

北斗七星：夜空中的路标

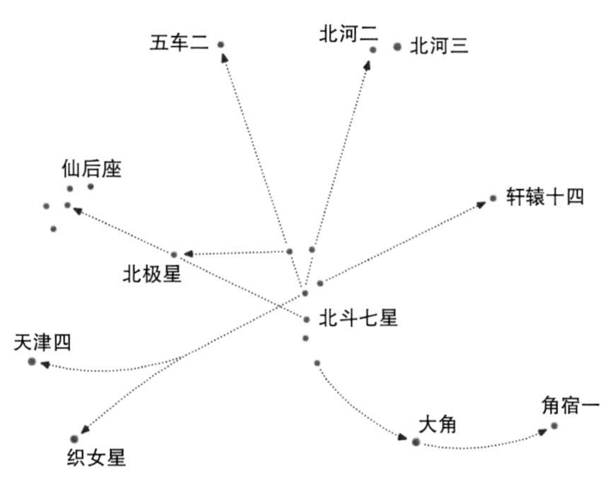

能够指引人们从 9 个不同的方向找到明亮的星星，北斗七星无愧于夜空最重要的路标。本页中的图对之前从来没有认出过一颗恒星或者一个星座的人来说是最有用的。记住北斗七星在一年中的不同指向（第 27 页），然后在上面的秋季天空广角照片中找出北极星、仙后座、织女星、天津四和五车二。

北斗七星和猎户座的位置

月份	北斗七星		猎户座	
	方向	高度	方向	高度
1 月	东北	25°	南	40°
2 月	东北	40°	西南	45°
3 月	东北	55°	西南	35°
4 月	北	65°	西南	20°
5 月	北	70°	不可见	
6 月	北	65°	不可见	
7 月	西北	55°	不可见	
8 月	西北	40°	不可见	
9 月	西北	25°	不可见	
10 月	北	15°	不可见	
11 月	北	10°	东	15°
12 月	北	15°	东南	30°

移动的物体

除了恒星、行星和月亮之外，夜空中还有更多的东西。飞机灯光偶尔会有规律地在夜空中闪烁，一瞬即逝则是流星——进入地球大气层的宇宙碎屑——化为灰烬的信号。此外，还有许多移动的光点，除了移动之外看起来就像恒星。它们是围绕地球运行的人造卫星，看起来似乎能够发出白色的光，因为其金属外壳和太阳能电池板会反射阳光。

搜寻人造卫星的最佳时机是春季和夏季夜晚降临之后的第一个小时。你可以靠在躺椅上，注视着头顶的天空。在几分钟之内，你应该会看到几个恒星状的亮点穿行于星座之间。其中一个可能是航天飞机，另一个也许是一颗机密的军事卫星，还有一个兴许是正在运行的火箭。肉眼容易看见的卫星通常有一辆货车那么大，在 300 ~ 500 千米的高度以 28 000 千米 / 时的速度运动，在两三分钟内就能穿越天空。

只要你稍微有一些经验，区分人造卫星和飞机就会变得比较容易。虽然少数飞机具有和人造卫星相似的白色灯光，但大部分飞机的灯光要么是一闪一闪的，要么就是由机翼灯发出的红色或绿色的光。双筒望远镜通常可以将飞机引擎排出的气体或者飞机上的其他灯光与肉眼看起来是白色的光区分开来，如人造卫星看起来总是白色的，呈恒星状并且不会闪烁。如果人造卫星在空中消失了，就说明它进入了地球的阴影处。太阳落得越低，地球的阴影就会越高，这正是为什么搜寻人造卫星的最佳时机是夜幕降临后的第一个小时。

随着人造卫星越过天空，它会改变和观测者的相对位置。当阳光被其太阳能板或者是其他某个平面反射时，它的亮度会在几秒钟内猛增。铱星是其中一种具有这种极端现象的人造卫星，用于全球无线电话通讯。这些卫星和小汽车大小相当，拥有反射率较高的太阳能电池板，这是几近完美的反射器。当一颗铱星正好把阳光反射到地球上时，它看起来就像一颗明亮而又缓慢移动的星星。在几秒钟之内，它的亮度就会达到 –7 等的峰值，随即迅速变暗。从网站 www.heavens-above.com 上，你可以得知自己所在地的铱星及其他人造卫星和国际空间站的可见时间和星等。

远离城市的灯光，在入夜后关键的第一个小时中，一个细心的观测者应该可以看见至少 10 颗人造卫星，随后数量会减少，在半夜降到最低水平。在秋季和冬季，由于地球的阴影在天空中的位置较高，人造卫星的可见性也会下降。有时，人造卫星会有规律地闪烁，这说明整颗卫星正在翻滚。工作中的人造卫星总是处于稳定状态，因此如果闪烁很明显，你就可以确定你看到的是一颗已经停止工作的人造卫星。

那在地球轨道上有多少这样的东西呢？美国空军太空司令部监视着从废弃的火箭到一本书大小的金属铰链在内的大约 11 000 个物体，只有不

到 1 000 个在轨的物体在工作，其余的都是自进入太空时代以来便积累下来的垃圾。偶尔，航天飞机会为了避免近距离掠过这些具有潜在毁灭性的东西而改变飞行路线。

无论人造卫星的亮度是稳定的还是变化的，大多数初学者都认为它们看上去并不是在天空中做完美的直线运动，其轨道似乎是可察觉的弧形或者它们在滑过星空时进行了加速。事实上，这些变化都发生在人们脑子里而不是天上。正如上图“和平”号空间站（目前已坠毁）的轨迹所示，人造卫星其实是沿着精确的直线做匀速运动的。

人类的大脑倾向于把看到的图案和可识别的图像联系起来，这在日常生活中可以瞬间完成。然而，当我们在布满星星的黑暗天空中看一个运动的光点时，我们的大脑会不断地试图形成图像，但又无法成功。我们认为人造卫星的轨道发生了变化，这实际上是大脑下意识地想要对一个不熟悉的视觉环境赋予意义而导致的结果，是一种光学错觉。

恒星和星座简表

名称	天体	含义（星星名字的来源）
白羊座（Aries）	黄道星座	羊（拉丁语）
半人马 α（Alpha Centauri）	半人马座中最亮的恒星	半人马座中最亮的恒星（现代）
半人马座（Centaurus）	南天重要星座	半人马（希腊语）
宝瓶座（Aquarius）	黄道星座	送水者（拉丁语）
北斗二（Merak）	北斗七星中的恒星	（熊的）腰部（阿拉伯语）
北斗六（Mizar）	大熊座中的恒星	包裹（阿拉伯语）
北斗七（Alkaid）	北斗七星中的恒星	熊的女儿（阿拉伯语）
北斗三（Phecda）	北斗七星中的恒星	（大熊的）腿（阿拉伯语）
北斗四（Megrez）	北斗七星中的恒星	熊尾巴的根部（阿拉伯语）
北斗五（Alioth）	北斗七星中的恒星	山羊（阿拉伯语）
北斗一（Dubhe）	北斗七星中的恒星	熊（阿拉伯语）
北河二（Castor）	双子座中的恒星	海狸（希腊语）
北河三（Pollux）	双子座中最亮的恒星	许多酒（拉丁语）
北极二（Kochab）	小熊座中的恒星	恒星（阿拉伯语）
北极星（Polaris）	北极星	（北）极星（拉丁语）
北落师门（Fomalhaut）	南鱼座中最亮的恒星	鱼嘴（阿拉伯语）
北冕座（Corona Borealis）	小星座	北方的王冠（拉丁语）
毕星团（Hyades）	金牛座中的星团	昴星团的姐妹（希腊语）
毕宿五（Aldebaran）	金牛座中最亮的恒星	（昴星团的）追随者（阿拉伯语）
壁宿二（Alpheratz）	仙女座中的恒星	战马的脐（阿拉伯语）
壁宿一（Algenib）	飞马座中的恒星	侧面（阿拉伯语）
波江座（Eridanus）	星座	河（希腊语）
豺狼座（Lupus）	星座	狼（拉丁语）
常陈一（Cor Caroli）	猎犬座中最亮的恒星	（英格兰）查理二世的心脏（拉丁语）
蒭藁增二（Mira）	鲸鱼座中的变星	奇妙（阿拉伯语）
船底座（Carina）	重要的南天星座	（南船的）龙骨（拉丁语）
船帆座（Vela）	南天星座	船帆（希腊语）
大角（Arcturus）	牧夫座中最亮的恒星	熊的守护者（希腊语）
大陵五（Algol）	英仙座中的变星	魔鬼（阿拉伯语）
大犬座（Canis Major）	重要星座	大狗（拉丁语）
氐宿四（Zubeneschamali）	天秤座中的恒星	北边的爪子（阿拉伯语）
氐宿增七（Zubenelgenubi）	天秤座中的恒星	南边的爪子（阿拉伯语）
帝座（Rasalgethi）	武仙座中的恒星	头（阿拉伯语）
东上相（Porrima）	室女座中的恒星	分娩女神（拉丁语）
盾牌座（Scutum）	小星座	盾牌（拉丁语）
房宿三（Dschubba）	天蝎座中的恒星	前额（阿拉伯语）
辅（Alcor）	大熊座中的恒星	可怜人（波斯语）
梗河一（Izar）	牧夫座中的恒星	缠腰布（阿拉伯语）
贯索四（Alphecca）	北冕座中最亮的恒星	断裂的（星）环（阿拉伯语）
鬼星团（Praesepe）	巨蟹座中的星团	食槽（拉丁语）
海豚座（Delphinus）	小星座	海豚（希腊语和拉丁语）
河鼓三（Tarazed）	天鹰座中的恒星	猎鹰（波斯语）
鹤一（Alnair）	天鹤座中最明亮的恒星	最亮的（阿拉伯语）
侯（Rasalhague）	蛇夫座中的恒星	蛇夫的头（阿拉伯语）
后发座（Coma Berenices）	小星座	贝伦妮斯王后的头发（希腊语）
狐狸座（Vulpecula）	小星座	狐狸（拉丁语）
弧矢七（Adhara）	大犬座中的恒星	少女（阿拉伯语）
剑鱼座（Dorado）	南天星座	剑鱼（西班牙语）
角宿一（Spica）	室女座中最亮的恒星	（室女举起的）麦穗（拉丁语）
金牛座（Taurus）	重要的黄道星座	公牛（希腊语）
鲸鱼座（Cetus）	大而暗的星座	威胁仙女的鲸鱼（希腊语）
井宿三（Alhena）	双子座中的恒星	烙印（阿拉伯语）
军市一（Mirzam）	大犬座中的恒星	吼叫者（宣布天狼星的到来）（阿拉伯语）
孔雀座（Pavo）	南天星座	孔雀（拉丁语）
老人星（Canopus）	船底座中最亮的恒星	舵手（希腊语）
猎户座（Orion）	重要星座	猎人（希腊语）
猎犬座（Canes Venatici）	小星座	猎犬（拉丁语）
娄宿三（Hamal）	白羊座中最亮的恒星	羊（阿拉伯语）
马腹一（Hadar）	半人马座中的恒星	定居的土地（阿拉伯语）
昴星团（Pleiades）	金牛座中的星团	七姊妹（希腊语）
昴宿六（Alcyone）	昴星团中最亮的恒星	神话中的七姐妹之一（希腊语）

牧夫座（Boötes）	重要星座	牧人（希腊语）
南船二（Miaplacidus）	船底座中的恒星	平静的水（阿拉伯语和拉丁语）
南河三（Procyon）	小犬座中最亮的恒星	在狗前方（希腊语）
南鱼座（Piscis Austrinus）	星座	南方的鱼（拉丁语）
辇道增七（Albireo）	天鹅座中的恒星	（含义未知）
牛郎星（Altair）	天鹰座中最亮的恒星	飞行者（阿拉伯语）
麒麟座（Monoceros）	星座	独角兽（希腊语）
人马座（Sagittarius）	重要的黄道星座	射手（拉丁语）
蛇夫座（Ophiuchus）	星座	带着蛇的人（希腊语）
参宿二（Alnilam）	猎户腰带中的恒星	（珍珠似的）排列（阿拉伯语）
参宿六（Saiph）	猎户座中的恒星	剑（阿拉伯语）
参宿七（Rigel）	猎户座中最亮的恒星	脚（阿拉伯语）
参宿三（Mintaka）	猎户腰带中的恒星	腰带（阿拉伯语）
参宿四（Betelgeuse）	猎户座中的恒星	伟人的腋窝（阿拉伯语）
参宿五（Bellatrix）	猎户座中的恒星	女战士（拉丁语）
参宿一（Alnitak）	猎户腰带中的恒星	腰带（阿拉伯语）
十字架二（Acrux）	南十字座中最亮的恒星	南十字座中最亮的恒星（现代）
室女座（Virgo）	重要的黄道星座	少女（拉丁语）
室宿二（Scheat）	飞马座中的恒星	腿（阿拉伯语）
室宿一（Markab）	飞马座中的恒星	马鞍（阿拉伯语）
双鱼座（Pisces）	黄道星座	（两条）鱼（拉丁语）
双子座（Gemini）	黄道星座	孪生兄弟（希腊语）
水蛇座（Hydrus）	南天星座	水蛇（拉丁语）
水委一（Achernar）	波江座中最亮的恒星	河的尽头（阿拉伯语）
宋（Sabik）	蛇夫座中的恒星	前方（阿拉伯语）
天棓四（Eltanin）	天龙座中的恒星	海怪（阿拉伯语）
天秤座（Libra）	黄道星座	天平（拉丁语）
天船三（Mirfak）	英仙座中最亮的恒星	手肘（阿拉伯语）
天大将军一（Almach）	仙女座中的恒星	鼬鼠（阿拉伯语）
天鹅座（Cygnus）	重要星座	天鹅（希腊语和拉丁语）
天钩五（Alderamin）	仙王座中的恒星	右前臂（阿拉伯语）
天箭座（Sagitta）	小星座	箭（拉丁语）
天津四（Deneb）	天鹅座中最亮的恒星	母鸡的尾巴（阿拉伯语）
天狼星（Sirius）	大犬座中最亮的恒星	炎热的（希腊语）
天龙座（Draco）	星座	龙（阿拉伯语）
天炉座（Fornax）	南天星座	火炉（拉丁语）
天琴座（Lyra）	重要星座	竖琴（希腊语）
天囷一（Menkar）	鲸鱼座中的恒星	（鲸鱼的）鼻孔（阿拉伯语）
天坛座（Ara）	南天小星座	神坛（希腊语）
天兔座（Lepus）	星座	兔子（拉丁语）
天蝎座（Scorpius）	重要的黄道星座	蝎子（希腊语）
天鹰座（Aquila）	重要星座	鹰（拉丁语）
天园六（Acamar）	波江座中的恒星	河的尽头（阿拉伯语）
土司空（Diphda）	鲸鱼座中最亮的恒星	青蛙（阿拉伯语）
王良四（Schedar）	仙后座中的恒星	胸部（阿拉伯语）
危宿三（Enif）	飞马座中的恒星	（马的）鼻子（阿拉伯语）
尾宿八（Shaula）	天蝎座中的恒星	举起的（尾巴）（阿拉伯语）
乌鸦座（Corvus）	小星座	乌鸦（拉丁语）
五车二（Capella）	御夫座中最亮的恒星	母山羊（拉丁语）
五车三（Menkalinan）	御夫座中的恒星	御夫的肩膀（阿拉伯语）
五车五（Elnath）	金牛座中的恒星	角（阿拉伯语）
五帝座一（Denebola）	狮子座中的恒星	狮子的尾巴（阿拉伯语）
仙后座（Cassiopeia）	重要星座	神话中仙王的妻子（希腊语）
仙女座（Andromeda）	重要星座	神话中仙后的女儿（希腊语）
造父一（Delta Cephei）	仙王座中的变星	（重要的变星）
仙王座（Cepheus）	星座	神话中埃塞俄比亚的国王（希腊语）
小马座（Equuleus）	小星座	小马（拉丁语）
蝎虎座（Lacerta）	小星座	蜥蜴（拉丁语）
心宿二（Antares）	天蝎座中最亮的恒星	火星的对手（希腊语）
星宿一（Alphard）	长蛇座中最亮的恒星	独居者（阿拉伯语）
轩辕十二（Algieba）	狮子座中的恒星	前额（阿拉伯语）
英仙座（Perseus）	重要星座	救了仙女的英雄（希腊语）
右枢（Thuban）	天龙座中的恒星	蛇（阿拉伯语）
御夫座（Auriga）	重要星座	战车的御者（拉丁语）
丈人一（Phact）	天鸽座中的恒星	鸽子（阿拉伯语）
织女星（Vega）	天琴座中最亮的恒星	俯身的（鹰）（阿拉伯语）

第4章

北半球星空

孤独的人啊，他们是谁？仰望着真实的天空，虚构了心中的星座。

——帕特里克·迪金森

在夜空下除了能享受宁静的夜晚外，还能学习认识恒星和星座，这是你在自家后院探索宇宙的基础。布满恒星的夜空就是一张天文图，观测者在用望远镜寻找特定目标前必须先熟悉它。我们在上一章已经讲过认星的必要性，本章则要对整个北半球天空进行讲解。

为初学者绘制的星图往往会添加网格、普通望远镜可见的天体以及常见的星座和恒星的名字，但是它们不够真实和清晰。本书使用了独特的全天双星图，既有真实显示每个季节恒星的全彩色星图，也有与其对应的包含名称及第 3 章中介绍的定位箭头系统的星图，同时使用这两种星图能够有效避免过去常用的星图的许多问题。(在第 6 章中可以找到更详尽的星图，在第 12 章中可以找到单独的南半球星图。)

这些彩色的全天星图是本书中的迷你天文馆，它们展现了在欧亚部分地区、加拿大南部以及美国的某个黑暗（不一定要伸手不见五指）的地点所看到夜空的样子，而定位箭头系统本身可用于全球的任何一个地方。

每张星图展示的都是某个特定季节的夜晚，但是如果想在一年中的大多数夜晚观测，我们需要用到两张星图——一张用于夜晚，另一张用于凌晨。在一幅图中显示整个可见的天空使你可以在星群之间建立快速的联系，你会渐渐地将夜空编织成一张网，并将其印在脑海之中。

实际上，季节性的全天星图是在一个平面上展现了拱形的夜空。因此地平线会变成星图的边界，而观测者的头顶会位于星图的中心。

每次只使用星图的一部分是比较实际的，因为人眼无论如何也不可能一次观测整个天空。一般来说，我们在没有大幅度转动头部的情况下只能轻松地看到约 1/4 的天穹。为了使得星图与天空的某个部分相契合，我们需要转动本书，让自己面对的方向位于星图下方。以第 38 页上的图为例，当使用书中的春季星图并面朝东方时，我们应该将本书逆时针旋转 90°，使表示东方的那一点位于图的下方，弧形的地平线对应的就是实际的地平线，左右两张星图上的恒星和星座完全一样。

如果你面朝地平线每次转动一点，应该很快就能看到整个天空的星星。无论在哪个

上一页图：仙后座显眼的 W 形是秋季夜空中的路标。

这是加拿大艾伯塔省路易丝湖的冬季天空，伟大的猎手猎户座正大步跨过落基山脉。

季节，我们都能将北斗七星或者猎户座当做理想的起点。在本章的后面，我们会详细解释这种方法，但在此之前，我们要先对星图进行讲解。

全天星图

每个季节的全天星图上都包括暗至 3 等的所有星体以及许多 4 等星。如果把 5 等星和 6 等星也包括进来，星图就会变成一个令人不知所措的迷宫。（不过，第 6 章中有一系列共 20 张的全天 5 等星图。）为了能充分利用季节性的全天星图，我们给出了以下建议。

1. 虽然这些星图是为特定的时间段设计的，

但除了不能显示地平线附近的天体外，它们在所标时间的前后 1 小时内仍能使用。

2. 开始时，我们应该避免雾天或满月的夜晚。在这样的晚上，对观星来说，可以看到的恒星太少。但另一方面，尽管漆黑的夜晚会令人振奋，但空中出现的大量恒星会让初学者感到为难。

3. 如果可能，选择一个不被建筑物灯光和路灯干扰的观测地点，利用树篱、房子或其他建筑物来遮挡令人厌恶的灯光。你也许不得不牺牲掉部分的天区，但是这样看到的恒星会更加清楚，因为你的眼睛能够更好地适应黑暗。

4. 由已知到未知。从北斗七星开始，然后使用定位箭头。要有耐心，通常至少需要练习 1 年才能轻松地辨认星体。

5. 如果一颗明亮的星星出现在黄道附近，我们几乎可以肯定它是一颗行星。(黄道是太阳、月亮和行星在天空中运行的轨迹。) 第 7 章描述了如何识别 5 颗肉眼可见的恒星。

6. 晚上在户外使用这本书时，最好用被红色塑料纸或者玻璃纸蒙住的手电筒来照明。如果没有这些东西，也可以用几层棕色的纸蒙住手电筒，使光线变暗。用未被纸蒙住的手电筒来照明会破坏你的眼睛在黑暗中的灵敏度——你需要几分钟的时间才能恢复。

7. 在外出前把室内的灯光调暗，这样你的眼睛会更快地适应低亮度的环境，也就能更快地看到更暗弱的恒星。在户外时，要尽可能避免直视路灯和建筑物灯光。直接的人工照明不仅会破坏天空的美，还会影响人眼在黑暗中的灵敏度（更多内容见第 82 页）。

春季夜空

春季预示着一个漫长观星季节的到来。当恒星在天空中闪耀时，我对天文学的热情总是在春天第一个暖和的夜晚被充分点燃。在整个春季，北斗七星几乎都位于我们头顶，它是一个精确的路标，能够帮助我们找到地平线上所有的主要恒星和星群。

北斗七星不是一个真正

户外使用全天星图的要点

星图的边界代表地平线，中心即是观测者的头顶。

每次使用 1/4 左右的星图是最实用的，这大致相当于面朝一个方向时可以轻松看见的视场大小。

使用星图时，将其向前举起，转动星图使你面对的方向位于下方。不要混淆星图和地图上的东与西，两者是相反的。当如图所示举起星图时，星图的方向会和实际的方向一致。

在乡村地区无月的夜晚，你看到的星体比星图中的多；在城市中或满月时，你看到的星体比星图中的少。

黄道是月亮和行星在天空中运动的轨迹，跨越黄道的星座被称为黄道星座。

为了获得最佳效果，在户外阅读星图时最好使用被红色塑料纸蒙住的手电筒以大幅降低亮度。未经过滤的光会大幅降低观测者夜间视觉的灵敏度。

有效使用全天星图的关键是要使你面对的方向位于星图的下方。在夜间用被红色塑料纸蒙住的手电筒来照明，使你的眼睛更好地适应黑暗。

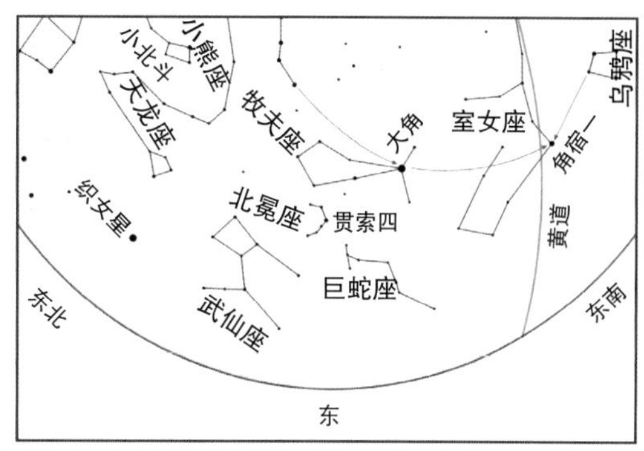

每次只使用本章中的一部分全天星图才是最实际的，即只使用你所面对的地平线之上的那部分。你可以轮流察看全彩色星图和带有定位箭头系统的星图。

的星座，而是大熊座中最亮的部分，后者在神话中守卫着极地地区。19 世纪的美国天文爱好者称其为长柄勺。在英国，它被称为耕犁。北美的原住民把组成斗勺的 4 颗星想象成一只熊，把组成斗柄的 3 颗星想象成追踪这只熊的 3 名印第安勇士。

沿着北斗七星斗柄的弧线并延长一个北斗七星的长度，我们就能找到 0 等星大角，它是牧夫座中最突出的恒星，也是春季北半球夜空中最亮的恒星。“沿着斗柄去大角”即延长北斗七星的斗柄，这可以帮助你记住这颗星的位置。有时还可以再加一句“加速就到角宿一”，意思是说再延长一个北斗七星的长度就能很容易地到达角宿一，它是大型黄道星座室女座中的 1 等星。这条曲线并没有到此结束，再延长 15° 就能抵达小而显眼的乌鸦座，它是一个由 3 等星组成的四边形。乌鸦座的位置还可以用其上方的 2 颗恒星指回角宿一来确认。

北斗七星斗勺中最靠近斗柄的 2 颗恒星的连线可以作为定位箭头，向南 45° 指向狮子座中的 1 等星轩辕十四。一个反向的问号象征着狮子座中的狮头和鬃毛，轩辕十四是狮子的心脏，东边构成三角形的 3 颗恒星组成了它的后腿和臀部，在这个三角形的下方有一条暗弱的星链，它就是狮子的尾巴。总体上，狮子座中的恒星覆盖的天区比北斗七星稍大。狮子座是最耀眼的春季星座，是春季天空中唯一一个样子和名字相符的星座。

沿着斗柄贯穿斗勺的对角线指向双子座中的北河二和北河三，这个定位箭头是春季和冬季星座间的重要连接。按照季节来划分星座是很方便的，因为它们在夜空中显眼的程度根据时间的不同而不同。天空中星座的变化体现了季节的变化。春季，夜半球会朝向狮子座、牧夫座和室女座方向。冬季的群星则出现在西方低空，沉浸在暮色中。到春末，冬季群星随着地球的公转消失在阳光中，看不到了。

在春季天空中最亮的 3 颗恒星中，轩辕十四和角宿一是 1 等星，大角是 0 等星。轩辕十四是一颗蓝色的恒星（尽管看上去是白色的），距离我们约 78 光年，光度是太阳的 150 倍左右。角宿一比轩辕十四亮 10 倍、远 4 倍。

大角距离我们只有 37 光年，是距我们较近的明亮恒星之一。它是一颗巨星，直径约是太阳的 23 倍，辐射能量是太阳的 130 倍。它呈浅橙色，用肉眼看起来也很明显。

选一个适宜观测的春季夜晚来找一找位于轩辕十四和牧夫座中间的漂亮恒星吧！这里被称为后发座（并没有在星图上标注）的小星座是一个星团——一些差不多同时形成的恒星在空中聚集成团。后发星团距离我们约 250 光年，

北半球春季夜空

在以下时间使用这两幅星图：

12月末	5～7点
1月初	4～6点
1月末	3～5点
2月初	2～4点
2月末	1～3点
3月初	0～2点

北半球春季夜空

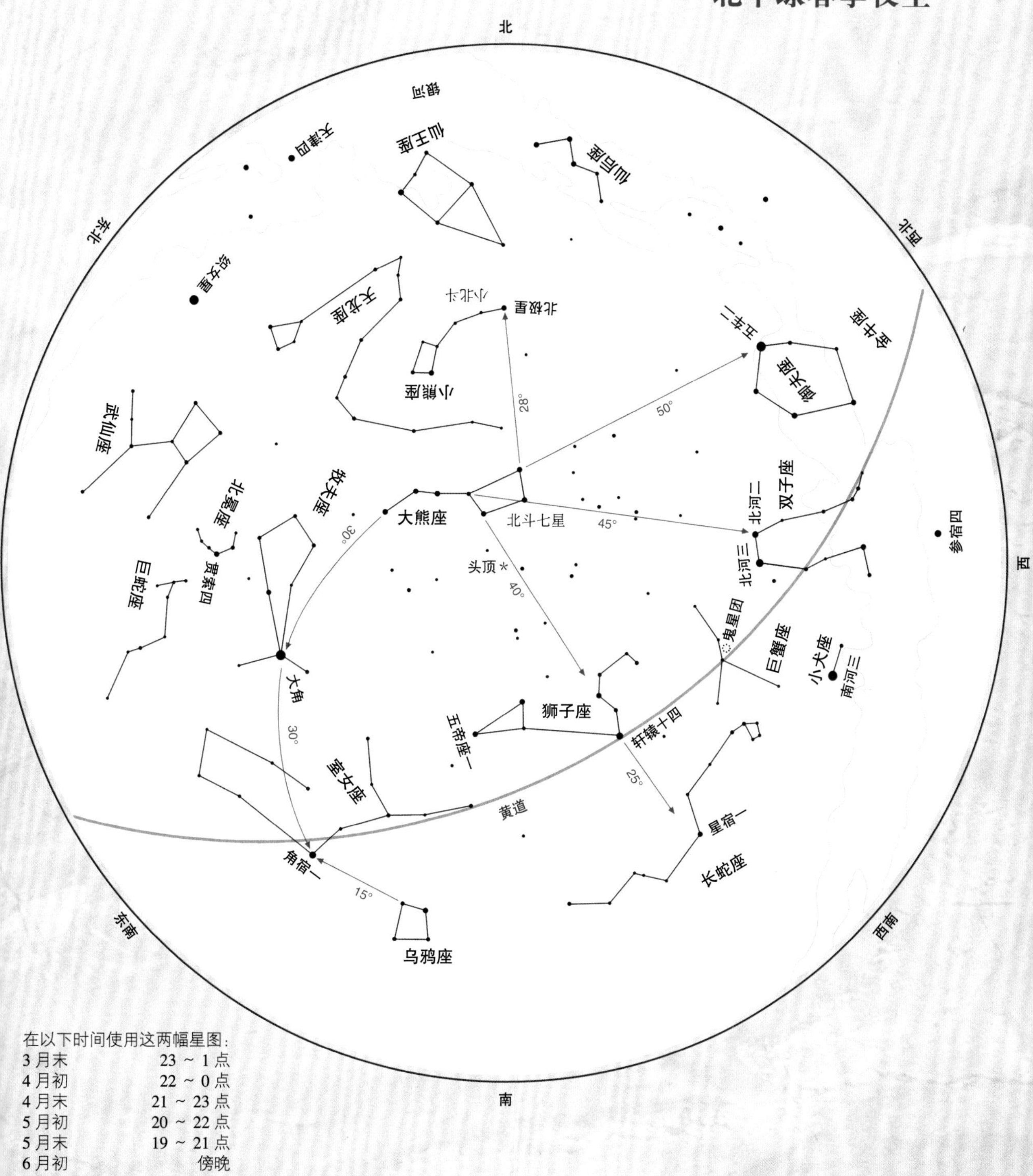

在以下时间使用这两幅星图：

3月末	23 ~ 1点
4月初	22 ~ 0点
4月末	21 ~ 23点
5月初	20 ~ 22点
5月末	19 ~ 21点
6月初	傍晚

是除金牛座毕星团以外离我们最近的星团。在这个星团中，肉眼能看到的恒星不到一打。但如果把双筒望远镜对准后发星团，另外的十几或二十几颗恒星就会出现在这个令人难忘的背景恒星群中。

位于轩辕十四和北河三中间的是鬼星团(M44)，与我们之间的距离是后发星团的2倍。鬼星团——对肉眼来说是一个淡淡的光斑——中的成员更多，也更致密，是用双筒望远镜最值得寻找的目标。它在彩色星图上就像一个光斑，正如在肉眼中所看到的那样。

双筒望远镜还能找出北斗六的伴星辅，前者是北斗斗柄的转折点。这两颗恒星一起在太空中运动，相距约3光年。在没有光学设备辅助的情况下，我们也能看见辅，但用双筒望远镜更加容易。（第6章的星图中画出并标出了更多双筒望远镜能够看到的目标。）

一个手持双筒望远镜的观测者在独自欣赏乡村夏夜的星空，当时最亮的天体是位于人马座中的木星。

夏季夜空

如果天文学对灵魂有益的话，夏季就是获益最多的时候。在远离城市的地方，夏夜是我们徜徉星海的最佳时刻。夏季，乡村夜空中的恒星非常明亮，它们看起来似乎离我们更近，仿佛触手可及。在静谧的夜晚眺望壮丽的群星会令人着迷，就像凝视着壁炉中跳动的火焰。

探索夏季的天空离不开夏夜三角形，它是一个在现代被命名的大而明显的恒星构形。这个三角形的3个顶点为织女星、天津四和牛郎星，它们分别是3个不同的星座中最亮的恒星。它们同时还比周围的恒星亮得多，主宰着夏季和初秋的夜空。

为了找到夏夜三角形，我们要先返回目前位于西北方的重要恒星路标——北斗七星。从最靠近斗柄的2颗斗勺恒星向开口一侧延长约60°，就可到达织女星和天津四之间的中点。这两者极易区分，0等的织女星明显比1等的天津四亮。该三角形中的第3颗恒星牛郎星也是一颗1等星，但比天津四稍亮。夏夜三角形覆盖了一大片天区，比在一臂远的距离上张开手掌覆盖的区域还大。

与夏夜三角形相交的最突出的星座是天鹅座，其主要恒星构成了一个十字，天津四就位于它的顶端。俗称北十字的天鹅座是神话中的天鹅，天津四位于其尾部，其翅膀比十字的横线还长，其颈部则延伸到十字的底部——3等星辇道增七。织女星所在的天琴座很小，但很有特色。牛郎星是天鹰座中最亮的恒星，天鹰座是由3等星和4等星组成的一个模糊的鸟形。

在确定了夏夜三角形之后，从织女星向西延伸就能找到亮度与之相同的春季主要亮星大角（可以向外延长北斗七星的斗柄，使用定位箭头来确认大角）。这条织女—大角连线会直接穿过武仙座和北冕座。北冕座呈一个小而显眼的弧形，从2等星贯索四出发，沿3等星和4等星朝两侧延伸。

武仙座中的恒星分布较散，不易辨认。织女—大角连线会穿过一个由3等星和4等星组成的四边形，它是武仙座最明显的特征。根据正式划定的区域，武仙座是全天第 5 大星座——只有长蛇座、室女座、大熊座和鲸鱼座比它大，然而在如此广大的区域中却没有一颗亮度超过 3 等的恒星。

武仙座并不是唯一一个又大又暗的星座。有时，一个星座中的亮星太少，使它所在的区域看上去就像荒地。蛇夫座就是这样，其最亮

沙盒中的银河系

对孩子来说，沙盒就是一个迷你宇宙，一个有着山谷和城堡、可以上演潜伏和大逃亡的世界。从某种程度上来说，沙盒就是一个宇宙模型，一个标准大小的沙盒中沙粒的数目大致和银河系中的恒星数目相当。

在显微镜下，所有的沙粒基本上都是相同的硅酸盐物质，但彼此在细节上存在差异。恒星也是如此。它们都是宇宙中的热核熔炉，但大小、温度和亮度各异。我们的太阳就是其中的一员。

在肉眼看来，沙粒的质感是很平滑的，恒星也是如此，我们在夏夜看到的银河就像一片空中的海滩。只有距离太阳数千光年之内的恒星看起来才是单个的。沙盒中的少量沙子代表了在黑暗的夜晚肉眼所能看见的所有恒星。

沙盒就像我们的银河系，而银河系只不过是几十亿个星系中的一个。若要模拟真正的宇宙的规模，除非地球上的每个人都有一个沙盒，即便如此仍然少了几十亿个沙盒。如果以每秒 1 个的速度来数沙盒——已知的宇宙中的星系，也会花费几代人的时间。

人们常常问我，观看浩瀚的宇宙是否会让我感到沮丧，觉得自己无足轻重。但事实正好相反，在繁星之下，我感到了深深的平静。宇宙并不是一个深不可测的谜团，而是一个有待探索的神奇地方。人类也许无法了解其中所有错综复杂的地方，但我们已经对自己在宇宙画卷中的位置有了充分的认识——至少从物理学的角度来说。单就这个理由，我们也并非那么无足轻重。

对我来说，观星就是在恒星和星系之间遨游，与美丽而浩瀚的宇宙交流。观星并不让人感到压抑，反而令人愉悦。

每当我站在布满繁星的苍穹之下，看着贯穿天际的银河时，这些感受就会加强。当我靠在躺椅上把双筒望远镜对准天鹅座和人马座中的群星时，看到的星海依旧震撼人心。

已故的加拿大天文学家海伦·霍格在 20 世纪 70 年代的一篇文章中写道："许多人都不会急着去欣赏群星，因为他们知道星星永远在那里。但是一旦你了解了它们，它们就再也不会失去对你的吸引力了。"

虽然比银河系稍大，但旋涡星系 M101 在许多方面都像是银河系的孪生兄弟。如果太阳位于 M101 的一条旋臂上，我们看到的夜空可能和现在极为相似。

的恒星侯和北十字中心的恒星亮度相同。从天津四出发，穿过夏夜三角形，擦过天琴座的南端，一直延长 50° 就到了侯。认错星是不可能的，因为侯是夏夜三角形和位于南方低空的天蝎座之间最亮的恒星。蛇夫座所有相对明亮的恒星都在它的外围，中间就像一个巨大的黑窟窿。

夏季南天中最亮的恒星是钩状天蝎座中的心宿二，夏季的天蝎座就位于南方地平线的上方。沿着北十字的竖线，从天津四到心宿二的连线长约 80° 。心宿二呈明显的橙色，比牛郎星亮，但比织女星暗（从北十字出发的定位箭头几乎直接指向心宿二。全天星图中会不可避免地出现扭曲和偏移，图中稍有弯曲的织女—大角连线在真实的天空中其实是一条直线）。

在希腊语中，心宿二的意思是“火星的对手”，它也名副其实。当火星在黄道上运动到这个地方时，两者看上去几乎完全一样。心宿二为橙色是因为它是一颗罕见的红超巨星，平均温度只有太阳的一半，直径却是太阳的 500 倍。如果心宿二取代太阳，它能轻而易举地覆盖地球的轨道。如果它与我们之间的距离与织女星一样，只有 25 光年，而非 600 光年远，那它的亮度会达到 –6 等，一举成为夜空中仅次于月亮的最亮的天体。

位于夏季低空中的星座还有茶壶状的人马座。这个茶壶的壶嘴位于右侧，壶把位于左侧。从天津四出发，穿过夏夜三角形，经过牛郎星的右边，即可到达南方地平线附近的人马座。

夏夜三角形中的恒星体现了银河系中恒星的多样性。其中第二亮的牛郎星距离地球最近，约 17 光年。牛郎星很像太阳，但比太阳亮 10 倍。在肉眼和双筒望远镜中，牛郎星呈白色，与太阳光的颜色相似。

夏夜三角形中最亮的织女星距离地球 25 光年。天文学家估计织女星比太阳亮 58 倍，部分原因是因为织女星的表面温度是太阳的 2 倍。更高的温度意味着它在单位面积内会释放出更多的能量，同时也意味着它会发出蓝白色的光。

我们用肉眼就能分辨出牛郎星和织女星，牛郎星为白色，织女星为蓝白色。若要更明显的颜色对比，可以把织女星与大角（黄色）、心宿二（橙色）进行比较。温度最高的恒星是蓝色的，温度最低的是橙红色的。夏夜三角形中看上去最暗的恒星天津四和织女星一样为蓝白色，可它却是这三颗恒星中光度最强的。

天津四距离太阳很远——约 1 600 光年，天文学家尚不确定它有多亮，但他们估计它的输出功率是太阳的 6 万倍，这使它成为整个银河系中实际上最亮的恒星之一。这样一颗超巨星能让太阳相形见绌。如果把天津四放到太阳的位置上，就算地球在冥王星的

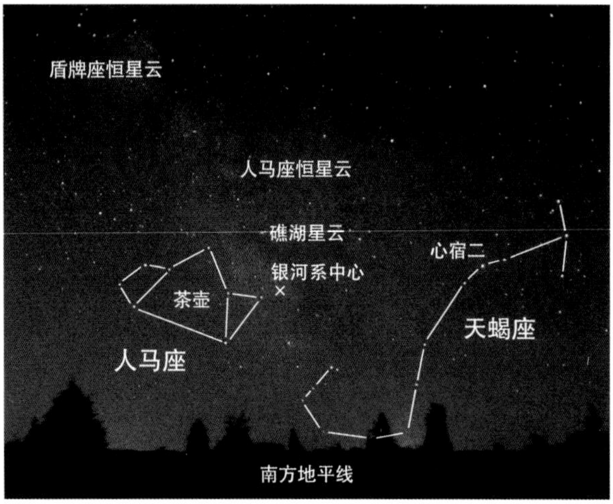

银河系的中心就位于人马座的茶壶壶嘴处。在夏季的夜晚，拥有双筒望远镜或天文望远镜的天文爱好者能在该区域中看见十几处银河景观。这张照片是作者在北纬 44° 处拍摄的，在那里，天蝎座的尾巴正好扫过地平线。更靠南的观测者看到的人马座和天蝎座在空中的位置会更高，在探索这片富饶天区时更具优势。

城市中的观星误区

在 1994 年美国洛杉矶大地震之后的几个小时里，一件小事告诉我们城市居民已经离真正的星星有多远了。这次地震发生在凌晨 4 点，震中位于美国加利福尼亚州的北岭地区，它迫使几乎所有人都冲到户外避难并检查损失，而摇晃的大地已经切断了这片地区的电力。

对几十万人来说，这是他们记忆中第一次站在完全黑暗的户外，在不受城市灯光干扰的情况下观看天空。那一晚以及之后的几周里，洛杉矶应急组织、天文台和广播电台接到了数百个电话，好奇的人们询问是否是星星的突然变亮和银河的出现导致了这次地震。其实，只有从来没有在远离城市灯光的情况下看过夜空的人才会有这样的反应。

据洛杉矶格里菲斯天文台台长埃德·克鲁普说，许多打来电话、心神不宁的人不愿意相信断电时他们看到的是夜空本来的模样。身为天空神话和星座知识的专家，克鲁普说，在过去的 30 年里出现了一个新的误区，而这一时期正值户外照明的数量和亮度大规模增长。

“在这几十年中，由于我们中的很多人再也没有见过没有光污染的夜空，”他解释道，“人们对真正的、布满繁星的夜空产生了误区。”

城市中的观星误区——被广为接受的、关于夜空样子的“事实”——由此而生，只要看一眼繁星点点的夜空就能证明它是错的。当然，问题就在于没有人去看。

想要一个城市观星误区的例子吗？

这个怎么样：“北极星是夜空中最亮的恒星。”虽然这是个被普遍接受的“事实”，但根据时间的不同，夜空中总有 15 ~ 25 颗恒星比北极星要亮。

对许多人来说，现在夜间照明的普及使得银河的真实模样（左图）成了罕见的景象。如右图所示，大型城区的灯光相当惊人。虽然这张照片拍摄自距洛杉矶约 160 千米的莫哈韦沙漠，但来自大都市的灯光在地平线上依然清晰可见。照片中心上方的细长天体是百武彗星。

北半球夏季夜空

在以下时间使用这两幅星图：

3月末	5 ~ 7点
4月初	4 ~ 5点
4月末	3 ~ 5点
5月初	2 ~ 4点
5月末	1 ~ 3点
6月初	0 ~ 2点

北半球夏季夜空

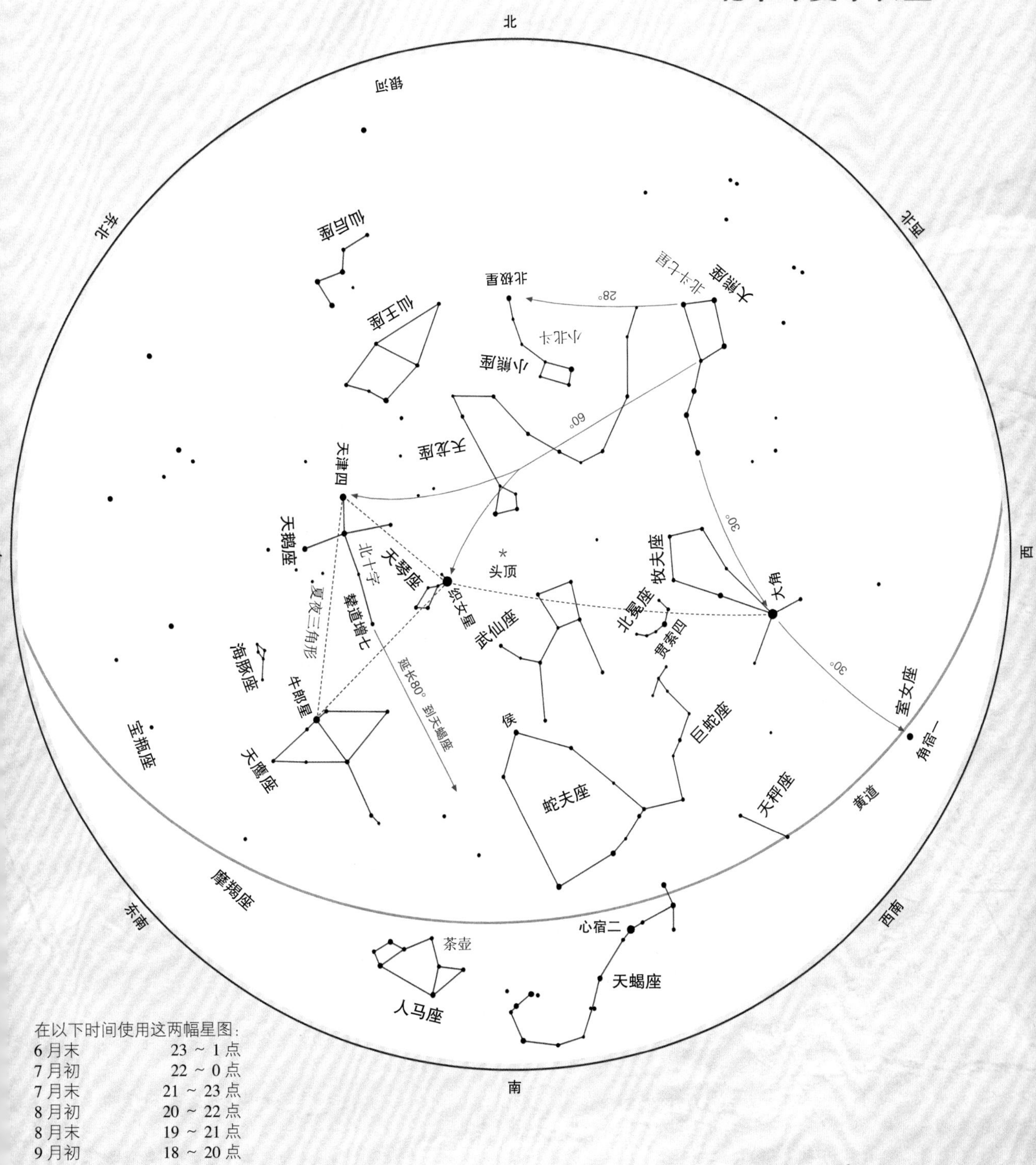

在以下时间使用这两幅星图：

6月末	23 ~ 1点
7月初	22 ~ 0点
7月末	21 ~ 23点
8月初	20 ~ 22点
8月末	19 ~ 21点
9月初	18 ~ 20点

光污染

对那些在20世纪的最后10年或者21世纪的最初几年中长大的人来说，星星在他们眼中几乎是夜间最后被注意到的东西。在人类漫长的历史文明中，他们是第一代产生这种看法的人，而这种改变发生得很快。许多60岁或者年龄更大的人仍然清楚地记得，无论住在哪里，一开门就能看到泛着淡淡的银河光芒的壮丽夜空。

今天，户外照明是生活中普遍存在的，它和道路以及购物中心一起作为城市的组成部分。然而当你想要认出一些星星时，夜间照明所带来的负面影响将更多地显现出来。在城市（无论大小）里，你看到的夜空呈黄灰色而不是黑色，户外的灯光不仅照亮了地面，还照亮了天空。

为了显示城市和乡村星空的极端差异，我使用相同的照相机、镜头、胶卷和曝光时间（25秒），在短短几天之内拍摄了左边的两张照片，照片中显示的天区也完全一样（照片中火星的运动十分明显）。在这两张照片中，天空中都没有月亮，而且格外晴朗。它们的拍摄地点是唯一的区别：一张照片拍摄于加拿大安大略省的乡村，远离大都市；另一张则拍摄于我岳母的公寓，位于城市的边缘，面朝多伦多（400万人口）。

除了通常的城市照明之外，几乎每个天文爱好者都会厌恶直射他们眼睛的灯光。这些令人不快的光亮大多来自路灯，但也经常来自廊灯和夜间的警卫照明。由于多数人晚上只在户外停留很短的时间，他们永远也不会注意到户外照明产生的刺眼的光。照明系统的设计或安装存在问题，使得光不是照向目标而是照向各个方向。在夜间，对水平或者更高地方进行直接照明的需求极为罕见，这纯粹是浪费能源，并且造成了光污染。

光污染绝非小事。据估计，每年北美浪费的能源接近10亿美元。由这笔钱产出的电所发出的光永远都不会触及地面，相反却毫无用处地照亮了天空，影响了我们本该更加清晰的视野。

那么我们能做什么？邀请自己的朋友和邻居来用望远镜观看星空吧！一旦他们把目光投向天空，光污染的问题往往就会不证自明。也许你能做的最有意义的事就是在大多数时间关闭自家的户外灯光，或者将照明系统改为感应运动物体的红外感应装置。红外装置可以节约能源，与稳定的光照相比，它也更容易监测到危险事物。在使用时，你可以在出门或者回家时打开它，在户外观星时关闭它。

上图：这两张照片分别拍摄于城市和乡村，用相同的照相机、底片和曝光时间在几天之内拍摄，我们可以明显看出路灯和其他城市照明在夜空中投射的大量光照。

右图：夜间的自然照明——满月——与今天城市中的数千盏路灯争辉。

轨道上，我们仍然能接收到比目前高5倍的光和热。

前面描述的路标是寻找夏季那些不太显著的恒星和星座的基础，也是认识恒星和星座的关键。永远从最亮、最明显的恒星开始，确定位置并把它们连成定位箭头，然后添加细节。接下来，我们就可以准备寻找那些不太显眼的星座和星群了。

业余天文学最大的乐趣之一就是用双筒望远镜扫视夏季银河。这片模糊的光带从东北到西南贯穿夏季天空，在7月的子夜和8月、9月的晚上景致最佳。在双筒望远镜中，看似云带的银河会被转换成由许许多多恒星组成的绚丽星河。在一张躺椅或儿童充气小船上仰面躺着，用双筒望远镜缓缓地扫过灿烂的银河，我保证你会在第一次观测时大吃一惊。

由于肉眼无法分辨出其中的单颗恒星，银河显得比较模糊。实际上，我们的视线是从旋涡状银河系的边缘进入最稠密的部分的。银河系的中心十分靠近人马座茶壶壶嘴的顶点，但还要远上300倍。银河系的边缘部分适宜观测，但如果不是稠密的气体和尘埃遮住了银心，银心会比边缘亮上数千倍。

在用普通的双筒望远镜探索夜空后，你会注意到银河中的裂缝、恒星云以及天空中恒星相对较少的地方，除此之外还有不少值得用双筒望远镜探寻的特殊景观。例如，在天琴座中，我们用双筒望远镜能发现在天津四—织女星的连线上最靠近织女星的那颗恒星是一对漂亮的双星（事实上，目光锐利的人在没有使用任何光学辅助设备的情况下就能看到这对双星）。这是天琴ε，第6章的星图10会给出这一迷人恒星系统的细节。

另一个用任何双筒望远镜都能看到的景观位于天蝎座的尾钩底端和人马座的茶壶壶嘴之间。其中有两个由几十颗恒星组成的漂亮星团，

只有少数人住在一出门就能看到银河的地方，但这并没有减少人们对观星和天文学的兴趣。与以前相比，更多的天文爱好者正在寻找能够观星的地点。

就像夜里的一大群萤火虫（不幸的是，从北纬48°的地区看去，这个恒星密集区过于靠近南方地平线了，视角不是很好）。

观测时，双筒望远镜能够使我们看到更多的天体。如同肉眼在乡村中可以看到更暗弱的恒星一样，双筒望远镜在城市中可以揭示出被烟雾和人造光掩盖的、肉眼看不到的恒星。例如，在城市中，当肉眼只能看见织女星的时候，用双筒望远镜可以清楚地看到天琴座中的其他恒星。

秋季夜空

秋季的长夜和适宜的天气为后院观星提供了完美的条件。在6月和7月初，往往到了晚

蓝白色的织女星是夏夜三角形中最明亮的恒星，也是小而出众的天琴座中最突出的恒星。

北半球秋季夜空

在以下时间使用这两幅星图：

7月末	3～5点
8月初	2～4点
8月末	1～3点
9月初	0～2点
9月末	23～1点

北半球秋季夜空

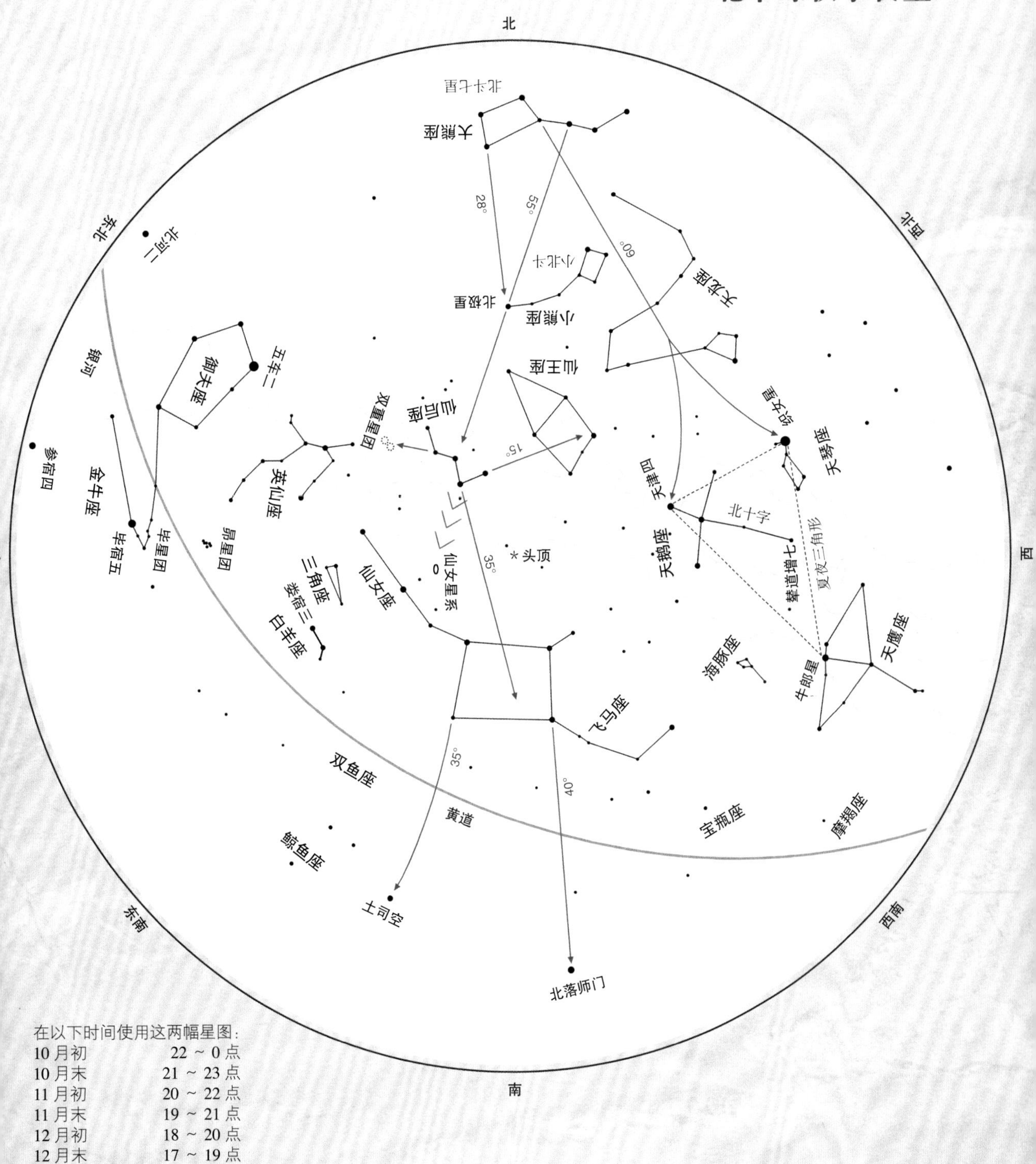

在以下时间使用这两幅星图：

10 月初	22 ~ 0 点
10 月末	21 ~ 23 点
11 月初	20 ~ 22 点
11 月末	19 ~ 21 点
12 月初	18 ~ 20 点
12 月末	17 ~ 19 点

上 10 点，天色也没有黑到适宜观星。然而在 10 月份，天黑 2 小时后我们就可以悠闲地探索夜空了。

相比于其他季节，秋季的亮星和明显的恒星构形都比较少。然而，作为补偿，秋季天空中会出现十几颗 2 等星，它们形成了容易识别的星群，其中还隐藏着某些天空中最伟大的奇迹。

在秋季夜空中，北斗七星徘徊在北方地平线的低处。因此若要使用北斗七星定位，就需要有黑暗的天空和不受阻碍的视线。秋季天空中关键的定位箭头从北斗七星斗柄的第 3 颗星出发，经过北极星到达头顶附近的仙后座，约长 55°。如果北斗七星被北方的树木遮住或者被灯光掩盖，我们可以在头顶附近搜寻呈明显 W 形的仙后座。仙后座是神话中的王后，引导着秋季天空的认星，它宽约 15°，“W”的每条臂长为 3°～4°。有超过 4 个定位箭头从这个小星座出发，其中最重要的箭头向南约 35°到达飞马座的“方框”中心。

这个方框相当大，它的边长为 14°～17°，由 4 颗 2 等星组成。当观测者朝南时，这个方框的右边向南可以延伸到地平线附近的 1 等星北落师门。与之相似，这个方框的左边向南指向 2 等星土司空，后者位于巨大但暗弱的鲸鱼座。这片几近空白的东南方天空被我称为鲸鱼座空洞。在全天没有任何 1 等星或 2 等星的区域中，这一片是最大的。鲸鱼座空洞的上边缘有一个小型的黄道星座——白羊座，其最亮的恒星娄宿三作为顶点，与飞马座方框的东边构成了一个等腰三角形。

该方框中最靠近仙后座的恒星其实并不属于飞马座，而是仙女座的一员。仙女座中的恒星向东北方展开，它的名气源于其含有肉眼可见的最遥远的天体——仙女星系（约 240 万光年远）。仙后座中，靠近飞马座的半个“W”可以作为三角形箭头，向南 15°指向仙女星系。

仙女星系是一片暗弱的 4 等光斑，只有在无月的黑暗夜晚才能看见它。在 11 月的夜晚，它几乎正位于观测者的头顶，就像是天空这块黑板上的椭圆形擦痕。有时，它似乎根本不在那儿，好像在故意挑战我们的视力极限。这片飘忽的光斑极为遥远，纵然整合了 5 000 亿颗恒星所发出的能量，用肉眼也只能勉强看到。

仙后座王后的国王是仙王座，其 3 等星和 4 等星构成的形状就像幼儿园孩子画的房子。在仙后座和邻居英仙座之间，有一个被称为双重星团的匀称孪生星团，呈模糊的光斑状，相对仙女星系而言更容易为肉眼所见。在只能看到其中较亮恒星的双筒望远镜中，双重星团的孪生特征也十分清晰明了。

双重星团距离我们 7 000 光年，位于地球所在的旋臂之外。从我们的角度来看，仙后座和英仙座几乎都位于和银心相反的方向，但这一区域中的群星依然丰富多彩，令人印象深刻。

冬季夜空

人们常说，在冬季寒冷晴朗的夜晚，星星会比其他任何时候都明亮。虽然恒星也许看上去会亮一些，但实际测量证明，冬季最佳的夜晚和一年中其他最佳的时候在观星的清晰度上没有区别，冬季夜空真正区别于其他季节的地方在于它包含有更多的亮星。因此，造成区别的是可见的亮星数目，而不是冬季的空气。

众多的亮星意味着更加丰富的星群。天空中最威严的星座、神话中伟大的猎人——猎户座——就位于冬季天空之中。猎户座是所有传统恒星群中最亮的，是天空中仅次于北斗七星的最出众的恒星构形。不像那些名不副实的星座，猎户座中的恒星看上去确实构成了一个人形。这个猎人有着独一无二的 3 星腰带，在这种亮度的恒星中，没有其他 3 颗星会靠得如此之近。腰带周围的 4 颗恒星构成了猎人的肩膀

黄道和黄道星座

虽然我们的星图中没有标出网格和天球坐标，但还是画出了一条重要的线：黄道——太阳、月亮和行星运行的路线。简单来说，我们的太阳系就像一个大型圆形赛道的表面，而行星就是赛车。有时金星会赶上地球，有时地球会超过火星，但所有的运动都发生在同一个平面之内。因此，行星、太阳和月亮看起来永远位于天空中和这个平面相对应的有限的条带中。

太阳系的共面性可以追溯到约50亿年前，它起源于一个巨大的、由气体和宇宙尘埃组成的圆盘状云团中。今天，太阳系仍保持着它诞生时的薄圆盘形状。它非常平，以至于月亮和行星很少会出现偏离黄道几度的情况。

黄道带上的星座被称为黄道十二宫，随处可见的报纸占星专栏已经让这12个星座广为人知。“黄道带”一词源自希腊语，意思是动物圆周。不过，在这12个星座中只有7个半具有动物形象：白羊座、金牛座、巨蟹座、狮子座、天蝎座、摩羯座、双鱼座和半人半马的人马座，此外还有人形的宝瓶座（持水瓶的人）、双子座和室女座。他们勉强也算动物，但天秤座无论如何也无法被划为动物星座。天秤座似乎是后期被确定的星座，旨在区分这一天区之前的名字“天蝎之爪”。

尽管地处行星运动的咽喉要道，但有些黄道星座十分暗弱。为了配合第7章中的行星位置表，尽管我们没有特意勾勒出某些黄道星座，因为它们不如其他星群出众，但我们还是在全天星图中标出了每一个黄道星座的名字。不过，所有的黄道星座都会出现在第6章更加详细的一系列星图中。

黄道星座至少可以追溯到公元前3300年，那时美索不达米亚的手工制品上就绘有狮子和金牛的战斗。美索不达米亚的艺术家显然在描绘这些星座，因为他们在绘画中运用了星形的符号。据加拿大不列颠哥伦比亚大学已故的星座起源专家迈克尔·奥文登推测，大多数黄道星座都设计于公元前2600年前后。它们不是牧羊人和游牧民族发明的有趣消遣，而是从实用的角度被精心挑选出来的，用来描述太阳、月亮和行星的位置。

拥有一个实用的天体系统对古代海员来说是至关重要的。在4 500年前，最干练的水手是地中海

的克里特人，他们使其他人认识到采用统一的代码来表示天空的重要性。希腊人以及后来的罗马人完善了这一系统，使其成为今天仍在使用的形式，包括其神话传说和名字。

最初把黄道带划分成12星座可能是因为早期的观测者发现木星绕黄道一周需要12年，在每个黄道星座中会停留1年。木星是整晚可见的最亮的行星，因此必定也是最受关注的行星（金星虽然更亮，但它只在日出前或者日落后的几个小时内可见）。在古代，数字12是强大的符号：基督12门徒、十二小先知书、12人陪审团以及一年的12个月。最终的划分最有可能是根据月球轨道而定的：月球每年会绕地球12圈，还剩下12天。

和每个黄道星座相关的特定星群在大小上差异巨大，最大的室女座比最小的白羊座大3倍。天文学家并不关心源自很久以前的星座之间的差异，但古代的占星术士按照30° 的跨度划分黄道，克服了这一不均匀性。当现在的占星术士提到金牛、双子和其他名称时，他们指的是占星中的黄道宫，而不是星座。2 000年前，黄道宫和星座大致重合，但地球自转轴指向的缓慢变化已经使星座相对于季节向西移动了，因此今天的黄道宫已经不再与黄道星座重合了。例如，当一个占星术士说火星位于双子宫时，它其实位于金牛座中。占星术所依据的系统已经无法再现真实的天空了。

和腿。

猎户座中最亮的恒星参宿七是已知的光度最大的恒星之一。这颗蓝白色的恒星距地球770光年，发光功率约是太阳的50 000倍。比参宿七近的恒星有超过100万颗，但没有一颗的能量输出可以与之相提并论。

猎户座中的第二亮的恒星参宿四也同样令人印象深刻，因为它是已知最大的恒星之一，据估计，其直径约是太阳的800倍。如果把参宿四放到太阳的位置，它能轻松地覆盖水星、金星、地球和火星的轨道。作为一颗罕见的红超巨星，它的体积大而温度低，看上去呈独特的红色。

面朝南方，我们就可以在任何晴朗冬夜的半空中看到参宿四和猎户座中的其他恒星。猎户腰带宽约3°，参宿七和参宿四之间的视距离不到20°。沿着猎户腰带向左下方延长20°就能到达全天最亮的恒星——天狼星，其亮度为 -1 等。当空气剧烈运动时，天狼星也会剧烈地闪烁，有时颜色会从白色变成蓝色再变成橙色，几乎不停地变化，就像钻石一样。当空气稳定的时候，天狼星则呈蓝白色。

从猎户腰带出发，沿着与天狼星相反的方向前进20°就到达了橙黄色的1等星毕宿五。如果沿着这个从猎户腰带到毕宿五的箭头再往前15°，就能到达漂亮的昴星团，又称七姊妹星团。

昴星团是天空中最亮、最出众的星团，这个宽2°的恒星宝盒在双筒望远镜中堪称奇观。由于其形状，它往往被误认为是小北斗。但真正的小北斗（小熊座）在北斗七星附近，而且远没有昴星团出众。

从猎户腰带的中点径直向北，穿过位于参宿四和参宿五之间的猎户座顶部，延长45°就可到达差不多位于头顶的、冬夜中亮度仅次于天狼星的五车二。如果在五车二到天狼星之间画一条巨大的弧线，我们就能串起其他3颗亮星：北河二、北河三和南河三。我们可以从猎户座出发来定位这些恒星。

不同于其他季节，冬季明亮星群的多样性很好地体现出天空中千变万化的恒星类型。天狼星是距地球较近的恒星之一，只有9光年远，它是加拿大、美国和欧洲夜空中可见的距离最近的恒星。它比太阳更大、更亮，其直径是太阳的2倍，光度则是太阳的23倍。由于其比太阳输出的能量大得多、温度也高得多，天狼星显得出奇明亮。

五车二、南河三、参宿七和参宿四都是0等星，肉眼看上去几乎一样亮，而这一相似性完全是巧合。南河三与地球之间的距离只有11光年，五车二为42光年，参宿四为430光年，而参宿七距我们有770光年远。此外，参宿四是一颗变星，亮度几乎能波动1个星等（0～+1等）。一般来说，它差不多和参宿七一样亮。但每过6年左右，它就会明显变暗，最近一次是在1995年。

在冬季群星亮度排行榜中，下一位是1等星毕宿五。它是一颗红巨星，是参宿四的缩小版，距离我们65光年远。毕宿五比太阳亮360倍，直径是

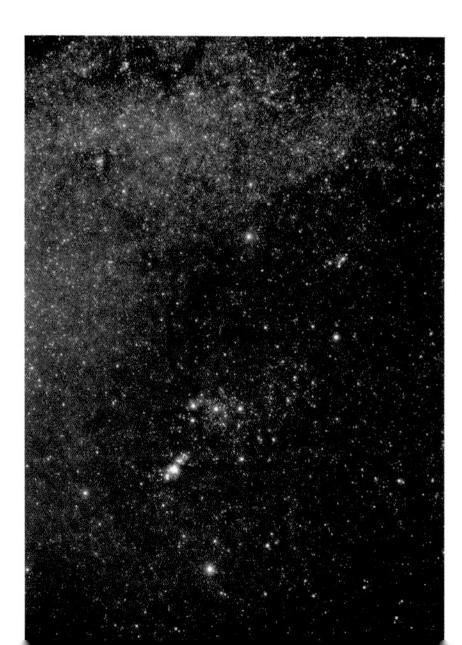

运用现代计算机处理技术，我们可以从使用标准的彩色胶卷拍摄的天文照片中提取出惊人的细节和丰富的内容。猎户腰带左侧的C形星云被称为巴纳德环，对肉眼甚至是望远镜来说都是不可见的。

太阳的45倍，它有着和参宿四相似的鲜艳的橙色。

接下来的冬季亮星是1等星北河三，它距离我们34光年，光度是太阳的35倍。它的同伴北河二实际上是一颗2等星，但有时差不多和北河三一样亮。北河二距离地球45光年。由于它们在视亮度上如此接近，观测者往往会搞不清楚谁是谁。对我来说，星名的字尾可以帮助记忆：北河二靠近五车二，北河三靠近南河三。

北河二和北河三是双子座中最亮的恒星，从这两颗恒星向猎户座方向延伸出的两组恒星构成了神话中的双子。因为地处黄道带，双子座是著名的黄道星座。因为太阳、月亮和行星会从其中经过，占星术士（不要和天文学家混淆）在几百年前就开始重视黄道星座了。

冬季的第二个黄道星座是金牛座，亮星毕宿五是它的一只眼睛。在较为黑暗的夜空中，我们可以在金牛座中看到一个由恒星组成的V字，毕宿五就位于其中一个分支的顶端。毕星团位于金牛座中，它和昴星团类似，但更加分散，因此没那么醒目。双筒望远镜可以揭示出其中低于目视极限的几十颗恒星。

星图中的“星云”标出了一个栖身于猎户腰带下方的罕见天体，可以用双筒望远镜观测到。它就是猎户星云，是散落在银河系旋臂间数千个类似星云中令人印象最深刻的一个。它就在猎户腰带的正下方，在一小串恒星组成的猎户腰刀中，看起来是一块模糊的小光斑。在双筒望远镜中，这个星云呈茶杯形，就像一团凝固在永恒空间中的宇宙气体。

通常在夏季比较突出的银河会从西北到东南几乎贯穿整个冬季夜空。冬季的银河不如夏季明亮，因为我们的目光对准的是银河系的外部而不是核心。

冬季银河的某些最值得观看的部分位于猎户座和双子座之间，向北可以达到御夫座。我们可以用双筒望远镜观看这条天上光带中的恒星，在肉眼看上去只是暗淡薄雾的地方，会有数千颗恒星出现在你的视场中。

这是一张从作者家后院朝南拍摄的冬季夜空超广角照片，显示了12月至次年3月所有可见的重要的恒星和星座。将猎户座当做你穿行于星群中的路标。

夏季、秋季和冬季天空中可见的银河时刻提醒着我们，自己正在从一个恒星盘中观测宇宙。这一恒星场景可能在100万甚至10亿年中都没有发生太大的改变，因为太阳在宇宙中运转的轨道使其一直处于旋臂附近。未来也许没有尽头，我们只不过是在过去的几十年里才有了对宇宙的广泛认识。居住在某个星系里的某颗恒星周围的某颗行星上的生物现在知道了可见宇宙的范围——即使那不是最终的值，今天的天文爱好者们正在用探索的目光凝视着未知的世界。

北半球冬季夜空

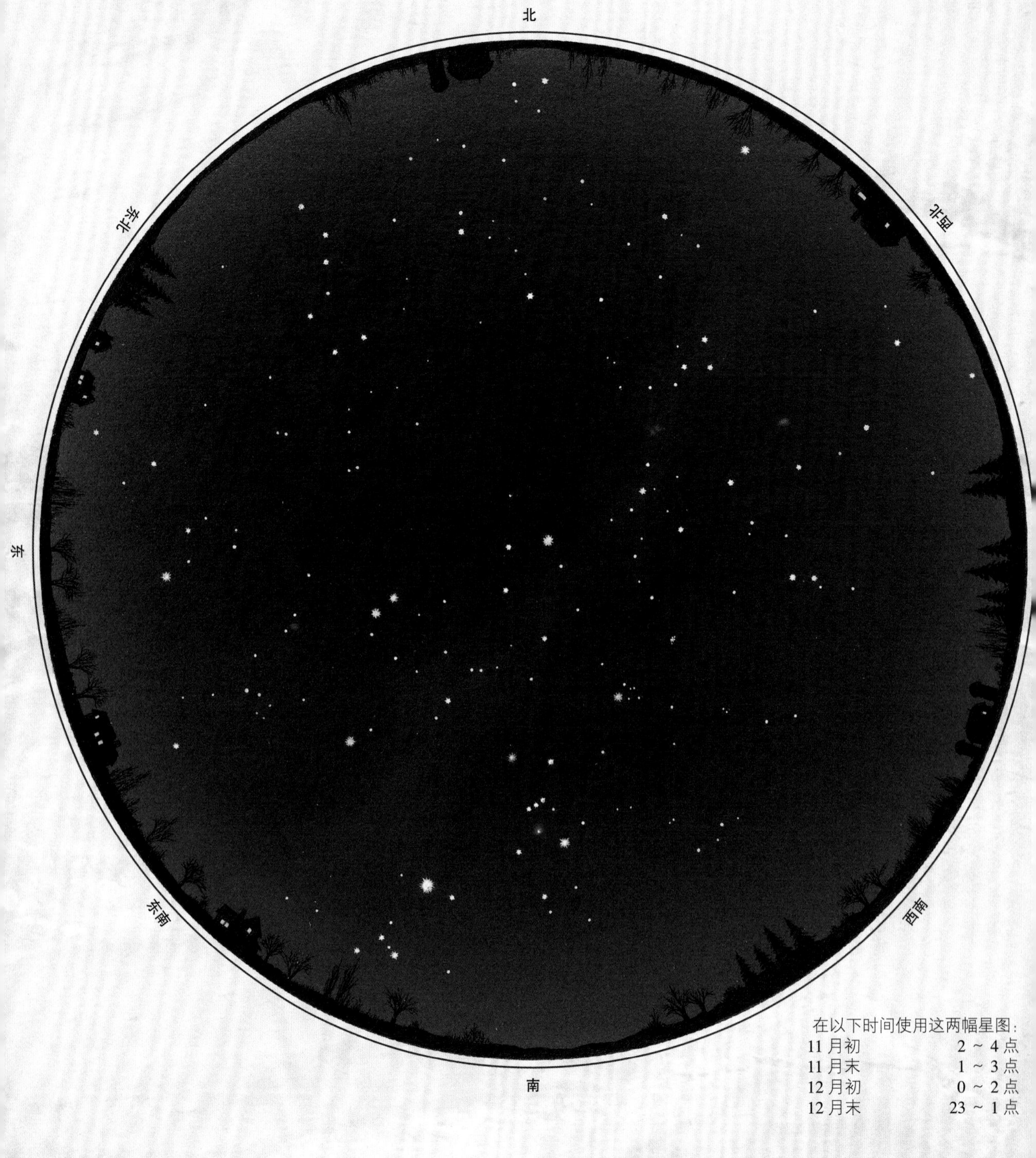

在以下时间使用这两幅星图:

11 月初	2 ~ 4 点
11 月末	1 ~ 3 点
12 月初	0 ~ 2 点
12 月末	23 ~ 1 点

北半球冬季夜空

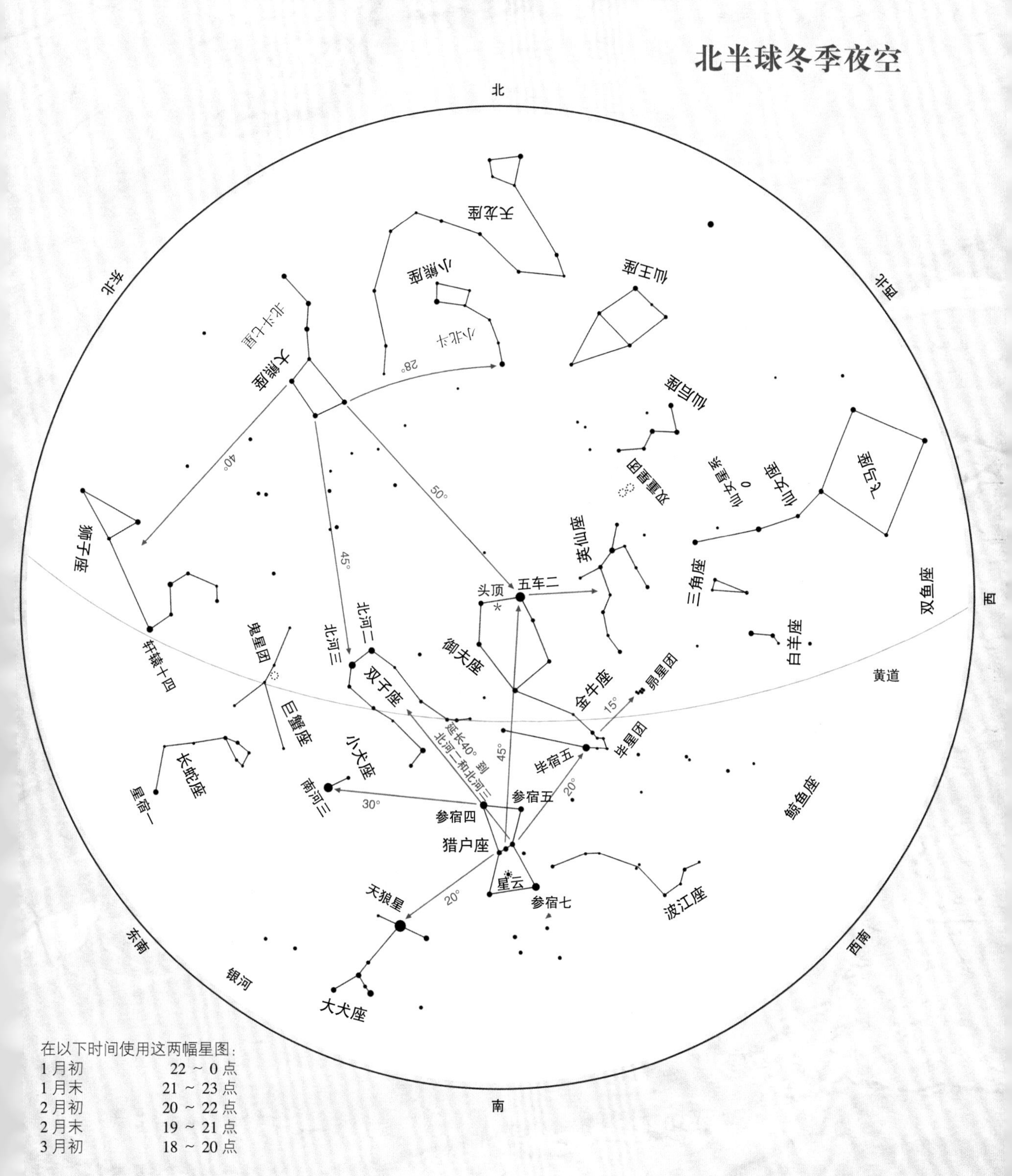

在以下时间使用这两幅星图：

1 月初	22 ~ 0 点
1 月末	21 ~ 23 点
2 月初	20 ~ 22 点
2 月末	19 ~ 21 点
3 月初	18 ~ 20 点

第5章

观星器材

哦，望远镜，你是真知的仪器，比任何权杖都要宝贵。
把你拿在手中的他难道没有被上帝指定为国王或者君主？

——约翰尼斯·开普勒

在家里，双筒望远镜可能是仅次于照相机的最常见的光学仪器。然而，我惊讶地发现，人们举起双筒望远镜望向夜空的时候（如果有的话）是如此得罕见。即使是最普通的双筒望远镜也会在你畅游银河时把繁星变成镶嵌在天鹅绒上的宝石。在双筒望远镜中，恒星的颜色也会比在肉眼中显得更为鲜艳。双筒望远镜还能揭示出几十座月球的环形山以及木星的4颗卫星。此外，如果你知道该往哪里看，双筒望远镜甚至能带你前往银河系之外数百万光年远的星系。这对和一本精装书大小相当的仪器来说已经很棒了！

事实上，对任何打算购买望远镜的人来说，双筒望远镜就像完美的辅助轮。它的确是望远镜——两个筒都是，但是它比传统的望远镜结构更紧凑，因为其中的棱镜压缩了光路。相比于天文望远镜，双筒望远镜以其小尺寸和低倍率自成一类，介于天文望远镜和完全没有光学辅助的肉眼之间。我尤其喜欢仰面躺在草坪躺椅或者一只儿童充气小船（我的最爱）上，用这些小巧的双筒望远镜扫视夜空。

如今的双筒望远镜比过去更轻、设计更精良、技术更先进。如果你的双筒望远镜已经用了30多年了，你也许会考虑买一副新的，特别是如果你的双筒望远镜比现在市面上常见的双筒望远镜重的话。对在使用中要向上举起的手持器材而言，重量是一个重要的考虑因素。

最常见的双筒望远镜规格为7×35，这表明它的放大倍率为7，主镜的直径为35毫米。实际上，它就相当于一架有着35毫米口径和7倍放大率（7×）目镜的天文望远镜。这么大的双筒望远镜能够观测到许多天体的动人影像，不过，如果有可能，我更喜欢规格稍微大一些的，如8×42、7×50、10×50或8×56的双筒望远镜。这些型号的双筒望远镜收集到的光是7×35的130%～250%，价格和重量也会上涨一些。这个尺寸的高质量双筒望远镜能

在高原完美的条件下，一个孤独的观测者将开启个人探索宇宙之旅。相比以往，今天的天文爱好者能够以相对更低的价格选择质量更高的器材。

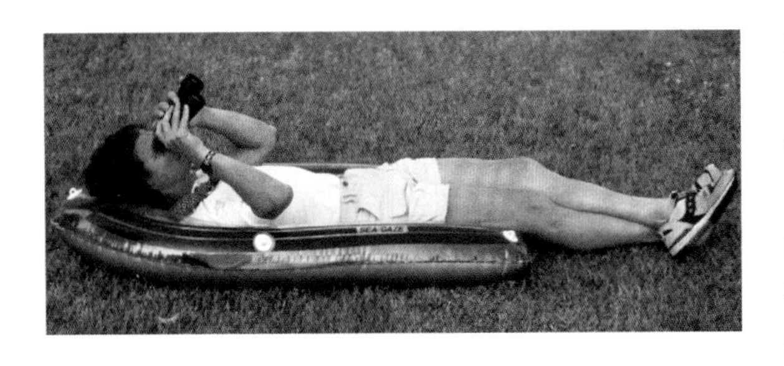

观测到9等星，也就是说它能带我们找到本书中描述的所有适合双筒望远镜观测的目标。

人们总是想尝试放大倍率更高的双筒望远镜（“如果10倍很好，20倍会更好”），但这需要仔细权衡——要知道，倍率越高，视场就越小，这会使得它难以对准目标，尤其是在晚上。大多数双筒望远镜的镜身上都标有视场，要么用“度（°）”表示，要么用1000码多少英尺或者1 000米多少米来表示。我们这里提到的是以“度”为单位的双筒望远镜，这样就能和前面介绍的视距离单位一致。近年来，大多数双筒望远镜制造商都已经开始用“度”来标明视场。不过，如果双筒望远镜上标的不是“度”，我们就需要对它进行转换，1° 视场对应1000码52英尺或者1 000米17米。

一般的7×50的双筒望远镜都具有6° 或者7° 的视场，远大于任何天文望远镜。用于天文观测的手持双筒望远镜要求的最小视场大约是5°。相比之下，视场只有3° 的20×50的双筒望远镜就很少受到天文爱好者的青睐了。对准目标成了最耗时间的事情，而且一旦对准了也无法保持稳定，因为手和手臂的抖动都会被放大20倍。

长期以来，由于这种手持器材的易用性，举起双筒望远镜时产生的抖动一直是一个可以被接受的缺点。但双筒望远镜的放大倍数越高，这些抖动就会被放得越大。手持双筒望远镜有效放大倍率的极限大约是10倍。

总的来说，用于天文观测的理想双筒望远镜应该拥有40 ~ 56毫米的口径、不超过10倍的放大倍数以及5° ~ 7° 的视场。其他受欢迎的特征还有重量轻、全表面镀膜（以增加光的透射）和成像锐利。

双筒望远镜

如果你已经拥有了一副35毫米以上口径的双筒望远镜，你就可以开始观测了。不过，要记住，夜空的影像——对黑色背景上的亮点成像——是对望远镜光学质量的最严格的测试。光学性能良好的双筒望远镜所显示的恒星呈微小的点状，只有在极为靠近视场边缘的地方才会开始变形或者走样（一些出色的双筒望远镜即使在视场极边缘的地方也依然成像锐利）。顶级质量的双筒望远镜还会使用抗反射膜来增加光的透射并减少内部的鬼像。拥有合适的抗反射膜的高质量双筒望远镜不会显示出鬼像，即便是用它观测黑暗天空中的满月也是如此。

在不看品牌的情况下，我对几十副双筒望远镜进行了测试，

双筒望远镜有介于天文望远镜和无光学辅助的肉眼之间的放大率和视场，是观星的必备工具。双筒望远镜的最佳附件之一就是儿童充气小船（左上图）。它的重量轻，易携带，能比草坪躺椅提供更舒适的头部和肩膀支撑，此外它还具有气动调节功能（只要用腿向下压即可）。高质量的双筒望远镜通常都具有改进的抗反射膜以减少光的损失。左下图的那副双筒望远镜镀膜精良。右下图那个带螺纹的三脚架接口是用于天文观测的重要部件，通常隐藏在小螺帽之后。

发现了几副表现优异的。在这一测试中，价格似乎是比品牌更好的向导。因此，不要因为不熟悉牌子而拒绝某种双筒望远镜，质量好的双筒望远镜至少价值 150 美元。

在我测试的许多型号的望远镜中，星特朗天神（Celestron Sky Master）DX 系列的 8×56 的双筒望远镜品质优良，非常适合天文观测，售价在 200 美元左右。它具备了高品质双筒望远镜的所有优点，不仅适用于天文观测，还适用于划船、观鸟和旅游等户外活动。我还喜欢猎户（Orion）的顶级系列，但也还有很多其他的选择。花些时间去找库存充足的照相机和望远镜经销商，在购买前尽可能多比较不同型号的双筒望远镜。

对要求较高的天文发烧友来说，我用过的最好的天文双筒望远镜是佳能的 15×50 IS（1200 美元）。它使用了革命性的图像稳定器，几乎可以消除手抖的问题，进而有效地使用相对较高的 15 倍放大率。佳能杰出的目镜设计使它拥有 4.5° 的锐利视场。另外两种顶级的观鸟—天文两用双筒望远镜是蔡司（Zeiss）胜利女神系列 8×42 FL（质量一流）和尼康（Nikon）8×42 HG。

一般来说，我们应该避免使用可变焦的双筒望远镜，它们很少用于天文观测，而且光学系统比同等价格的定焦双筒望远镜逊色。我同样不建议使用的还有标有“广角”字样的双筒望远镜。虽然它们能提供高达 11° 的视场，但对大多数型号的广角双筒望远镜来说，其视场外部的大部分区域会由于其固有的光学极限而没有对上焦。比起白天观看地面上的景物，这一缺点在天文观测中更为明显，而且令人讨厌。不过最终还是要根据个人喜好来决定。

在评价天文双筒望远镜时，一个关键的因素是三脚架接口——位于中心轴前方的螺纹孔。把一个便宜的 L 形连接器拧入这个孔中就能让双筒望远镜和一个照相机三脚架相连，这样可以使双筒望远镜稳定下来，从而观测到更多的细

无论是手持还是安在三脚架上，双筒望远镜都是在购买天文望远镜前用来熟悉夜空的首选器材。

节——尤其是精细的天文细节。为观星而购买的任何双筒望远镜都应该有这样的接口，不过一些望远镜没有这样的接口，因此在购买前要问清楚。

对于口径超过56毫米的双筒望远镜，照相机三脚架是必需的（我认为8×56这个型号是大多数人手持的极限）。更大口径的双筒望远镜就太重了，观测天体时，我们很难轻松地举着它超过几秒钟。相比于0.8千克（1.8磅）的10×50，我的11×80双筒望远镜不到2.3千克（5磅）重。双筒望远镜还有10×70、16×70、15×80、20×80等规格，但它们只有被固定在一个结实的三脚架上之后才能正常工作。

天文望远镜

一副好的双筒望远镜以及一书架的天文书籍和星图是后院天文学家的必需品。即使依靠这些最低限度的辅助，你也能通过思想和眼睛饶有兴趣地探索宇宙深处很多年。但或早或晚，几乎每一个为星空的神秘而着迷的人都会渴望拥有一架天文望远镜。问题是，这一渴望通常来得太早而不是太晚。

自从半个世纪前首次被大规模生产以来，数百万架廉价的入门级望远镜已被销售一空，它们中的大多数是被父母、配偶或对天文学有兴趣但知之甚少的人当做礼物购买的。就这样，我得到了自己的第一架天文望远镜——一架60毫米（这个数字指的是其主透镜的口径）的折射式望远镜。这个装在摇摇晃晃的三脚架上的小器材给我带来了数百小时的快乐——和失望。快乐是因为这是我第一次亲眼目睹从天文书籍中看到的东西，失望是因为即使在最轻微的微风或是手指的触碰下，这架望远镜也会颤抖，使得视场中的天体就像示波器上跳跃的点。

左图是业余天文学家和彗星发现者戴维·列维以及他的第一架天文望远镜，那是20世纪50年代的一架76毫米（3英寸）牛顿反射式望远镜，有着令人满意的光学系统和并不稳定的支架。右上图是21世纪的入门级76毫米（3英寸）反射式望远镜，它有着更为稳定的支架。

但最重要的是，这架望远镜教会了我应该如何选购下一架望远镜。首先也是最重要的，我需要一个坚如磐石的支架。其次，我需要能提供更亮、更锐利图像的更大、更好的光学系统。最后，我还从这架小望远镜上学会了不去理会制造商关于放大倍率的宣传。对于一架当时和现在最普遍的60毫米折射式望远镜，在超过120放大倍率的情况下，我们用它看不到任何有用的东西。

但是，我是在拥有自己的第一架望远镜之后才学到这些东西的。相同的问题今天依然存在，设计上有缺陷的入门级望远镜依然瞄准了目的性强却信息不畅的消费者。下面列出了一些在购买望远镜时应该注意的问题。

辨别典型的入门级望远镜很简单，它们要么拥有细长而单薄的三脚架，要么尺寸就像一个能摆在桌上的模型。那些三脚架具有漂亮的银色按钮和精美的刻度盘，附件盒里装满了小配件（大部分没用）。这些器材本身大多是 50 毫米或者 60 毫米的折射式望远镜，或是 76 ~ 114 毫米（3 ~ 4.5 英寸）的反射式望远镜，价格为 75 ~ 300 美元。这些望远镜到处有售——百货商场、照相机商店以及专门的代销店，这其中也许有你熟悉的品牌，但它们几乎都来自亚洲的一些大型工厂。这并不是坏事，对于这些 300 美元以下的望远镜，问题不是谁制造了它们，而是它们那不尽如人意的质量。这些望远镜的光学系统未必是很糟糕的，但其他东西，如目镜、支架、三脚架、锁紧螺丝、微动控制装置、寻星镜和说明书，常常从劣质到极其劣质不等。

如果这些入门级望远镜这么糟糕，为什么还要生产呢？答案很简单：哪里有市场，哪里就有产品。对目的良好却知之甚少的人来说，一架价值 159 美元、带有一系列漂亮配件的望远镜不失为一件有吸引力的礼物。

高质量的天文望远镜仅提供少而适当的配件，其价位为 300 ~ 500 美元。如果能够负担得起 500 美元以上的花销，那么你购买到令人后悔的产品的可能性会大大降低。提前计划，一

设计不当且容易摇晃的支架是入门级望远镜的主要缺点之一，这使得把望远镜对准目标成了一件令人沮丧的事。一种经济而有效的解决办法是采用上图中简单而稳定的多布森装置，它是一种地平装置，只能做水平和垂直运动。另一种基本支架是赤道装置。

令人沮丧的垃圾望远镜

“是我做错了什么还是这架望远镜有问题？”一个打来电话的人问，“它似乎无法对焦，而且我永远无法确定我瞄准的是什么。”

这是我和一个沮丧的 200 美元百货商场望远镜拥有者的对话，这类望远镜常打着“450 倍天文望远镜”的诱人招牌。这个打来电话的人承认，和望远镜配套的大量配件以及装饰着彗星和星云彩色照片的包装十分诱人，但现在他想知道自己是否犯了一个错误。

“我似乎无法让它保持稳定，每样东西看上去都很模糊，”他抱怨道，“唯一能看到东西的目镜是标有‘K20mm’的那个。是我的操作有问题吗？”

“没有。”我叹息道，同样的内容我已经听过数百次了。“这不是你的问题，”我向他保证，“是望远镜的问题。”

我继续解释，对众多有经验的天文爱好者来说，他的 60 毫米百货商场折射式望远镜被残忍但又恰如其分地称为“圣诞节垃圾望远镜”。我告诉他，他的失望是完全正常的。这些售价不高于 300 美元的典型垃圾望远镜并不是为了使用而设计的，而是为了吸引不折不扣的初学者以及好心的礼物购买者。这其中的一些所谓的知名品牌也会使初学者动心，但这说明不了什么，因为除了牌子不同外，这一级别的所有望远镜都是在亚洲几个相同的工厂里制造的。

在操作这类望远镜时，即使是专家级的观测者也会对累赘而复杂的赤道装置和摇晃的三脚架感到无奈。和这些望远镜一起提供的附件，如巴罗透镜、正像器、观测太阳的投影屏、滤光片以及高倍目镜（5 ~ 12 毫米），过于廉价而几乎无法使用，只会给你留下装备齐全的印象。如果 300 美元是你预算的极限，双筒望远镜或是更简单易用的天文望远镜才是首选。

如果你有一架这样的望远镜，你可以用 15 ~ 25 毫米的低倍目镜和直角棱镜的天顶镜对月球、土星光环和木星卫星进行简单的观测。如果你还没有拥有这样一架望远镜，那么你该庆幸自己先读到了这本书。

天文望远镜的常见问题

什么类型的天文望远镜最好——折射式、牛顿反射式还是施密特－卡塞格林式？

本章花了很大篇幅来比较不同天文望远镜的优缺点，请在购买新的望远镜之前仔细阅读。简单来说，每种望远镜表现得都很好——如果都是高质量的话。幸运的是，多数望远镜（第 61 页中提到的“垃圾望远镜”除外）质量都不错。近年来，望远镜市场的竞争十分激烈，请记住“一分钱一分货”这句话。

用于看风景的单筒镜能否用于天文观测？

不完全可以。这些望远镜是被设计用于白天观测的，考虑到其成本，其质量与同样价格的天文望远镜相比差了不少。举个例子，它们通常是用来直视的，看头顶方向时很不方便。当然，如果你有一架这样的望远镜，总比没有望远镜强。

我能看见宇航员登月的地方吗？

能。1969 年，人类首次在月球的静海一角登陆，我们很容易就能看到那里（第 138 和 139 页的月面图）。不过多数人还会继续问：我能看到登月飞行器吗？对不起，不能。地球上还没有哪种望远镜强大到能做到这一点，因为登月飞行器大致和一辆货车的大小相当，在比从纽约到洛杉矶还远 100 倍的距离上看，它实在是太小了。

为什么望远镜里图像是上下颠倒的？

所有的望远镜都会将图像上下颠倒。更添乱的是，拥有棱镜或平面天顶镜的望远镜还会将图像左右互换。为了让图像恢复原状，我们需要使用正像棱镜或者是额外的透镜。但是，在天文观测中，我们想使用数量适宜的光学元件来获得尽可能“纯”的图像。图像改正对于观看地面景物有用，但在天文学中多半意义不大。虽然颠倒的图像总是会让初学者困惑，但实践多了你就会习惯的。

我能用天文望远镜或双筒望远镜从有暖气的房间透过窗户观测吗？

虽然室外的空气十分寒冷，但用望远镜透过玻璃窗观测几乎总是徒劳的。几乎所有的玻璃都会使天文望远镜中的图像扭曲。双筒望远镜所受的影响没那么大，但为了追求高分辨率，透过窗户观测是不行的。就算打开窗户也不会奏效，至少对天文望远镜来说是这样，因为通过窗户流动的空气会导致非常差的视宁度。

我能看到土星光环吗？

能。任何放大率不低于 30 倍的望远镜都能呈现土星这一华丽的装饰，而用高质量的天文爱好者望远镜观测到的土星更是令人难忘。

我该如何校准寻星镜？

白天，使用低倍目镜，把望远镜对准遥远的烟囱或天线，然后使用调节螺丝调整，使寻星镜中的十字丝指向和主镜完全相同的目标，最后旋紧寻星镜的调节螺丝即可。

我应该多久清理一次望远镜？

清理过多比过少要糟糕，清理时总有可能刮到透镜或镜面。尘埃总会在透镜或镜面上积聚，在不使用时把望远镜罩起来可以减少这种情况的发生，这对望远镜的性能不会产生明显的影响。如果你必须清理望远镜，首先应该用吹气球清除浮尘，然后用蘸有蒸馏水的棉球来擦拭灰尘和污渍——切忌用力过猛，之后用干净的无绒镜头布将水轻轻擦干。望远镜的镜面尤为精细，应该尽可能少清理。对于目镜，可以用蘸有照相机镜头清洗液的棉签擦拭，然后用干棉签擦干。如果拿不准的话，就不要清理了。

为什么恒星看上去不是微小的盘状？

太阳系之外距离我们最近的恒星是比邻星，它和太阳的大小相同，但比太阳远了 25 万倍，这使它看上去很小，即便在最大的望远镜中都无法呈圆盘状。一些恒星（如参宿四）虽然比太阳大数百倍，到地球的距离却远超比邻星。

支架上的刻度盘有什么用？

这些刻度盘是赤经度盘和赤纬度盘，它们可以使望远镜对准天空中的目标。但实际上，入门级望远镜上的刻度盘很少具有找到天体所需的精度，它们在那里的主要目的是使这一器材具有“科学”的外表。

天体视运动

次成功。在这一章的后面，我会提供一些详细的建议和产品对比。

忽略掉典型的入门级望远镜有许多好处，其中突出的一点是，与较小的百货商场望远镜相比，更大、更好的望远镜其实更容易使用。大型器材支架的重量和稳定性意味着一旦望远镜对准了一个天体，它就会保持其指向。不过这并不是它的全部优点。因为我们在地球上，而地球每天都会绕其自转轴转动一周，所以在我们看来，所有的天体都在运动。你可以通过目镜来观测这一运动——目标天体似乎一直在穿越视场，望远镜所用的放大倍率越高，目标看起来运动得就越快。

根据你所用望远镜支架的类型，追踪天体有 3 种方法：轻推镜筒、转动微动控制把手、利用望远镜支架的马达驱动。如果望远镜设计合理，以上方法的效果都不错。例如，推动镜筒听起来似乎过于粗鲁而无法被接受，然而这种方式恰恰是采用多布森装置的望远镜的工作方式。常见于 70 ~ 90 毫米折射式望远镜的地平装置往往带有微动控制把手，它可以平稳地调节望远镜，使其上下左右运动。

配有马达的赤道装置则能模拟地球的转动。一旦赤道装置的极轴对准了北极星附近的北天极，目标天体就会一直位于视场中心，我们就不用再不断地调整方向了。但是，我们需要权衡每种方法。例如，赤道装置比其他装置更重、更贵，尤其是带有马达的。在后文中，我会列出可供初学者选择的方案并且提供一些建议。

由于通常配有适当的寻星镜（与主镜筒平行架设的微型望远镜，可以使主镜轻松地对准目标），用较大的望远镜来寻找目标会更容易。寻星镜比主镜的视场大得多，这使得它能够更容易地对准所要观测的天体。廉价望远镜上的寻星镜的光学系统往往较差，安装架也不比回形针结实多少，这使它难以和主镜平行。如右上方的照片所示，拥有 2 个结实的安装环以及 6 个调节螺丝的寻星镜为首选。

天文望远镜的类型

在业余天文学中，有三类主要的天文望远镜：折射

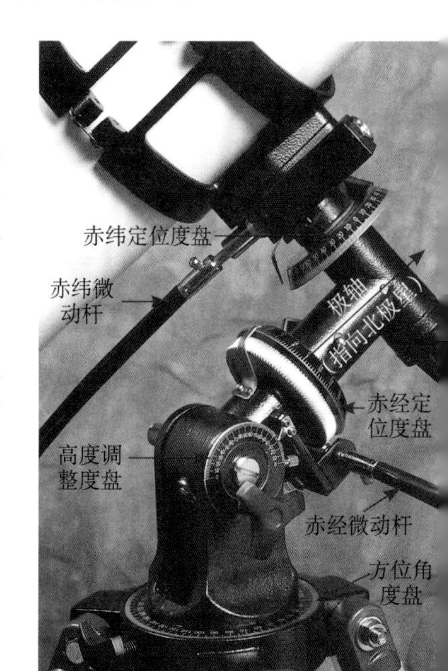

许多入门级望远镜都配有跟踪天体的赤道装置，观测者安装时要把它的极轴对准北天极（如上图所示，距离北极星不到 1°）。只有天体摄影才需要高精度的校准。为了抵消地球自转产生的影响，观测者需要转动极轴的微动控制把手（右图）来追踪天体。如果望远镜装有极轴驱动马达，这一追踪就能自动进行。许多入门级望远镜支架上的刻度盘基本上只是为了吸引初学者，它们很少具有瞄准目标天体所需的精度。

式、牛顿反射式和施密特 - 卡塞格林式。作为施密特 - 卡塞格林式的近亲，马克苏托夫 - 卡塞格林式近年来也变得越来越流行。

所有尺寸的**折射式**都是技术含量高的小型望远镜，其主透镜能把射入的光线聚焦到镜筒底端的焦点上，那里有一个放大目镜来形成图像。主透镜的直径为 50 ~ 80 毫米的折射式是常见的入门望远镜。当口径为 70 ~ 100 毫米时，它们会超越相同大小的其他类型的望远镜。

折射式有两种设计：消色差的和复消色差的。消色差的折射式望远镜有着悠久而光辉的历史，它已经生产了 200 多年。它的主透镜其实由两块透镜组成，之间有一个空气薄层。在口径小于 100 毫米时，这一设计非常有效。之后，这类望远镜所共有的色差（由于透镜对不同颜色的光聚焦不相等而产生）就会开始变得明显，观测明亮的天体和月球的边缘时会看到紫色的光晕。

为了把色差削减到可以忽略的程度，就需要使用贵得多的透镜，用两或三块透镜来组成主透镜。这些复消色差折射式望远镜从 20 世纪 80 年代开始进入业余天文学市场，它们能产生精巧而锐利的图像，口径可以做到 60 ~ 180 毫米。复消色差折射式（也被称为 APO 折射式）是高价位的高品质器材，它们已经在发烧友中变得十分普及。Astro-Physics、星达（Sky-Watcher）、景德光学（William Optics）、Stellarvue、米德（Meade）、星特朗、Tele Vue 光学公司（Tele Vue Optics）、威信（Vixen）和高桥（Takahashi）等品牌都生产该类的望远镜，100 毫米的复消色差折射式望远镜加一个合适的赤道装置，其价格为 2 500 ~ 5 000 美元。

牛顿反射式简单而精美的设计使得它一直位于整个 20 世纪天文市场的前列，并且这一势头还延续到了 21 世纪。牛顿反射式用位于开放镜筒底部的一个经过精密研磨的浅碗形镜面来反射光线，并把光线汇聚到位于镜筒顶部附近的焦点上。在那里，一块呈 45° 角的小平面镜会反射光，使其通过镜筒一侧开孔处的缩焦器到达目镜。有了这个缩焦器，牛顿反射式可以为观测头顶目标提供一个舒适的目镜位置，而使用其他类型的望远镜看向头顶是比较困难的。由于比折射式容易制造，在大多数天文爱好者可承受的价格下，牛顿反射式可以做得更大。

和折射式望远镜一样，我们应该避免购买最便宜的小型牛顿反射式望

右图中是 406 毫米（16 英寸）的多布森装置牛顿反射式望远镜，较大的口径加上一定的便携性使它成了观测天空中三叶星云（左上图）等美景的首选。虽然人眼对望远镜中星云的颜色不太敏感，但其精致的结构细节可以从目镜中看得一清二楚。在支架上固定后，牛顿反射式的副镜会把来自主镜的光反射到缩焦器。

远镜，那些 76 ～ 102 毫米（3 ～ 4 英寸）的望远镜往往配有劣质的支架和附件。而即使买到了合适的望远镜，初学者还有一个通常意识不到的问题——光学系统可能在运输或者日常使用的过程中受到影响。重新校准镜面并不困难，但在看到呈模糊的彗星状的星星时，那些没有经验的观测者可能将问题归咎于光学系统的质量。除了校准问题之外，牛顿反射式望远镜绝对物超所值。

牛顿反射式望远镜通常采用两种支架装置：赤道式和多布森式。赤道装置在不超过 203 毫米（8 英寸）的牛顿反射式上能够有效运转且易于控制，但对 254 毫米（10 英寸）的来说就显得过于累赘了。把这样一个大家伙往返运输于家里和黑暗的观测地点之间是一个大工

理想的初级天文望远镜

世界上也许不存在适合初学者的完美望远镜，但和它最接近的是 152 ～ 254 毫米（6 ～ 10 英寸）的多布森装置牛顿反射式望远镜，这一类型的望远镜是适中的价格、多功能和实用性相结合的典范。花 300 ～ 700 美元，你就能获得一架性能惊人的望远镜。它可以揭示出土星光环中的卡西尼环缝、木星的大红斑、火星的极冠和深色区域、数千个月面特征、位于猎户星云核心的猎户四边形天体、武仙星系团中的数百颗恒星以及 6 000 万光年之外的星系。其他的望远镜也能做到这一点，但不是以这样的价格。

152 ～ 254 毫米（6 ～ 10 英寸）的多布森装置牛顿反射式望远镜是多种因素组合的产物，我认为它是望远镜中的佼佼者和初学者的理想器材。即便是 152 毫米（6 英寸）的牛顿反射式也能显示出所有主要星表中的天体，而它由两大易于处理的部件——122 厘米（4 英尺）长的镜筒和凳子大小的支架——组成，可以用除了超小型汽车之外的任何车辆来运输。同时，整架望远镜也易于操作，152 毫米（6 英寸）的重 14 千克（30 磅），203 毫米（8 英寸）的重 20 千克（45 磅），254 毫米（10 英寸）的重 27 千克（60 磅）。从许多方面来说，这些望远镜［尤其是 152 毫米（6 英寸）和 203 毫米（8 英寸）］是牛顿反射式的最佳型号，因为它们的主镜会在约 1 小时内冷却到适应周围环境的温度，比更大型的望远镜受镜筒气流的影响小。此外，根据近几年的发展情况，无论贴有什么牌子，几乎所有这类的器材都在中国制造并且具有惊人的高光学品质，而这使它们拥有便宜的价格。总之，152 ～ 254 毫米（6 ～ 10 英寸）的牛顿反射式望远镜有很多优点，虽然它们也许和一般人心目中真正的望远镜的样子并不一致，但是透过目镜它们能证明一切。

至于附加功能，计算机辅助指向功能（约 200 美元）的效果很好，也使这些望远镜使用起来更加方便。那么应该买哪种尺寸的呢？从价格、便携性和性能来看，我倾向于 203 毫米（8 英寸）的。

中等口径的多布森装置牛顿反射式望远镜是初学者的首选。152 毫米（6 英寸，见右图）、203 毫米（8 英寸）、254 毫米（10 英寸）是最常见的尺寸，有易于操作的 122 厘米（4 英尺）长的镜筒。有了特氟隆转动衬垫，我们只需要进行简单的推拉操作即可使望远镜上下左右转动。如上图的两架望远镜所示，垂直运动由弹簧或者可调节手柄控制。现在还可以选择使用计算机辅助指向功能。

程——在观测结束后的凌晨 2 点，花 1 小时来拆开一架望远镜足以让除了最狂热的发烧友之外的所有人打退堂鼓。这也正是多布森装置在 20 世纪 70 年代末进入业余天文学领域的原因，当时口径超过 254 毫米（10 英寸）的牛顿反射式正在变得越来越流行。

多布森装置是用特氟隆支撑的简单木质结构，能在垂直和水平方向上平滑地运动。它的结构简单，更轻、更紧凑的支架装置具有惊人的稳定性。该装置以美国加利福尼亚州的业余天文学家约翰·多布森命名，他自制了这一产品并推广了它的设计。如今多布森装置已经成为中型和大型牛顿反射式望远镜的首选支架。

许多观测者觉得多布森装置无法自动跟踪目标天体——必须每分钟手动调节一次，他们以合理的价格换来了便携性。现在的天文爱好者都在这些简化的支架上使用他们较大的 635 毫米（25 英寸）的望远镜，因为大型望远镜能收集到比小型望远镜多得多的光，它们有时被称为“光桶”。然而，它们主要在观测星系、星云和星团等深空天体时表现最佳，在观看月亮、行星和聚星时不比中等口径的望远镜强多少。但是，只要用 635 毫米（25 英寸）的牛顿反射式望远镜看一眼球状星团或星系，我们就能感受到这些大型望远镜的吸引力。

除了引入多布森装置之外，20 世纪 70 年代还见证了业余天文望远镜中更重要的一项变革：**施密特－卡塞格林式**望远镜的大规模生产。施密特 - 卡塞格林式综合了折射式和牛顿反射式的特点。与牛顿反射式类似，它有一块凹面主镜，在镜筒顶端的透镜起到了三个作用：校正光学像差、密封镜筒防止尘埃和空气中的其他污染物进入以及支撑副镜——能把汇聚起来的光反射回主镜中央的小孔。光最终会在望远镜的后端聚焦。

施密特 - 卡塞格林式望远镜的主要优点是结构极为紧凑。口径为 203 毫米（8 英寸）的镜筒只有 61 厘米

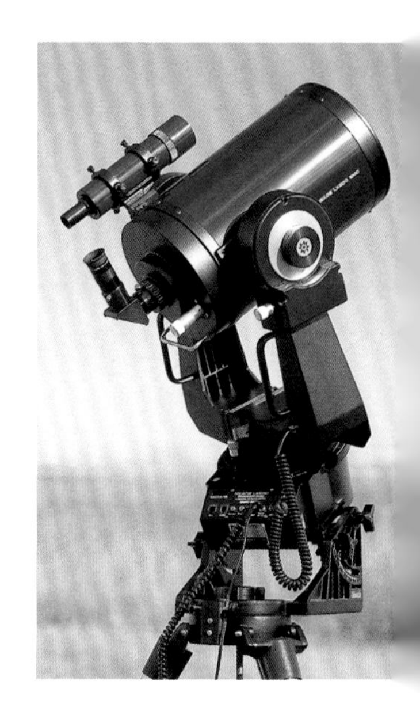

后院天文学家所用的最大的望远镜无疑是牛顿反射式，而且往往具有开放的镜筒桁架和多布森装置。这一结构使得它们能容纳巨大的主镜，如 762 毫米（30 英寸，见左图）的或者小一些的 457 毫米（18 英寸，见左上图）的。但对大多数人来说，无论它们所呈现的星系和星云有多令人难忘，这些家伙都太大了，并不实用。对需要一架能放入汽车后备箱的望远镜的天文爱好者来说，203 毫米（8 英寸）的施密特 - 卡塞格林式是普遍的选择。从 20 世纪 90 年代末开始，米德的产品（右下图）内置了能寻找天体的计算机系统。它还能被拆成两部分——支架和三脚架，便于运输。

(2 英尺) 长，而典型的 203 毫米 (8 英寸) 牛顿反射式镜筒的长度则会超过 122 厘米 (4 英尺)。望远镜在向小型化发展，这也正是施密特 - 卡塞格林式望远镜在天文爱好者们手中大受欢迎的主要原因。星特朗和米德是这种望远镜的两大制造商，价格都很合理 [价格取决于支架，带三脚架的 203 毫米 (8 英寸) 施密特 - 卡塞格林式望远镜的价格为 2 000 ～ 3 000 美元]。虽然有 127 ～ 356 毫米 (5 ～ 14 英寸) 的型号在售，但是对运输和安装来说，203 毫米 (8 英寸) 是最佳的尺寸—重量组合。

作为施密特－卡塞格林式的近亲，**马克苏托夫－卡塞格林式**还尚未普及。多年来，最为人所知的马克苏托夫 - 卡塞格林式望远镜是 Questar 的高性能 90 毫米望远镜，非常漂亮 (也非常昂贵)。在 20 世纪 90 年代中期，米德推出了 ETX，一种和 Questar 看上去相似的 90 毫米马克苏托夫 - 卡塞格林式望远镜，但价格便宜得多，在 600 美元左右。ETX 不是 Questar，但是前者的价格只有后者的 1/6。这确实是个诱人价位，尤其是对那些非常看重便携性的人来说。米德 ETX 曾有 105 毫米和 125 毫米的型号出售，如今这些型号已经停产。

其他类型的望远镜还有施密特 - 牛顿、马

克苏托夫 - 牛顿以及 RC 望远镜，我在《天空的魔力》(*The Backyard Astronomer's Guide*，2007 年第三版) 中对它们进行了详细的介绍。在这里我只想说，虽然这些望远镜都有各自的追随者，但今天大多数天文爱好者手中的望远镜仍是折射式、牛顿反射式、施密特 - 卡塞格林式和马克苏托夫 - 卡塞格林式，在本章中我仍会重点介绍它们。

选择

我们应该选择什么类型和大小的望远镜呢？如果这个问题有个简单的答案就好了，可惜它没有。一些经验丰富的观测者会建议你购买你所能买下的最大的牛顿反射式望远镜，另一些人会劝你购买光学系统质量最高的，还有一些人则认为便携性最重要。世界上不存在能够满足所有人需求的完美望远镜。人与人是不

如左上图所示，桌上的 90 毫米米德 ETX 马克苏托夫－卡塞格林式望远镜达到了便携性的极致（虽然从实用的角度来说，齐胸高的三脚架是首选）。对以锐利图像而闻名的复消色差折射式望远镜来说，口径为 80（右上图）～ 152 毫米（6 英寸，见右图）的型号很受欢迎。今天的天文爱好者喜欢四种类型的望远镜：折射式、牛顿反射式、施密特－卡塞格林式和马克苏托夫－卡塞格林式。

同的，每个人都有不同的生活方式和兴趣，更别提在可支配收入上的显著差异了。

从小型折射式望远镜到巨型牛顿反射式望远镜，在拥有和用过几十架天文望远镜后，我推荐中等口径［102 ~ 203 毫米（4 ~ 8 英寸）］的望远镜，其易用性、便携性以及能清楚显示所有主要类型天体的能力使之成了业余天文学观测的中流砥柱。

我拥有并偏爱使用几种更大型的器材，包括那些需要两个人才能方便安装的望远镜，以及体型庞大、拥有大量螺钉和夹子、需要支撑巨大的镜筒或配重的望远镜。然而，缺乏便携性已经使得许多如此笨重的器材被封存进了天文爱好者的储藏室里。

对大口径的追求是业余天文学家常见的苦恼。但是，除非真正去摆弄望远镜，你很难想象 254 毫米（10 英寸）或者更大的器材到底有多大。而一旦最初的陶醉感退去，搬运这些笨重的器材就会成为极其烦人的事情。当然，如果这架巨大的望远镜被装在一个天文台中，只要打开天文台的屋顶或者圆顶的缝隙就能投入使用的话，就没有这些问题了。

除了缺少便携性之外，还有一个问题会使得巨型望远镜的表现不尽如人意。望远镜越大，就越容易受到视宁度的影响。视宁度指的是通过望远镜看到天体图像的稳定程度（好视宁度能看到稳定的图像，差视宁度会看到不稳定的图像）。地球大气层中的湍流会使望远镜中的图像闪烁。湍流的强度取决于风、高层大气层间的温度差、当地的地形以及望远镜周围的气流。

焦比

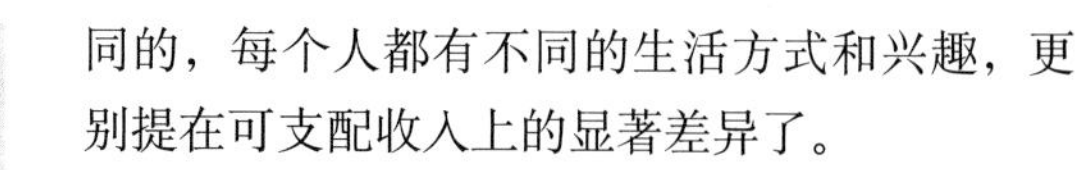

当你拥有一架望远镜时，你就需要了解焦比了。每架望远镜都在一个特定的焦比上工作，它要么会写在望远镜的使用手册里（如 f/10 和 f/4.5），要么就很容易计算。

焦比是用望远镜的焦距（主透镜或镜面折射或反射光到焦点的距离）除以主透镜或镜面直径所得到的数字。通常，焦距和主透镜或镜面的直径会标在望远镜上的某个地方。如上图所示，焦距（F=1 200 毫米）除以镜面直径（D=254 毫米）就得到了焦比 f/4.7（焦比很少保留超过 1 位小数）。

牛顿反射式和折射式望远镜的长度差不多就等于焦距，因此只要测量镜筒的长度并除以口径就能得到粗略的焦比。但这在施密特 - 卡塞格林式和马克苏托夫 - 卡塞格林式上不适用。这些系统折叠了光路，把长焦距压缩进了短镜筒中。施密特 - 卡塞格林式的焦比通常为 f/10，马克苏托夫 - 卡塞格林式则为 f/7 ~ f/16，牛顿反射式为 f/4 ~ f/8，折射式则为 f/8 ~ f/15（标准的或消色差的）或者 f/6 ~ f/9（复消色差的）。

一个流传很久的观念是，焦比小（常被称为“短”或者“快”焦比）的望远镜比焦比大（“长”或者“慢”）的望远镜所成的像更亮。但这只有用该器材进行摄影时才是正确的。对目视而言，在使用相同放大倍率的情况下，就算焦比不同，相同类型和口径的任何两架望远镜［例如，两架 203 毫米（8 英寸）牛顿反射式，一架焦比为 f/5，另一架焦比为 f/8］所成的像的亮度也是完全相同的，不同之处在于短焦比的望远镜可以在更低的亮度下工作。虽然我发现用途最广的望远镜的焦比为 f/6 ~ f/8，但不存在最理想的焦比（例外：对大型牛顿反射式望远镜来说，焦比为 f/4 ~ f/5 的光学系统会使镜筒更易于操控）。

长而细的镜筒（左图）是典型的消色差折射式望远镜的特征，102 毫米（4 英寸）、焦比为 f/15 的型号产于 20 世纪 60 年代。而复消色差折射式望远镜有着更出众的光学系统，在相同口径下，其焦比通常只有消色差式的一半，长度也只有一半。如左上图所示，作为望远镜的主要光学参数，焦距（F）和直径（D）通常都会标在器材的某个地方。焦比偶尔会直接给出，但就算没有给出，算起来也很容易。

望远镜越大，受到视宁度的影响就越大，因为大型望远镜在观测时穿过的空气比小型望远镜更多。例如，一架主镜直径为203毫米（8英寸）的望远镜必定会通过一个宽约203毫米（8英寸）、长约16千米——理论上地球大气层中湍流的厚度——的空气柱来观测。

大型望远镜还会被“冷却时间”困扰。通常在日落后不久，当望远镜向外散发热量时，其光学系统会发生微小的变形，其成像也会变得不稳定。将望远镜从室内拿到低温的户外时，这一问题最为明显，一些器材需要几个小时才能稳定下来。

然而，一架大型望远镜总能产生更亮的图像，其集光能力与口径的平方成正比。一架305毫米（12英寸）的望远镜比102毫米（4英寸）的亮9倍，因此可以看见暗9倍的天体。一架102毫米（4英寸）望远镜的极限星等是13等，203毫米（8英寸）的是14等，305毫米（12英寸）的则是15等。这一优势在观测星云和星系等暗弱的天体时最为明显，在大型望远镜中，它们看上去会好得多。但是无论使用什么器材，黑暗的天空是深空观测的必备因素。如果不得不把望远镜运到黑暗的地点，那么它的大小就很重要了。

这些因素解释了为什么最受欢迎的望远镜都为102～203毫米（4～8英寸），这是便于携带的理想尺寸，同时又是受制于笨重零件和差视宁度影响的大型望远镜和图像锐利但暗弱的小型望远镜的最佳折中型号。

到目前为止，我还没有提及自制望远镜。直到20世纪70年代，望远镜还是奢侈品，按照与个人收入的比例而言，当时的望远镜比现在的要贵得多。当时，对业余天文学感兴趣通常意味着成为一个望远镜制造者。今天，传统的望远镜制造——镜面研磨和制作赤道装置——几乎已经绝迹。现在，几乎每一个认真对待天文学的人都会邮购或从专门的经销商那里购买一架完整的望远镜。

对自制望远镜来说，仅存的仍有一定活力的是制作适合光学系统及其附件的多布森装置和镜筒配件。多布森装置几乎为全木制，可以被众多喜欢自己动手的人成功地做出来。曾经有过那么一个时期，自己做望远镜可以省下一大笔钱，但这肯定不是今天的情况。望远镜目前处在历史上最低的相对价格上。此外，制造望远镜需要数周或者数月的时间，我宁愿把我的时间更多地花在星空之下。

建议

什么是底线？那是你真正的预算上限，它比其他任何因素都重要，将决定你的选择。

如果你的预算小于300美元，我建议你继续使用双筒望远镜，直到你的预算上升至400～700美元，这时就可以购买80～90毫米的折射式望远镜和152～254毫米（6～10英寸）的多布森装置牛顿反射式望远镜了。其中，203毫米（8英寸）的牛顿反射式是经典的入门望远镜，可以揭示出月亮和行星的细节并且呈现星云和星系的动人影像。如果你要追求极高的便携性，可以选择一架安在照相机三脚架上的80毫米短焦距折射式望远镜。

在600～1200美元的档次里，我推荐带有计算机导星功能的203毫米（8英寸）或254毫米（10英寸）的多布森装置牛顿反射式望远镜，如星达和猎户的望远镜，或是拥有坚固的地平或者赤道装置的90或100毫米的消色差折射式望远镜。在这一价格区间内，星达生产的带有赤道装置的120毫米（4.7英寸）消色差折射式是首选。无论支架是哪种，看上去都要简洁、结实。望远镜是否能平滑地移动，是否能精确地停在你松手的地方？它应该可以。

如果追求便携性，星特朗NexStar 6 SE是

非常好的选择。不管你选择了什么望远镜，你都会想购买2或3个目镜以及1个巴罗透镜（见本章后面的详细介绍），这些也需要计算在器材的价格预算中。

在1200～2000美元这个区间中（请确认三脚架已经包含在了这个价格中），星特朗和米德203毫米（8英寸）的施密特-卡塞格林式中一些低价位的型号是比较好的选择。近年来，我对星特朗和米德的光学系统进行了测试，结果表明两者没有实质上的区别，唯一对它们进行的改进就是选择涂层来提高光的透射率。

如果你的预算在2000美元以上，大型多布森式［381毫米（15英寸）以上］和施密特-卡塞格林式是不错的选择，但是在购买超过305毫米（12英寸）的望远镜时需要仔细看一看。它们中的一些非常巨大，需要冗长的安装过程和一个能够帮你够到目镜的凳子或者梯子。

在尺寸方面，对城市和郊区的天文爱好者来说，Tele Vue、星达、景德光学、Stellarvue以及其他品牌的102毫米（4英寸）复消色差折射式望远镜是普遍的选择，他们常常受限于周围的灯光，只能观测到较亮的天体。复消色差折射式的价值在于它们能够对月亮和行星呈现锐利的图像，无论在城市还是黑暗的地点，这些目标往往能看得一样清楚。更多关于望远镜的细节和比较，请参见我和艾伦·戴尔合写的《天空的魔力》。

计算机时代的望远镜

许多配有赤道装置的望远镜都会在转动轴上有两个带有数字的刻度盘，这就是定位度盘。它们可以将望远镜的指向和天空中的坐标系统联系起来，这一坐标系类似于地球上的经度和纬度，位于地球赤道和极点正上方的天赤道和天极是这一坐标系统的关键。

用定位度盘穿行于天空中的坐标系之间也许是一种看似合乎逻辑的定位天体的方式，但这是一个费时的过程，近年来已经（幸运地）被计算机化的GoTo系统所超越。最初非常昂贵（即便粗糙）的GoTo系统目前也已被包含在价格低至300美元的一些望远镜中了。

GoTo系统现在已经可以在几分钟内完成

自从大多数天文爱好者的后院受到了光污染后，寻找深空天体就变成一件令人沮丧的事了。对许多21世纪的观测者来说，解决办法就是使用计算机化的GoTo望远镜，如这架星特朗203毫米（8英寸）的CPC施密特-卡塞格林式望远镜。在简单地对准3个明亮的天体之后，它就能指向其数据库里数千个目标中的任何一个了。该系统不要求对极轴，不需要认识用于校准的恒星，不需要把望远镜调水平，甚至不需要把望远镜指北。操作方法会在控制板的小屏幕上一一显示。虽然其他计算机化的望远镜也具有类似的功能，但最便宜的（低于300美元）那种只是一个用来吹嘘的玩具。

望远镜有多强大？

每当我展示我的某架望远镜时，总会被问及“它要多少钱？”和“它有多强大？”对任何一个打算购买望远镜的人来说，成本无疑是最重要的考虑因素，但关于“强大”的问题则代表了被误解最多的一种望远镜性能。声称“强大”几乎是完全没有意义的。

望远镜有 3 种不同的能力：集光能力、放大能力和分辨能力。最不重要的是放大能力，但它往往被当做小型望远镜的卖点。最重要的是集光能力。例如，在一架 50 毫米和一架 100 毫米的望远镜上使用相同的放大率，它们看到的猎户星云会是相同的大小。然而，100 毫米望远镜的集光能力是 50 毫米的 4 倍，因此用前者看到的猎户星云也会亮上 4 倍。

这是一个重要的区别，因为大多数天体都相对暗弱，需要大幅提高亮度才能看清。图像在被放大之前必须是明亮的。在较好的视野下，只有太阳、月亮和明亮的行星所具有的亮度才会使集光能力不再是一个至关重要的因素。

就算有了足够的集光能力，放大能力依然受到其他的限制。在现实中，实用的最大放大极限大约是望远镜口径毫米数的 2 倍或英寸数的 50 倍（计算放大率的方法见第 77 页）。因此，一架标准的 60 毫米折射式望远镜的放大极限是 120 倍。当把这样一架望远镜的放大率提高到 200 倍时，图像会被过度放大而超出望远镜的第 3 种能力——分辨能力（器材区别微小细节的能力）。分辨能力的极限受到光和光学系统相互作用的影响。

过大的放大率不仅会超出望远镜的能力而使其产生非常模糊的图像，而且还会使望远镜几乎无法使用。触动调焦旋钮所产生的微小摇晃或是由风吹而导致的轻微晃动都会以相同的放大率被放大，使恒星或者行星在整个视场中颤动或跳跃。另一个缺点在于大多数目镜为了获得高倍率需要微小的目镜开孔，放大率越高，视场就越小，而小视场意味着我们要花更多的时间来寻找天体并把它调到视场中心。而且，就算找到了天体，它也会因为地球的自转而很快地运动出视场（除非望远镜配备了赤道装置和驱动装置）。

如果以上这些还没有吓退喜欢高倍率的新手，那么大气湍流和常出现的糟糕的视宁度所造成的问题则是最后一击。当大气湍流的强度最低时，只有在较好的视宁度下才能使用每毫米 2 倍（每英寸 50 倍）这一放大极限，而实际上我们往往只能用到这个数字的一半。

对天文学来说，放大率的正常选择如下：127 毫米（5 英寸）以下的望远镜口径的每毫米 0.3 ~ 1.6 倍（每英寸 8 ~ 40 倍），更大的器材则为每毫米 0.2 ~ 1.2 倍（每英寸 6 ~ 30 倍）。通过平衡集光能力和放大能力，这一范围涵盖了口径和放大率之间的最佳比例。如果某种望远镜的广告宣称的放大率远远超出了最好的光学系统所能达到的极限，那还是换一种试试吧。

放大率或者倍率只是望远镜性能的一部分，高倍率并不代表望远镜的性能好，就算是大型望远镜也很少会用 250 倍以上的放大率。

203毫米(8英寸)的施密特-卡塞格林式望远镜(上图)含有赤道装置。在1 500美元左右的米德和星特朗望远镜中，这个型号的望远镜是不错的选择。凭借紧凑的设计，它既有足够的口径来显示所有主要的天体，还能塞进汽车运到黑暗的观测地点——随着光污染不断加剧，这一点也变得越来越重要。

对望远镜的设置和校准，可以通过命令将望远镜精确地对准数据库里数千个星系、星云、星团和聚星中的任何一个。最让人惊叹的是，对望远镜进行设置的人不需要知道任何一个天体的名称或者位置。换句话说，某个根本不认识北斗七星的人现在就可以走进一家望远镜商店，然后抱走一架在下一个晴朗的夜晚就能用来定位并且观测草帽星系的望远镜。计算机难道不神奇吗?

好吧，神奇，但也不尽然。

一些人会争辩(正如我过去所做的)，为了成为一名真正的后院天文学家，我们必须要花一年或者更多的时间来自己了解星座并寻找天体。对后院天文学来家说，用眼睛、寻星镜和望远镜来捕获天空中的猎物是最纯粹的形式，而利用智能系统则像是头上罩着一个袋子站在星空之下，只有透过目镜才能看到外面的世界。如果没有了追踪暗弱星系和星云的经历，夜空永远也不会变得令人舒适，永远也不会出现真正后院天文学家所熟知的路径。当你而不是计算机找到一个遥远的星系时，对你来说，它模糊的光影会意味着更多。

上面的这段话或多或少是我已经说了几十年的，但事情已经发生了变化。很多年前，当多数夜晚依然相当黑暗的时候，我就在自家的后院中认识了大多数星座，搜寻了大部分深空天体。然而今天，城市或者郊区的大部分地方已经令人绝望地受到了光污染。对许多人来说，他们只能在前往黑暗观测场所的几个晚上中观测天体——亲眼观看布满星座的夜空。在这种情况下，易于使用的GoTo望远镜正是解决问题的方法。

对21世纪的人来说，天文学已经越来越多地成为你必须去某个地方(而非走出家门)才能从事的爱好。在这个背景下，更容易使用的望远镜意味着正确的技术出现在了正确的时间。

最新的施密特-卡塞格林式GoTo望远镜是迄今为止最容易使用的望远镜。例如，第70页上的是星特朗203毫米(8英寸)CPC施密特-卡塞格林式望远镜，它不需要进行定位——不需要对极轴，不需要指北，不需要调镜筒水平，不需要输入日期、时间或地点——什么都不需要，只要用三脚架上的气泡水平仪把三脚架调水平即可(我甚至在没有调水平的情况下试了一下，它依然能工作)。

其中的关键是全球定位系统(GPS)。支架中的GPS接收器会将望远镜在地球上的位置和时间以几米和几分之一秒的精度告诉计算机。你只要把望远镜依次对准任意三个较为明亮天体——行星、恒星甚至月亮，当它们分别位于目镜中心时，按下控制键盘上的“对准(align)”

按钮（为了获得最佳精度，这三个天体应该相距较远）。

此时，计算机已经计算出了你对准的是哪三个天体，键盘会显示校准已完成。现在，你可以选择计算机数据库里数千个天体中的任何一个，随后望远镜便会非常精确地指向它。如果目标天体位于地平线之下，它会告诉你再试一次。如果你不确定想要什么，甚至还可以选择天空巡游，键盘面板上会显示出巡游经过的每个天体的信息。

至此，各种选择已经一应俱全。你可以用多布森装置或者其他非计算机化的望远镜，利用星图和已知星座中恒星间的位置，手动将望远镜对准每一个目标；也可以直接让计算机或GPS装置来为你寻找。今天，你可以选择多种类型的望远镜，也可以选择多种方式来进行天空之旅。

附件

大多数望远镜都有很多可选的附件。在某些情况下，连三脚架都被列为“可选附件”。业余天文学家们通常一开始只购买最少量的可选附件，以后再按需添加。这可以使拥有者逐渐适应器材，认识到它们的极限并且估计自己对不同附件的需求。下面是一些新望远镜拥有者最常需要的附件的简介。

太阳滤光片：价格为50～200美元，这种十分出色的辅助性器材被安在望远镜的前方，可以削弱太阳辐射，使我们能直接观察太阳（第8章）。

正像棱镜：大多数人会在第一次看望远镜时大吃一惊，因为图像是上下颠倒的（如果缩焦器中有天顶镜的话，图像还是左右颠倒的）。但有办法把它调回来。为了把图像调成正的，我们需要在目镜前的缩焦器里放置一块正像棱镜（双筒望远镜中封装有正像棱镜）。虽然它听起来似乎是必备的附件，但天文观测中很少用到正像棱镜，因为额外增加的玻璃会降低器材的光透射率，而且在高倍率下会出现明显的光学像差。实际上，正像棱镜通常只用于观看地面景物的小型折射式望远镜中。

目镜滤光片：市面上有不同颜色的、可以旋入目镜底部的玻璃滤光片，它们号称可以增强月球和行星上的细节及对比度。这是真的，但它们起到的增强效果是很小的。随着观测技巧的提升，你可以在真正需要它们的时候再将它们加入你的附件盒。话说回来，几乎每架望远镜都需要一个月球滤光片，它的售价约20美元，呈中灰色，作用只是削减月亮的亮度，让月亮看起来更舒服。

左图望远镜上的小黑盒子就是泰拉德寻星镜，它是一种单倍圆点瞄准装置，会在天空中投影一个红色的点以方便瞄准。类似但更小的投影寻星装置有参宿七系统公司（Rigel Systems）的快速寻星器（QuikFinder）以及Tele Vue公司的快速指向器（Quik-Point）。许多天文爱好者既使用没有倍数的寻星镜也使用低倍的寻星镜。右上方的第一幅图是25毫米（0.965英寸）和32毫米（1.25英寸）的目镜，后者是北美的标准望远镜目镜。第二幅图是旋入式目镜的滤光片。

今天的技术已经使业余天文学比以往有了更多的吸引力。不管你是把它当做一场技术盛宴还是只当做用双筒望远镜观星的纯粹消遣——抑或介于两者之间，观测天空的真正魅力在于我们知道自己正在打量宇宙的深处——这颗行星上只有少数居民曾经这样做过。

星云滤光片：城市中夜景照明设施的光芒让夜空黯然失色。装在望远镜目镜前端的星云滤光片可以阻挡许多干扰灯光，令星云的图像具有更高的对比度。星云滤光片的价格从 90 美元起，它在短焦比望远镜上效果最佳，在观测除星云之外的天体时不具优势。

缩焦器：缩焦器是施密特 - 卡塞格林式望远镜的附件，用于低倍率深空扫视和摄影。它会在光线进入目镜前产生作用，增大视场，售价从 130 美元起。

防露罩：在望远镜前透镜上形成的露水困扰着施密特 - 卡塞格林式和马克苏托夫 - 卡塞格林式的使用者。一个被称为防露罩的加长镜筒可以缓解露水的形成，而这个问题最终由缠绕着 12 伏电热丝（低温加热不会影响望远镜的性能）的防露罩（如 Kendrick 除露器）解决了。另一个办法是启动手持式吹风机的最低一档来蒸发露水。

摄影附件：这些最好还是留到你对用望远镜进行直接观测有了一定经验后考虑。在完全熟悉不同类型的天文摄影所涉及的困难之前，你应该抵挡适配器、网络摄像头、离轴导星装置和双轴微动马达的诱惑。第 11 章中介绍的大多数入门摄影技术都不需要适配器，并且在你一头扎进更困难的天文摄影领域之前，你应该先尝试用一下它们。

泰拉德（Telrad）：这个牌子的寻星镜是一种独特的单倍圆点瞄准装置。

电动缩焦器：对一碰调焦旋钮就会抖动的望远镜很有用。一些观测者离不开自动化的调焦，而另一些更喜欢手动调焦，这完全是个人的选择。

目镜

有时，有着良好光学品质的望远镜却配有最廉价的目镜，而一个光学系统只有在与高质量的目镜相连后才能体现它的性能。廉价的入门级望远镜——尤其是 1998 年前的——往往配有老式的日本标准尺寸目镜：筒径（插入望远镜目镜接口的镜筒直径）为 25 毫米（0.965 英寸）。美国的标准是 32 毫米（1.25 英寸）。配有筒径为 25 毫米（0.965 英寸）的目镜的望远镜几乎总是次等或过时的。

不同类型的望远镜有着不同的光学构造，目镜也有不同的类型，每种都有自己的优缺点。在进行正式选择之前，你需要了解以下信息。

惠更斯目镜和冉斯登目镜是可用的最简单的目镜，已有几个世纪的历史，直径常为 25 毫米（0.965 英寸）。它们的单个售价只有几美元，只能和最便宜的望远镜为伍。我们可以根据标注在外面的字母 R、H 或 AR 认出它们。

我认为变焦目镜不适用于天文学。它们看似不错，但在实践中，其视场受限，光学性能也较差。

凯尔纳目镜的历史可以追溯到19世纪，但今天仍在使用。中低倍率的凯尔纳目镜表现尚可，适中的价格是其主要特征。其主要缺点是视场相对较小。1978年由埃德蒙科学公司研发的RKE目镜是对凯尔纳目镜的改良。其他品牌的制造商采用了类似的设计，他们生产的目镜比标准的凯尔纳目镜售价较低（一般低于60美元），呈现的图像更好，视场也较大。例如，米德开发的改进消色差透镜（MA）作为标准配件广泛分布于自己生产的许多器材中，目前在二手市场上仍能见到。

许多年来，无畸变目镜都被誉为最出色的目镜。增加的第4块透镜提供了稍大的视场并几乎消除了所有的光学像差，它也因此超过了凯尔纳目镜。这种目镜的售价在60美元以上。一些后院天文学家喜欢使用中高倍率的无畸变目镜，尤其是观测行星时。

从许多方面来说，普勒斯尔目镜比前面提到的所有类型都强。它被设计为4片镜片，比无畸变目镜的视场稍大，成像非常锐利。低、中、高倍率的普勒斯尔目镜表现都不错，价格区间较大。我喜欢将普勒斯尔目镜用于行星和月亮观测。对于预算有限的天文爱好者，一些望远镜公司生产的普勒斯尔目镜售价低于50美元。

由于5片镜片的设计被广泛用于军事光学系统，尔弗利目镜开始流行。低倍率的尔弗利目镜曾受到青睐，但以今天的标准来看，它们已经被更现代的大视场目镜所超越（尤其是在视场边缘）。

有6或7片镜片的现代大视场目镜非常昂贵，特别是用到许多镜片的最低倍率型号。尽管如此，你不会后悔在你的收藏中增加1个以上这样的目镜。在这类目镜中，Tele Vue公司的Panoptic目镜以其卓越的低倍率性能而物超所值。

另一种精美的目镜是由Tele Vue公司在1981年出品的纳格勒系列，它至今仍是最好的中高倍率目镜之一。几年之后，米德推出了类似的设计——超广角目镜。这种目镜的价格（200美元以上，有时甚至更高）和一架小型天文望远镜相当，但它锐利而超大的视场能显著地提升任何望远镜的表现，并能提供一种“从宇宙飞船的舷窗来注视宇宙”的视觉体验。然

上图是目镜的基本大小，从左到右的型号依次为25毫米（0.965英寸）、32毫米（1.25英寸）、51毫米（2英寸）和32/51毫米（1.25/2英寸）双重尺寸。这些数字表示目镜的筒径。用于某些入门级望远镜的25毫米（0.965英寸）目镜不应该用于大型望远镜。51毫米（2英寸）的目镜能汇聚更多的光以适应大视场，进行低倍率观测。左上图的巴罗透镜被设计为装在目镜前方的缩焦器中。如果装在天顶镜前，巴罗透镜的放大倍数可以达到额定值的1.5倍，但望远镜的焦点可能被推到缩焦器可及的范围之外。右上图显示，为了舒服地使用折射式和施密特-卡塞格林式来进行观测，我们可以使用32毫米（1.25英寸）和51毫米（2英寸）的天顶镜。中间的图中是电动缩焦器，它可以避免手动调焦造成的晃动，其使用取决于每架望远镜的稳定性和观测者的个人喜好。

而，所有这些目镜都很重，会导致小型望远镜或是已经经过精确平衡的望远镜失衡。

一个目镜的放大率可以用望远镜的焦距除以目镜的焦距得到。一个焦距为2 000毫米的望远镜配上25毫米的目镜会就得到2000÷25=80倍的放大率。目镜的焦距和目镜的类型或是代表该类型的字母一起标在目镜的侧面，如K25mm表示焦距为25毫米的凯尔纳目镜。低倍目镜的焦距为20～40毫米，中倍的为13～19毫米，高倍的为4～12毫米。我建议每种类型的目镜都要配备一个，或者是配备一个低倍目镜、一个中倍目镜和一个巴罗透镜。

巴罗透镜基本就是在一个镜筒的底部加一块透镜，顶部接一个目镜。根据规格，巴罗透镜可以把目镜的放大率再放大2～3倍。由于许多焦距小于12毫米的目镜有着令人不适的较短的目视离隙——眼睛为了看见整个视场而到目镜的理想距离，一个巴罗透镜和一个长焦距目镜提供的较好的目视离隙会更受欢迎。一个普通的巴罗透镜的价格约和高质量的目镜相同。1998年，Tele Vue公司推出了名为Powermate的5倍巴罗透镜，它比之前的设计更精湛，价钱是之前的2倍。

虽然我戴眼镜，但我很少在使用目镜的时候戴。除了散光之外，稍稍调节焦距就可以矫正视觉问题（若戴眼镜来矫正散光则应保留眼镜）。不过，戴着眼镜并不会使看到的图像质量下降。

一些中等倍率和大多数高倍率的目镜都要求眼睛靠得足够近，以至小于佩戴眼镜时所允许的极限，这会导致视场变小。高倍率目镜中拥有较好目视离隙的目镜是高目视离隙型目镜，它特别受那些需要戴眼镜观测的人的关注。这种类型的目镜有着舒适的20毫米目视离隙，而这个数字与目镜的焦距无关，后者可以短至2毫米。在这类目镜中，可选的有Tele Vue公司的Delos目镜、威信的LV系列、星特朗的艾克赛尔（X-Cel）目镜，而物超所值的是宾得（Pentax）的XW系列。

许多中型或大型的望远镜都能使用直径为51毫米（2英寸）的目镜。虽然价格更高，但它们在低倍率下具有出色的表现，而且比32毫米（1.25英寸）目镜提供的视场大得多。虽然大多数203毫米（8英寸）多布森装置牛顿反射式望远镜配有51毫米（2英寸）的缩焦器，但常见的203毫米（8英寸）的施密特-卡塞格林式望远镜上原有的32毫米（1.25英寸）的缩焦器需要升级才能够容纳51毫米（2英寸）的目镜。

目镜是重要的，高质量的目镜可以提高任何望远镜的性能。你在目镜上的花费至少应该是你在望远镜上花费的1/3。目镜有着极高的转售价值并且可以用在任何现代的望远镜上，因此你在目镜上的投入是一项长期资产。

市场上有数百种不同的目镜，我们很难决定购买哪一种。我用过其中的几十种，以下这些是我最爱的：Tele Vue的27毫米［51毫米（2英寸）筒径］、24毫米和19毫米［后两者是32毫米（1.25英寸）筒径］的Panoptic目镜，米德的26毫米和20毫米普勒斯尔5000系列目镜，以及米德的6.7毫米和4.7毫米5000系列超大目镜（纳格勒型）。我还喜欢星特朗的2倍终极（Ultima）巴罗透镜和Tele Vue的3倍巴罗透镜。在中等价位里，星特朗的艾克赛尔目镜表现不错，还有所有品牌的普勒斯尔目镜，其中一些的售价低于50美元。一个不错的组合是25毫米、20毫米和15毫米的目镜再加一个2倍巴罗透镜，它们可以为任何望远镜提供6种不同的放大率。普勒斯尔目镜的设计使其能够一直很好地发挥作用。

望远镜比较

望远镜类型	具体类型	常用口径	一般规格 / 性能	应用
折射式	消色差	61 ~ 102 毫米 （2.4 ~ 4 英寸）	结实、可靠且通常无需维护，是后院天文学家的传统入门级望远镜。90 毫米以及更小的型号易于携带。小心那些便宜型号所用的不合适的支架以及细长的三脚架。	扫视月球、行星、星团、双星以及一般入门级天体的效果极佳。由于口径小，在观测星云、暗星团和星系时表现较差。它是城市或者郊区观星的首选，因为在那里反正也看不到暗弱的天体。
	复消色差	61 ~ 178 毫米 （2.4 ~ 7 英寸）	由于无像差和无遮挡的透镜设计而无可非议地成了最好的望远镜光学系统，成像极佳且较为昂贵。102 毫米（4 英寸）及以下的型号易于携带。	所有尺寸的这类望远镜在观测月球和行星时表现都很突出，受到真正天文摄影爱好者的青睐。它能呈现超锐利的图像，具有良好的深空穿透力，唯一的缺点是口径相对于牛顿反射式较小。
牛顿反射式	多布森装置	102 ~ 254 毫米 （4 ~ 10 英寸）	相对小型且廉价，为大口径望远镜提供了简约而轻便的支架，较小的尺寸适用于各种望远镜。	在所有类型的天文观测中表现良好。但是简化的支架要求观测者必须手动追踪天体，摄影时作用有限。
	多布森装置	305 毫米 （12 英寸）及以上	如果制作精良且校对很好，则性能出众，尤其是在观测深空天体时。购买前请确认你的车能装下它。	深受深空观测发烧友的喜爱，被视为在远离城市灯光的地点观测星系和星云的终极利器。
混合型	施密特 - 卡塞格林式	127 ~ 406 毫米 （5 ~ 16 英寸）	光学性能普遍良好。短而粗硬的镜筒很稳定，易于使用。价格比带有赤道装置的牛顿反射式更贵，但仍算适中。	设计紧凑，具有大量附件，能够满足多种用途，是后院天文学家的全能器材。
	马克苏托夫 - 卡塞格林式	89 ~ 178 毫米 （3.5 ~ 7 英寸）	以精湛的性能和紧凑的结构著称，但从未主导业余天文学领域。	除了大视场、低倍率观测外，在每种业余天文观测中都表现良好。小型号非常便携，极其适合频繁旅行的人使用。

挑选第一架望远镜时需要考虑的因素

望远镜类型	**是否便于运输**	**主要观测地点（城市 / 乡村）**	**是否适用于天文摄影**
61 ~ 102 毫米（2.4 ~ 4 英寸）消色差折射式	一般易于运输	在城市中表现良好，在黑暗的夜空下表现不一	除了拍摄月球之外，不建议
61 ~ 127 毫米（2.4 ~ 5 英寸）复消色差折射式	102 毫米（4 英寸）以下的型号易于运输，更大的型号需要较重的赤道装置	对大多数时间在城市、有时前往乡村观测的人来说是理想的选择	受到天文摄影爱好者的青睐
102 ~ 203 毫米（4 ~ 8 英寸）带有赤道装置的牛顿反射式	虽然 203 毫米（8 英寸）的型号较大，但易于运输	表现良好的全能器材	需要结实的支架和特殊附件方可进行天文摄影
254 毫米（10 英寸）及以上带有赤道装置的牛顿反射式	254 毫米（10 英寸）的型号是便于运输的极限	在城市中观测时表现有限，在黑暗地点性能优异	只有使用大型支架和合适的附件才能取得极佳的效果
102 ~ 203 毫米（4 ~ 8 英寸）多布森装置牛顿反射式	易于运输	表现良好的全能器材	不推荐
254 毫米（10 英寸）及以上多布森装置牛顿反射式	需要运动型多功能车（SUV）或者货车来运输	被设计为在黑暗的观测地点使用，不适合在城市中使用	不推荐
127 ~ 203 毫米（5 ~ 8 英寸）施密特 - 卡塞格林式	易于运输	表现良好的全能器材	需要优质的附件来进行后院天文摄影
89 ~ 178 毫米（3.5 ~ 7 英寸）马克苏托夫 - 卡塞格林式	口径小且极其紧凑	受到偶尔会前往真正黑暗的观测地点的城市天文爱好者的青睐	大焦比限制了月球摄影或者 CCD 成像

望远镜类型	**是否主要用于观测太阳、月亮、行星和其他明亮而易于寻找的天体**	**是否主要用于观测星云、星团和星系**	**是否能频繁用于白天观景**
61 ~ 102 毫米（2.4 ~ 4 英寸）消色差折射式	性能优异，大焦比和赤道装置为首选	不推荐	适合并推荐
76 ~ 178 毫米（3 ~ 7 英寸）复消色差折射式	非常卓越的表现月球和行星细节的能力，如果买得起的话是首选	绝佳的清晰度和对比度，但受限于口径	60 ~ 80 毫米的型号在白天观景时表现极佳
102 ~ 203 毫米（4 ~ 8 英寸）赤道装置牛顿反射式	普遍表现良好，在 20 世纪 80 年代复消色差折射式出现前一直被用做标准的行星望远镜	推荐 152 ~ 203 毫米（6 ~ 8 英寸）的型号	不推荐
254 毫米（10 英寸）及以上赤道装置牛顿反射式	在优良的光学系统下使用中焦比能获得很好的效果	深空观测的顶级器材	不推荐
102 ~ 203 毫米（4 ~ 8 英寸）多布森装置牛顿反射式	虽然支架不适合进行持续高倍率的行星观测，但通常情况下表现良好	尤其推荐 203 毫米（8 英寸）的型号	不推荐
254 毫米（10 英寸）及以上多布森装置牛顿反射式	这种望远镜不是被设计为观测明亮天体的	作为最经济的观测暗弱天体的望远镜而广受欢迎，在低倍率下表现极佳，大多数时候也只使用低倍率	不推荐
127 ~ 406 毫米（5 ~ 16 英寸）施密特 - 卡塞格林式	虽然复消色差折射式在这方面表现最佳，但施密特 - 卡塞格林式也具有很好的行星观测效果	深空观测时的表现不逊于其他类型	小于 203 毫米（8 英寸）的型号比较适合
89 ~ 178 毫米（3.5 ~ 7 英寸）马克苏托夫 - 卡塞格林式	在制作精良的情况下只逊于折射式	在最常见的尺寸——89 毫米（3.5 英寸）——中，仅因为集光能力较低而逊于其他类型	89 毫米（3.5 英寸）的型号很理想

第6章

探索深空

宇宙的最不可理解之处是它应该可以被完全理解。

——阿尔伯特·爱因斯坦

在一个傍晚，一个知道我对天文感兴趣的熟人注意到了我后院中的望远镜。“你究竟用它来做什么？”他问道。我开始向他热情地描述宇宙中的行星、恒星、星系以及找到并观测它们时带来的震撼。在聚精会神地听完后，他想知道我在看过了所有这些景象之后还会干什么。

我试图向他解释我花了大部分时间来重新观测自己之前已经观测过的天体，但我意识到这一点似乎很难被人接受。后院天文学家是一群特殊的人，他们尽情享受在星空下的每分每秒，像对待爱人一样痴迷地爱着宇宙，而这种感情会日渐加深。虽然这是一种只可意会的单相思，但我已经把它视为自己能达到的与自然最亲近的关系。每在星空下度过一个夜晚，我的心中都会充满惊喜和谦逊之情。宇宙中有太多值得我们探索的东西，无论从视觉上还是情感上，它都是美丽的。

不过，我们至少可以清晰地描述视觉上的美丽。从具有生命力的恒星、位于银河系近距旋臂上的恒星“村落”到遥远的“星城”——河外星系，宇宙以多种形式呈现自己的美。现在，是时候来详细地讲一讲天文望远镜和双筒望远镜究竟能看到什么以及该往哪里看了。在后面的章节中，我们会仔细观察太阳系中的天体——太阳、行星、卫星和彗星——和夜间的大气现象，如流星和极光。本章将探索太阳系之外的宇宙，那里被天文爱好者称为深空，其中让人感兴趣的目标通常被称为深空天体。

我们在夜空中看到的大多数恒星其实都比太阳大而亮，但无论望远镜有多大或者倍率有多高，这些星体在望远镜中都只是一个微小的光点，因为它们实在是太遥远了。在高倍率的天文望远镜下，恒星确实呈盘状，但这是光学系统的特性和光线相互作用的结果。它被称为艾里斑，以解释它的19世纪英国天文学家命名。

双星

虽然大多数恒星在望远镜中都是单个的光点，真正单颗的恒星却是少数。银河系中至少有一半甚至多达80%的恒星是双星或者聚星系统——两颗或者更多恒星因引力束缚在一起并相互绕转——的成员。这些恒星的

轨道经常会靠近到小于 1 天文单位，即地球到太阳的距离，而双星或者聚星系统中的子星至少要相隔几十天文单位才能在业余天文望远镜中被分清。全天散布着数千个这样的恒星系统，其中一些是双筒望远镜和小型天文望远镜中精巧而漂亮的景观。

有些双星中的两颗恒星会具有完全相同的亮度，有些会有些许不同，而另一些会在亮度上有明显的差异，形成鲜明的对比。然而，真正受宠的双星却是少数具有完全不同颜色的子

银河系中的富饶区域在天鹅座，那里的恒星似乎一颗叠在另一颗上，而实际上它们之间相隔数光年。只是由于我们正望向银河系旋臂的深处，恒星看起来才像是肩并肩。上一页的图是玉夫座中的旋涡星系 NGC253。

星的那些，这说明它们有极为不同的表面温度。我很享受观测双星的过程，这两颗恒星中的每一颗都可能拥有行星，地球就可能诞生于这样一个系统。想想看，如果一颗小型的红色恒星占据了海王星的轨道，我们的天空看上去会有多么大的不同。

双星中两颗子星的视距离只有几分之一度。

请记住，月亮的直径约为0.5°。从天文望远镜或者双筒望远镜中看时，大多数双星和聚星系统中子星的间距大约和月球上小型环形山的直径相当。为了表示这一距离，天文学家会使用分（′）和秒（″）。1′是1°的1/60，1″是1′的1/60。肉眼可以分辨出间距为6′的亮度相等的两颗恒星，这个数字相当于0.1°。如果恒星靠得比这还近，就需要使用双筒望远镜，其更高的分辨率可以分辨出间距小至1′的双星。

一架口径为60毫米的天文望远镜能大幅提升可见双星和聚星的数量，因为它可以分辨出间距只有2″的亮度相等的两颗恒星。在最佳条件下，一架76毫米（3英寸）望远镜可以分辨出间距为1.5″的两颗恒星。利用这样的器材，美国马萨诸塞州的业余天文学家格伦·查普尔已经观测了1 400多个的双星和聚星。

在152毫米（6英寸）的望远镜中可以看到约1 000个双星系统，这种望远镜可以分辨出间距为0.8″的亮度相等的两颗恒星。这是一个极为微小的距离，相当于在5千米之外看一个一角的硬币。更大的望远镜能够分辨出靠得更近的双星。然而，这些都是根据极佳的光学系统和理想的大气条件而得出的理论数字。最重要的是，这些还都是假设在目镜前观测的人是有经验的观测者。

至少在一开始，初学者不要指望能达到望远镜的理论极限，而这也确实不是观测双星的意义所在。那些较为容易区分的双星或聚星比紧靠在一起、几乎无法分开的双星或聚星更加漂亮。因为这一点，我选择了一些适合普通的业余望远镜——双筒望远镜和天文望远镜——观测的双星和聚星，在本章末尾的星图中特意进行了标注，有时还会给出子星间的实际距离和视距离。

夜视能力

虽然人类的夜视能力无法和猫头鹰、猫以及其他夜行动物相比，但我们的眼睛在黑暗中看清细节的能力也是惊人的。当我们的祖先不得不提防夜幕降临后潜在的危险时，我们的夜视能力在几百万年前就得到了发展。适应黑暗的过程被称为暗适应。

在一个漆黑的环境中，人眼的瞳孔几乎会在瞬间放大，使更多的光线进入眼睛（这和把照相机的光圈从f8调到f2是一样的。）在随后的大约15分钟里，一个更为复杂的过程发生了。在视网膜中，光感受器里的视色素供应会稳步增加，只要没有亮光进入眼睛，眼睛对暗弱光线的灵敏度就会维持在较高的水平上。

对天文爱好者来说，暗适应有惊人的作用。在一个无月、漆黑的夜晚，银河会如光带般凸显出来。一些从亮着灯的房屋中走出来的人几乎无法看到银河，但对已经适应了黑暗的人来说，银河会变成一大片暗弱的恒星，仿佛天空也被它们覆盖了。

在远离城市的黑暗天空下，完全适应黑暗的眼睛可以看到约3000颗恒星。这也许听起来不多，但和从光照一般的郊区所能看到的200多颗恒星比起来，这差不多是天壤之别了。

在调整器材或者查阅星图和参考书时，有经验的观星者会使用低亮度的红光，以便维持他们已经适应了黑暗的视力。相比于没有滤光的手电筒发出的光，红色的光对夜视能力的损害较小。

并不是所有的双星都是真的在空中紧靠在一起的。由恒星排列上的巧合而形成的双星被称为光学双星，由引力维系的一对恒星被称为双星系统，但通常也简称为双星。

双星系统中单个恒星的亮度通常可以精确到 0.1 星等。一开始，区分一颗 2 等星和一颗 3 等星也许很难，但经过练习，我们有可能将恒星的亮度精确到十分之几个星等，尤其是当它们靠得非常近时。在本章的星图中，许多肉眼可见的恒星的亮度都被精确到 0.1 等。经过了几个晚上的练习后，我们应该不难区分一颗 3.3 等恒星和一颗 2.9 等恒星的亮度。除了亮度之外，星图中还将聚星系统中恒星的间距以分或秒为单位列出。最亮的恒星被称为 A，其次为 B，之后为 C，以此类推。

变星

虽然太阳是少数单星之一，但它的光输出在很长一段时间里都是稳定的。千百年来，太阳的亮度变化不曾超过其目前亮度的 1%。其他大多数恒星与之相似，是均匀输出能量的稳定热核“熔炉”。然而，有些恒星正处于演化的关键阶段，它们的热核“发生器”正在从一种类型转变为另一种类型。恒星不同，在这一阶段中发生的事情也不同，但大部分取决于恒星的质量，对一些正在发生这一转变的恒星来说，其亮度会在一年之内波动 15 000 倍。天文学家对这些变星特别感兴趣，研究它们也许可以解释大量关于恒星演化和死亡的问题，因为许多变星似乎都走到了生命尽头。

用肉眼大致能看到十几颗变星，用双筒望远镜可以看到将近 100 颗，用天文望远镜则能看到数千颗。加拿大安大略省的雷· 汤普森是世界上最有经验的变星观测者之一，在过去的 50 年里，他用 254 毫米（10 英寸）以及更小的望远镜对这些变星的亮度进行了 11 000 多次目视估计。他是观测变星并向美国变星观测者协会（AAVSO）报告它们亮度估计值的业余天文学家之一，这样的天文学家共有数百位。反过来，美国变星观测者协会会公布观测结果并将结果转发给大型天文台的变星专家，这些天文台可能既没有时间也没有人力来每晚都观测这些变星。

除了有机会帮助科学研究之外，观测变星还是提高分辨暗弱天体和亮度差异所需的肉眼灵敏度的最佳方式之一。此外，寻找这些变星的过程也能极大地丰富观测者对天空的认识。我在开始用望远镜观测的第二年便开始观测变星了，在随后的两年里进行了 1 000 多次亮度估计。对一个试图了解宇宙的人来说，这是最宝贵的经验。

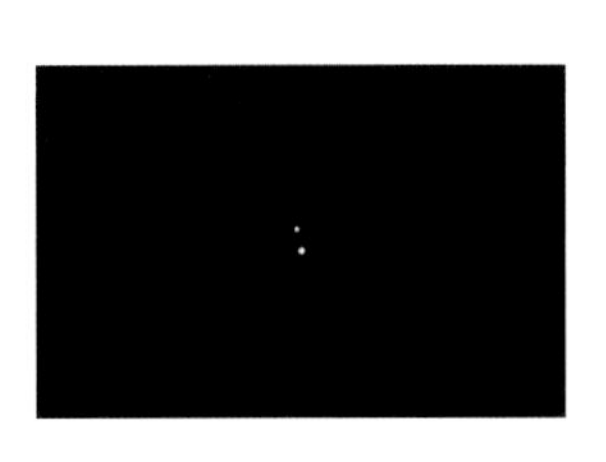

在本章的星图中，我们标出了一些最亮的变星，还以 0.1 等的精确度标出了位于它们附近的适合用来做星等比较的恒星。为了计算变星的星等，我们可以挑选一颗比自

右上图是猎户四边形天体，它是位于猎户星云心脏位置的四合星，是天空中最著名和最令人印象深刻的聚星。右下图是漂亮的彩色双星辇道增七，用最小的业余天文望远镜就能看到。

己要估算的变星稍亮或者稍暗的恒星，然后用它来估算变星的亮度。《观测者手册》(*Observer's Handbook*，见第 13 章“资源”）中给出了一些知名变星最大亮度的估计数值。

变星主要有 4 种，每种在后面的星图上都有提及。以造父一命名的造父变星是极为规律的脉动变星，它的变化周期和亮度波动范围十分精确，因此被当做标准烛光来确定河外星系的距离（第 87 页）。

食变星是一个双星系统，虽然其中没有一颗星是变星，但它们的轨道会交替，使得一颗恒星跑到另一颗的前方，由此导致食并使亮度下降。英仙座中的大陵五是这一类中最有名的。

长周期变星是类似于参宿四和心宿二的红巨星，但它们会处于不同的演变阶段。其中一些在一年内亮度变化超过 10 个星等，对这些恒星来说，在几个星期里亮度变化 1 或者 2 个星等也不是稀罕事。由于亮度大幅变化并且循环周期不完全相同，它们成了业余变星观测者的最爱，并给夜间观测带来了更多的悬念。

不规则变星是最后一种易于观测的变星。其中包含了多种特殊的恒星，一些通常较为明亮，偶尔会变暗；另一些通常较为暗弱，偶尔会变亮。还有一些不规则的变星，其亮度会在数月或者数年内发生小幅度变化，变亮或者变暗十分之几个星等。参宿四就属于这一类。

最剧烈的变星是新星，它们的外层物质会在不可预知的情况下爆炸，使其亮度飙升 12 ~ 15 个星等。它们通常都是暗弱且貌不惊人的恒星，而这一变亮的过程会在几小时或者几天内发生，以至于看上去就像出现了一颗新的恒星。1975 年出现在天鹅座中的新星在其最亮时几乎和天津四一样亮，2 个晚上后它就下降到了 3 等，几个星期后就要用双筒望远镜才能看见了。由于新星是突然出现的，熟悉夜空的后院天文学家能在第一时间发现它们。新星相对罕见（每 10 年或 20 年才有一颗能达到 3 等或者更亮），因此发现新星是一个重大的天文事件。新星出现在密近双星系统中，该系统中的一颗恒星是致密的白矮星，其强大的引力会吸光其伴星的物质。最终，新落在它表面上的氢燃料的温度和密度都会高到足以引发核聚变反应的程度。被俘获的物质爆炸，释放能量，产生的亮光可以在数周内照亮银河系的一角。在几个月后这颗恒星会恢复原状，几十年或者几个世纪之后，这个循环会再次上演。只有少数新星的循环周期比人类的寿命还短，老练的变星观测者正用心观测它们。

最罕见的变星是超新星，它们是突然爆炸死亡的大质量恒星。当一颗恒星的热核聚变反应缺少燃料并停止时，就会出现超新星。该恒星会坍缩，但由坍缩产生的热量会使其形成一个比太阳亮数十亿倍的火球。在几个小时里，一颗外表普通的恒星就会变得和一个星系一样明亮。在接下来的一两年里，这颗超新星会慢慢地变暗。

像参宿七这样的超高光度星是候选的超新星。如果参宿七即将成为一颗超新星，它的亮度会在数周内超过满月的几百倍。但超新星太稀少了，出现一颗如参宿七这么近的超新星的

M46（左）和 M47 是对比鲜明的 2 个疏散星团，也是双筒望远镜容易找到的目标，不过只有天文望远镜才能揭示出 M46 中的单颗恒星。更多信息见第 114 页的星图 17。

概率微乎其微。银河系中最著名的超新星是德国天文学家约翰内斯·开普勒于1604年观测到的，它亮如木星。1987年2月，在距离银河系最近的伴星系大麦哲伦云中出现了一颗超新星——1987A，它最亮可达3等，但位于南半球的空中，从中美洲以北的任何地区都看不到。

星团

在第4章中，我们认识了金牛座中的毕星团和昴星团，它们都距离我们数百光年且肉眼可见。在银河系我们所处的这一侧散落着数百个类似的星团，从只有几十颗恒星的中等集合到彼此由引力维系在一起的数千颗恒星不等。这些恒星集合被称为疏散星团，或者往往简称为星团。对深空天体猎手和偶尔的观测者来说，它们是一类真正值得观测的天体。用双筒望远镜能很容易地看到至少20个星团，有一些看起来极为精致，如天蝎座中的M7、英仙座双重星团和鬼星团（M44）。

昴星团

就在不到400光年远的地方，有一个天空中最著名的星团——昴星团，由于其最亮的6颗恒星的排列而常常被误认为小北斗。视力高于平均水平的人能看到其中的7颗恒星，因此这个星团有时也被称为七姊妹星。虽然我的一些天文学生说他们能看到11颗恒星，但即便是在绝佳的条件下，我用肉眼看到的恒星也不超过6颗。用双筒望远镜能看到昴星团中的数十颗恒星，而用天文望远镜能看到上百颗。

昴星团中有将近400颗恒星，大约都形成于6 000万年前，和已有47亿年历史的太阳比起来它们还都是婴儿。昴星团中最亮的恒星昴宿六比太阳亮500倍。正如该星团中所有的年轻恒星一样，它也会发出明亮的蓝白色的光。昴星团的直径为50光年左右。在其中心附近，恒星的间距为2光年，密度大约是太阳附近星星的50倍。

在已故的天文学家和历史学家罗伯特·伯纳姆经典的《伯纳姆天体手册》中，他提到了昴星团和魔鬼塔之间的联系，后者是美国怀俄明州东北部平原上高约264米（865英尺）的神奇岩石结构，就像巨大的石化树桩一样。根据当地基奥瓦人的说法，魔鬼塔是由神创造出来保护7个被巨熊追赶的印第安少女的。之后这些少女就被升上天空，成为昴星团，而在魔鬼塔的侧面仍然能看到熊爪留下的痕迹。

多个世纪以来，昴星团一直备受关注。中国对它的记录可以追溯到公元前2357年。然而，如果你回到1亿年前恐龙活动的鼎盛时期，你是看不到昴星团的，因为它还需要4 000万年才能形成。

北斗星团

通过几十年来对北斗七星运动的研究，我们发现，除了其中的2颗恒星之外，其他所有的恒星都是一个星团的一部分。这两个非星团

英仙座中的双重星团（第116页的星图19）是北半球天空中最著名的深空天体之一，这两个恒星宝盒在任何望远镜中都令人印象深刻。

成员是位于斗形两端的北斗一和北斗七，其他的5颗恒星都是星团的一部分。天文学家估计它们于2亿年前在同一个区域中形成。

这些恒星和其他散布于天空中的约30颗恒星组成了距离我们最近的星团。它之所以看起来不像一个星团是因为我们就在其中，不过太阳并不是其中的成员。北斗星团的学名是大熊星团，它正在慢慢地赶上太阳，就像一群慢跑者在渐渐追赶并超越一个跑得更慢的人。几百万年后，这个星团会成为天津四方向上一块不起眼的斑点。

我们的后人会目睹北斗七星逐渐瓦解的过程，其中星团里的5颗星会成群地朝斗柄方向运动，而北斗一和北斗七则会朝相反的方向移动，这会使斗柄向底部弯曲而斗勺张开。不过这要花上数千年的时间，我们的曾曾孙辈看到的北斗七星仍然和我们今天看到的一样。

随着星团的移动，北斗七星会逐渐变松散。如果恒星曾经被彼此间的引力束缚在一个类似昴星团的小集团内，随着时间的推移，它们会变松散。今天，恒星在空中彼此相邻，几百万年后它们就会四散开来，就像那个很久以前形成太阳但现在已经消失的星团一样。

星云

漂浮在银河系旋臂间的是数千块巨大的云状气体和尘埃，被称为星云。大部分星云呈黑色，是看不见的，有时还会产生黑色的裂缝和斑点，造成银河参差不齐、分段的样子。这些星云是银河系中最大的天体，是宇宙中的烟雾仓库，能够挡住数百万颗恒星发出的光。一般来说，只有银河某些特定区域中的少量恒星才能揭示它们的存在。但偶尔地，当恒星照亮那些通常很暗的气体和尘埃时，星云看上去十分壮观。

星云是银河系中的“产房”，那里是恒星诞生的地方。这个过程始于星云内部，那里的气体和尘埃会聚集在一点，然后散开，再在其他地方集结。有时，星云的平衡状态会被打断(可能由近距超新星爆发或者两块或多块星云合并导致)，使星云的一些区域坍缩成密度更大的团块。一旦这些区域开始快速地坍缩，就会触发引力的链式反应。原子和分子会相互碰撞，它们还会和星云中的尘埃颗粒碰撞。这些碰撞产生的能量使尘埃发热，但不透明的星云会束缚住这些热量，使之变得更热。与此同时，物质向该区域的引力核心处堆积，温度开始蹿升。核心物质进而会吸引更多的物质，这一循过程环会不断扩大。在几万年——以天文学的标

从地球上看，昴星团是最亮的星团，在秋末和冬季的天空中用肉眼可以轻松看到。围绕该星团的星云在这种长时间曝光照片中非常耀眼，但在黑暗的天空中只有用天文望远镜才能勉强看到。

恒星和星系的距离

如果从地球到月球的距离被缩减为从我们的眼睛到这一页书页的距离，那么海王星和冥王星就会在 6 千米之外，距太阳最近的恒星半人马 α 会在 3 万千米之外——差不多只有从地球到月球真实距离的 1/10。

1838 年，德国天文学家贝塞尔首次测量了恒星到地球的距离，所用的方法一直沿用至今。一颗恒星相对于周围恒星的位置可以用照相的方法记录下来。6 个月之后，当地球运行到其轨道的另一侧时，再重复这一过程。如果这颗恒星位于约 100 光年之内，相对于背景更为遥远的恒星，它会发生显著的移动。这是由于我们在地球轨道的另一端以稍微不同的角度来观看它而造成的。这种移动被称为视差，测量它可以得到从地球到恒星的距离。

使用地面上的望远镜人们可以精确地测量 50 光年之内的恒星到地球的距离。此后精度会迅速下降，在 200 光年之内，根据恒星的类型和年龄，也可以对其到地球的距离作出合理的推测。在 20 世纪后半叶，这种方法差不多已经达到了它的极限。尽管人们完善了望远镜，但空气中一直存在的湍流会扭曲星像，严重限制了精度的进一步提高。

接下来进入了依巴谷时代。依巴谷卫星是由欧洲空间局专门设计的，用来测量最亮的 10 万颗恒星的视差，其精度比地面望远镜高出 10 ~ 100 倍。依巴谷卫星发射于 1988 年，工作了 6 年。1998 年，科学家们公布了耗时 4 年分析出的结果。肉眼可见的每颗恒星到地球的距离几乎都有了大幅度地更新，这是科学家的福音，是天文爱好者的礼物。

本章最后的星图上标出了依巴谷卫星测量的 250 多颗恒星到地球的距离，几乎涵盖了中北纬度可见的暗至 3.5 等的所有恒星以及少量更暗弱的恒星。这些距离在 40 光年内通常可以精确到 1 光年，在 40 ~ 400 光年可以精确到 10 光年。之后精度会迅速下降，在 1 000 光年左右的距离上测量时，其结果只比合理的猜测略好一些。当你查阅星图上标注的距离时，请记住这一点。

银河系中的大多数恒星——更不用说其他星系中的恒星——都过于遥远而无法进行视差测量，它们只是视差原理可以奏效的背景。于是，天文学家不得不对距离进行估计而不是直接测量。这种估计基于一个观点：有着相同温度和光谱的恒星可能具有相同的本征亮度，被称为绝对星等，就像瓦数相同的两个灯泡。因为我们知道距离已知的近距恒星的绝对星等，所以一颗疑似具有相同绝对星等、但看上去较为暗弱的恒星应该离我们更远。

举例来说。想象从一座山上看城市的路灯，虽然它们可能和近处路灯的瓦数相同，但越远的路灯看上去越暗。假设你已经知道了路灯的瓦数（绝对星等）以及离你最近的路灯的距离，那么只要用一个灵敏的测光表来测量它们的视亮度，你就能计算出所有路灯的距离。在望远镜上，天文学家用来测量恒星亮度的测光表被称为光度计。

为了测量与其他星系的距离，天文学家会观测被称为造父变星的脉动变星。由于已经知道其本征亮度与光度的规律性波动有关，造父变星可以作为重要的距离校准器。例如，变化周期较长的造父变星具有较高的本征亮度，类似 100 瓦的灯泡，一颗变化周期较短的造父变星则像一个 40 瓦的灯泡。

幸运的是，造父变星通常比太阳亮 1 000 倍，因此距离很远也能看到。哈勃空间望远镜曾探测并校准过 1 亿光年之外的星系中的造父变星，这就相当于对相同距离上的几百个星系进行了高精度的距离测量。

通过红移，天文学家可以估算与可见宇宙边缘的更遥远的星系之间的距离。红移是指由宇宙的膨胀而造成的天体相对于我们的退行。2003 年，综合这些估计的数据，以及一颗新卫星对宇宙大爆炸 30 万年后发出的第一波辐射的探测结果，天文学家估计宇宙的年龄为 137 亿年。之后，其他的测算方法表明这一估计值的精度达到了百分之几。

8 等星团 NGC6939 和 9 等旋涡星系 NGC6946 在大小和距离上形成了鲜明对比。位于银河系英仙臂上的星团 NGC6939 由数百颗恒星组成，距离我们约 6 000 光年。旋涡星系 NGC6946 至少包含 500 亿颗恒星，距离我们约 5 500 万光年。然而它们在业余望远镜中的亮度大致相同。

准仅是沧海一粟——里，温度就会从 –250℃升高到 1500 万℃，引发核聚变反应，一颗恒星就此诞生。

由于气体和尘埃层层遮住了恒星诞生的场景，这个过程的细节我们至今仍不清楚。被称为原恒星的婴儿恒星栖身于母星云中。最终，它会依靠辐射的力量冲出襁褓，吹散这部分星云，露出真面目。它可能并不孤单。形成恒星的过程往往发生在某个巨大星云的某一小片区域里，星团会像破茧而出一样出现，这正是我们在银河系的某些地方看到的景象。在这些恒星形成区中，最为人所知同时也是最明亮的就是位于猎户腰带下方的猎户星云。

猎户星云

在猎户星云的核心有一团恒星，其中一些形成于 5 万年前。这些精力旺盛的恒星的质量和光度都远超太阳。它们已经突破了笼罩着自己的尘埃，照亮了一个 20 光年宽的碗状区域。这是猎户星云中可见的区域，位于填满猎户座大部分区域的巨大暗星云的边缘。

在新千年中，会有更多的暗星云被发现。利用哈勃空间望远镜所作的研究表明，恒星正在猎户星云后方的那些浓密的气体和尘埃中形成。随着新生恒星的演化，它们会释放更多的光和热，升华尘埃并电离气体，使之发光，就像猎户星云中心的恒星所做的那样。恒星的诞生就像是疾病的蔓延，一旦开始就会波及整个巨大的星际云。

猎户星云在 1400 光年之外，是距离我们最近的亮星云，也是肉眼清晰可见的唯一星云（在北纬 20° 以北的地区）。它看上去像是一颗模糊不清的恒星，又像是一团亮度为 4 等的宇宙棉花。双筒望远镜可以揭示出其精致而朦胧的杯状外形，其温和的光芒与猎户腰带上的 3 颗 2 等星以及一些更靠近该星云的 3 等和 4 等星形成了迷人的反差。

双筒望远镜还能揭示出星云中心附近的一颗 5 等星，即猎户 θ1，天空中最吸引人的恒星系统之一。猎户 θ1 正好位于猎户星云的心脏位置，是照亮猎户星云的主要光源。即便是用 60 毫米的折射式望远镜，我们也能看出它不是一颗恒星，而是一个由四颗恒星组成的不规则四边形，被称为猎户座四边形。这四颗恒星的亮度为 5 ～ 7 等，它们之间的距离（最小距离为 9 角秒）足以让其成为精致的景观，就像镶嵌在优雅星云中的蓝宝石。

猎户星云的照片显示出大片纤维状和纱幕状的气体，所覆盖的区域的直径差不多有 1° 。然而，第一次从望远镜中看到猎户星云时，观测者可能感到疑惑：这是否真的和照片上显示的是同一个天体，为什么它这么暗，那些颜色又去哪里了？

当你使用最低倍率的目镜时，猎户星云起初看上去就像是围绕着猎户座四边形的一个亮度适中的小光斑。但是，如果天空中没有月亮，也没有雾和人造光，壮观的景象就会慢慢浮现

仅次于猎户星云，人马座中的礁湖星云（左图）是北半球观测者能看到的最明亮的产星区。该星云在望远镜中的样子见第 94 页。

出来。当眼睛适应了较暗的环境后，你就会看到猎户星云精细的裂隙，它们正好处于视觉的极限附近。望远镜越大，看到的东西就越多。不过，就算是小型器材也能呈现这个遥远的造星工厂的漂亮样子。

然而，人眼有其极限。在低光照下，其色彩灵敏度实际上为0。对我来说，就算是用406毫米（16英寸）的望远镜观测，猎户星云看上去仍是浅灰绿色。适应了黑暗的眼睛可以看到星云较亮部分中的裂缝、环，以及关于其“质地”的蛛丝马迹。可以用更高倍率的望远镜观看猎户星云，这是少数在高倍率下仍能保持完整的星云之一。在大型望远镜中，猎户星云的核心是一个壮观的地方。照片中其云状的外表多少有欺骗性，你可以想象从宇宙飞船的舷窗看猎户星云的景象——就像飞机穿过积云一样地穿行于它的云丝和旋涡之间。但真正的情况大不一样。对一艘假想的宇宙飞船来说，它航行于猎户星云中遇到的粒子只会比航行于星际空间中遇到的稍微多一点。猎户星云的平均密度是较好的实验室真空密度的百万分之一，在正形成或者初生的恒星附近密度会升高。然而猎户星云太大了——超过2 000立方光年，它所包含的物质足以形成数百颗新的恒星。

侧视法

在观测猎户星云或者任何表面亮度较低的天体时，有经验的深空观测者会使用侧视法。这种方法是指在不直接注视目标天体的情况下观测。在感兴趣的天体位于目镜视场中央的时候看向视场边缘，直接注视目标时看不到的细节往往就会突然冒出来，这是因为不在眼睛中心的视觉接收器对暗弱的光线更敏感。在用或者不用望远镜来观测处于视觉极限上的天体——恒星或星云——时，这种几千年来发展出的方法（我们的祖先必定用它来保护自己）绝不应该被抛弃。

始终先用低倍率观测星云，然后再换成高倍率。在多数情况下，最低的倍率能呈现最佳

本页的插图以猎户星云为例，重点表现了同一深空天体在照片和目视中样子的区别。右图的照片显示，在同样耀眼的马头星云下方，猎户星云有着绚丽的色彩。相反，在11×80的双筒望远镜中，猎户星云（上图）小而暗淡，用中型天文望远镜能够看到更多的细节（左上图），但也无法表现出其雅致和精美的样子。

的图像，因为此时的天体虽然看上去很小，但比在高倍率下看上去更亮。

球状星团

比银河系中的星云和疏散星团更为遥远的是球状星团，它们实际上就像银河系的微型“卫星”。在银河系的周围至少有150个球状星团，其中1/3用业余望远镜可以看到。亮度为4等的半人马ω是其中最亮的，用肉眼很容易就能看到。但不幸的是，由于它地处南半球的空中，只有在美国的最南端或者更靠南的地方才能看见。在中北纬地区可见的最亮的球状星团是武仙座中的M13和人马座中的M22，用双筒望远镜可以很容易地看见它们。

这些巨大的球状星团的直径为50～200光年，可拥有多达200万颗恒星。在口径小于102毫米（4英寸）的业余望远镜中，它们是中心明亮、边缘渐暗的光球，而用更大的望远镜我们就能够分辨出其中的一些恒星。侧视法可以从本质上改善观测效果。与观测其他任何天体相比，增大望远镜口径对提升球状星团的观测效果最显著。在大型望远镜中，这些星团看上去令人震惊。

上面两张图是武仙座的球状星团M13，由于在夜空中的位置很理想——在春末和夏初的夜晚几乎就在观测者的头顶（第103页星图6），它成了众多后院天文学家最钟爱的球状星团。这两张图是它在203毫米（8英寸）和381毫米（15英寸）的天文望远镜中的样子。望远镜的口径对观测球状星团来说确实很重要，不过侧视法可以在某种程度上起到相同的作用。

星系

本章中至今为止描述的每个天体都是银河系的一部分。不过深空天体中的最后一类是河外星系，它们是由数十亿颗恒星组成的“岛屿”，漂浮在宇宙虚空中，距离甚至超过了望远镜所能看到的极限。

在后院天文学家看来，星系可以分为两类：旋涡星系和椭圆星系。旋涡星系和银河系相似，其中一些具有缠绕紧密的旋臂，几乎呈均匀的盘状，另一些则呈松散而不规则的形状。旋涡星系的大小有限，有些包含几百亿颗恒星，有些则拥有数万亿颗恒星。许多旋涡星系和银河系大小相仿，而银河系大概是中等大小。

椭圆星系呈普通的球形，规模的变化范围更大，有只有几百万颗恒星的矮椭圆星系，也有坐拥100万亿颗恒星的超巨椭圆星系。它们是业余望远镜所能观测到的最大的天体，我们甚至能看到超过1亿光年远的椭圆星系。

星系和星云一样，其在长时间曝光照片中呈现的细节并不能被肉眼看到。不过，旋涡星系的形状通常是比较明显的。一般来说，一个明亮的核会被一团较为暗弱的光晕所包围，看上去就像一颗恒星嵌在一小片光雾中。虽然偶尔能看到一些旋臂的迹象，但多数旋涡星系看上去都像是围绕着较亮核心的一片光斑。从侧面看去，旋涡星系就像一个精致且能发光的薄片。银河系的两个伴星系大、小麦哲伦云位于南半球的天空，在北纬地区看不到。

距离我们最近的旋涡星系是仙女星系，它

是位于仙女 ν 附近的一个 4 等模糊天体，距离我们 240 万光年，是肉眼可见的最遥远的天体。双筒望远镜可以揭示出其椭圆形的轮廓：长轴为 3° ~ 4°，短轴不到 1°。它在面朝我们的方向只倾斜了 18°，因此我们能看出其明显的

椭圆形轮廓。用双筒望远镜还能看见其两个小的伴星系 M32 和 NGC205，但并不容易。

初学者往往对他们第一次在天文望远镜里看到的仙女星系大失所望，毕竟它在照片中看起来是那么壮观，甚至在较小的双筒望远镜中也比在天文望远镜中漂亮。同样是在照片上比在望远镜中壮观，但我们至少还能看到猎户星云的一些实质性结构，可仙女星系到底是怎么回事？

仙女星系是一个大型天体，需要在大视场——比许多入门级望远镜所能提供的要大——中观测。为了获得最佳的视觉效果，我们需要拥有 2° 或更大的视场。使用超大型双筒望远镜或天文望远镜，后者需要装有 51 毫米（2 英寸）缩焦器和 30 ~ 40 毫米焦距、51 毫米（2 英寸）口径的目镜。

对于更遥远的星系，观测者能看到这些巨型星城暗淡而柔和的轮廓就会感到满足了，它们激发思维的效果胜于其视觉效果。例如，猎犬座中的涡状星系 M51 位于从北斗七到常陈一 1/5 的地方。M51 虽然和银河系一样大，但它位于 3 500 万光年之外，在小型望远镜中只是一个暗弱的斑点，用口径超过 102 毫米（4 英寸）的器材才有可能看出它其实是两个斑点。

M51 是少数几个用一般的业余天文望远镜就能看到旋臂结构的星系之一。虽然我曾用 127 毫米（5 英寸）的望远镜分辨出了它的两条旋臂，但那已经是观测的极限了，我从来没有在小于 254 毫米（10 英寸）的望远镜中清楚地看见过它。只有长时间曝光照片才能真正表现出这片恒星大陆的宏大，同时还能揭示出其中一个光斑其实是摇晃在 M51 一条旋臂顶端的一个伴星系。这个被称为 NGC5195 的伴星系是位于 M51 后方的一个旋涡星系，它在几亿年前与 M51 的一次密近会合中被严重地扭曲。这一星

对将天文学当做消遣的人来说，星系是难以捉摸的目标。它们中的大多数既小又暗，仅呈椭圆的光斑状，只有一些旋臂或其他可见细节的痕迹。本页上的三张图（左下、中、右上）是它们在 203 ~ 305 毫米（8 ~ 12 英寸）望远镜中的典型样子——一开始貌不惊人，但当你意识到它们和我们的银河系类似、并且在距离我们 4 000 万 ~ 6 000 万光年远时，你又会感到震惊。上一页的星系 M51 和左上图的 NGC6946 的彩色图像都是由 635 毫米（25 英寸）望远镜所拍摄的。

恒星的直径

由于恒星过于遥远，任何望远镜都无法直接测量它们的直径，那么天文学家们怎么知道天狼星的直径是太阳的 1.8 倍或者毕宿五的直径是太阳的 45 倍呢？答案就是间接测量，天文学家们已经利用这种方法测出了数百颗恒星的直径。

当一颗恒星被月亮挡住时，天文学家们会用电子设备对其进行严密地监视。月亮每个月都会绕地球转动一周，从许多恒星的前方经过，不过这些恒星只有少数时候才明亮到能被仪器探测到，进而完成测量。虽然这一方法比测量恒星消失所需的时间（几乎是瞬间）稍微复杂一些，但人们利用它已经精确地测出了几十颗恒星的直径。

然而，月球的轨迹被限制在天空中的一个特定区域中。为了确定其他恒星的大小，天文学家们研发出了两种非常复杂的技术——恒星干涉测量和斑点干涉测量。它们需要经过数年的改进才能测出一些恒星的直径，需要利用电子分析消除地球大气层的干扰并利用光传播的物理性质。为了体会这些方法的困难性，请想象一下：从地球看一颗普通恒星，就像从加拿大多伦多或者 644 千米以外的地方看美国纽约帝国大厦顶部的一个核桃。

利用恒星干涉测量、斑点干涉测量和月掩星技术已经能够算出本书中提到的一些恒星的直径。然而，大多数恒星的直径是通过恒星演化理论推导出来的。对恒星进行分光分析能够得到其温度和元素丰度的数据，再加上对恒星到地球的距离的估计，天文学家们就能对恒星的直径进行估算了。

在计算直径之后，我们发现在所有肉眼可见的恒星中，只有不到 1% 比太阳小。然而，对所有恒星的统计表明，一般的恒星都比太阳更小、更暗。因此，我们所熟悉的夜空就是从后院看到的那样，星系中像灯塔般明亮的巨大恒星构成了我们熟悉的星座，而普通恒星对肉眼可见的夜空作出的贡献则可以忽略。

这幅插图表现的是被参宿四炙烤的一颗假想行星的表面。参宿四的直径是太阳的 800 倍，它是距离太阳系 1 000 光年之内的最大的恒星。

系交会破坏了 NGC5195 的外形，弄歪了其对称的旋臂。

在星系世界里，这样的近距离冲撞并不罕见。然而，即便在这些照片中，还有数十亿颗恒星是我们看不到的，它们从自己的星系中被猛拽出来并扔进茫茫的星系际空间里。假设银河系也经历了类似的遭遇，太阳被抛出了母星系，而我们的地球还会不受影响地绕着原来的轨道转动。那么随着太阳不断飘远，我们的天空会变得几乎全黑，点缀在空中的只有模糊的宇宙“岛屿”——距离我们最近的数十亿个星系。

望远镜观测经验

我们需要花很长时间来适应用望远镜观测，尤其是当目标是暗弱的深空天体时。当我的一些天文学生开始第一次观测时，他们看不到任何东西。当俯身去看目镜时，观测者能否保持头脑清醒似乎是一个大问题。用望远镜观测是对身体和思维的双重训练，它要求观测者站稳但又保持放松，经过训练，眼睛和思维必须慢慢地能够提取那些最初无法被感知的细节。我们总是应该从最低倍率开始使用望远镜，这样能更容易地定位、聚焦并且看清目标天体。

对初学者来说，无论是侧向星系精致的纺锤形，还是像猎户星云这样遥远的气体和尘埃云中的纤维状卷须，几乎都是不可见的。不过，在数周之后，我的学生们就能看见那些最初在望远镜中完全看不见的细节了。但他们依然佩服我，因为我能把望远镜对准天空中看上去几乎空无一物的地方，然后转几下旋钮就能找到一个星团或星云。这真的不是什么特殊的天赋，所有老练的后院天文学家都能做到，但这大部分是靠自学的。

能在天空中定位目标主要依靠的是自我练习。一些人可以直接指出主要的星座，但是，

天体的名称

第 4 章的全天星图中给出了星座和一些较亮恒星的名字，本章的星图则给出了更多的恒星以及各种深空天体的名字。只有大约 100 颗最亮的恒星拥有自己专有的名字（如织女星、大角等），因此我们需要使用其他的命名系统来命名更为暗弱的恒星。

就在望远镜发明前的 17 世纪初，德国天文学家约翰·拜尔提出了最早的命名恒星的方法。拜尔按照亮度用小写的希腊字母为每个星座中的恒星命名，最亮的恒星为 α，其次为 β，再次为 γ……对于一些较大的星座，拜尔用上了希腊字母表中的全部 24 个字母。

到了 17 世纪末，天文学家们意识到他们必须突破拜尔系统的极限。英国天文学家约翰·弗拉姆斯蒂德建议用数字来命名星座中的恒星，这样可以突破希腊字母表的限制。他按照从西到东的顺序，为星座中肉眼可见的所有恒星标上了数字，最大的星座拥有的弗拉姆斯蒂德星号超过了 100。但弗拉姆斯蒂德系统并没有取代拜尔系统，今天弗拉姆斯蒂德星号只用在拜尔系统无法涵盖的恒星上。对于弗拉姆斯蒂德系统也没有涵盖的更暗弱的恒星，其星表名称来自天文台对其位置的最新的详细描述，如德国波恩星表中的 BD36° 2516。

深空天体的名字一般来自 18 世纪天文学家查尔斯·梅西叶的星云星团表，或是由英国天文学家德雷尔编纂并于 1 个多世纪前出版的星云星团新总表。梅西叶星表中列出的 109 个天体以 M1、M2……这样的顺序命名，星云星团新总表中的数千个天体则以字母 NGC 开头命名。大多数梅西叶天体都包含在星云星团新总表中，其中许多天体还有俗名，如 M1 也被称为 NGC1952 或蟹状星云。少数不存在于这些主要星表中的天体则会有 IC 或者 Col. 这样的前缀，表明它们来自其他星表。

星图有自己的语言，你一旦熟悉了它就能获得大量信息。上图是《世纪天图》（*Sky Atlas 2000*）的一小幅截图，它显示了暗至 8 等的恒星，第 13 章介绍了这份星图并推荐了其他星图。顶图是双子座中的星团 M35（大）和 NGC2158，右图是鹰状星云 M16。

希腊字母表

α	alpha	阿尔法
β	beta	贝塔
γ	gamma	伽马
δ	delta	德尔塔
ε	epsilon	艾普西隆
ζ	zeta	泽塔
η	eta	伊塔
θ	theta	西塔
ι	iota	约塔
κ	kappa	卡帕
λ	lambda	拉姆达
μ	mu	谬
ν	nu	纽
ξ	xi	克西
ο	omicron	奥米克戎
π	pi	派
ρ	rho	柔
σ	sigma	西格马
τ	tau	陶
υ	upsilon	宇普西隆
φ	phi	斐
χ	chi	希
ψ	psi	普西
ω	omega	奥米伽

当要在无数的星星中寻找更为暗弱的天体时，每个后院天文学家都必须自学关于星空的知识。一旦星座的几何关系印在了你的脑中，你很快就会熟悉这一天上的时钟——由于地球绕其自转轴转动以及绕太阳公转所造成的天空运动。在一两年后，夜空中的一切都变得一目了然，它看上去更像是一块漂亮的星星挂毯。

最终，大多数天文爱好者都会记住最亮的500～1 000颗恒星的相对位置。这为望远镜观测提供了一张可供搜索的空中网络。而这一熟悉天空的过程正是许多初学者所放弃的，他们收起了自己的望远镜，因为他们无法找到目标天体，但他们只是没有进一步了解这一领域并且低估了自身的能力。

当用业余望远镜来观看真正的天体时，一些人会感到失望，因为望远镜中的图像与天文学书籍中鲜艳的彩色照片相距甚远。但这些书很少指出，就算你用拍摄这些照片的望远镜来观测，天体看起来也远没有那么绚丽。摄影底片和数字成像设备用几分钟到几小时的时间来积聚来自一个天体的光，而人眼通常每1/5秒就会在大脑中形成一幅新的图像。虽然乍一看令人沮丧，但是只有通过亲自观测，我们才能学会欣赏遥远星系和星云的真实图像所带来的动人之处。

上面两幅图都是M8礁湖星云，一张是通过152毫米（6英寸）折射式望远镜拍摄的照片（左），另一张是在381毫米（15英寸）牛顿反射式望远镜中的景象。用小型望远镜摄影能比用大型望远镜直接观测记录下暗弱天体的更多细节，但照片无法记录下的是我们对天空的实时印象，这是由眼睛和大脑在目镜处产生的。右图是适合双筒望远镜观测的星团IC4756（左）和NGC6633。

保存观测记录

记录星空下的一晚不需要正式的方法和标准的格式。虽然我更喜欢有空白纸（用于速写）和有横线的螺旋装订笔记本（用于记笔记），但所有笔记本都可以用于记录。重要的是要从学到东西的第一晚就坚持记录，记下日期、时间、地点、使用的器材以及看到的天体。如果搜寻了某个天体但没有找到，也要记下来。

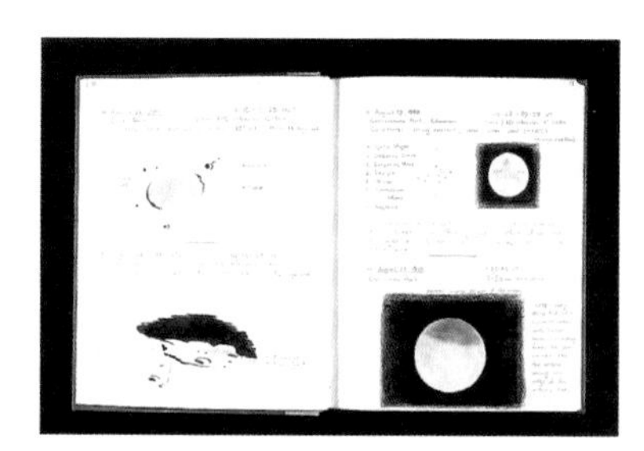

观测地点的观测条件决定了在一个夜晚能看到什么和看不到什么。有雾的天空不利于观测暗弱的天体，但对观测月亮、明亮的行星或者双星影响不大。你可以通过观察小北斗（小熊座）附近肉眼可见的最暗弱的恒星来判断夜空的晴朗程度。我们在后面的星图上标出了暗至6.2等的恒星，这为判断夜晚的晴朗程度提供了标准。在你记录下几百个天体后，它就成了一份探索宇宙的个人记录。

使用深空星图

本章中的 20 幅星图详细展示了在中北纬地区可见的全部天空。除了具有指示位置的功能之外，它们还提供了数百个肉眼、双筒望远镜和天文望远镜可见的天体的信息。每幅星图展示的区域大约为 45°×55°——差不多和这本书在一臂远的地方所覆盖的面积相当，其中包含了 1 或 2 个重要星座。较亮的恒星给出了其拜尔名和精确到一位小数的星等。天体越遥远，关于其直径、光度和距离的信息就越不精确。深空天体数据的可靠性主要取决于距离。距离计算对于 400 光年内的天体非常精确，1 000 光年内的相对较好，再远就只能基于现有的知识进行猜测了。不同的颜色代表了不同的信息。

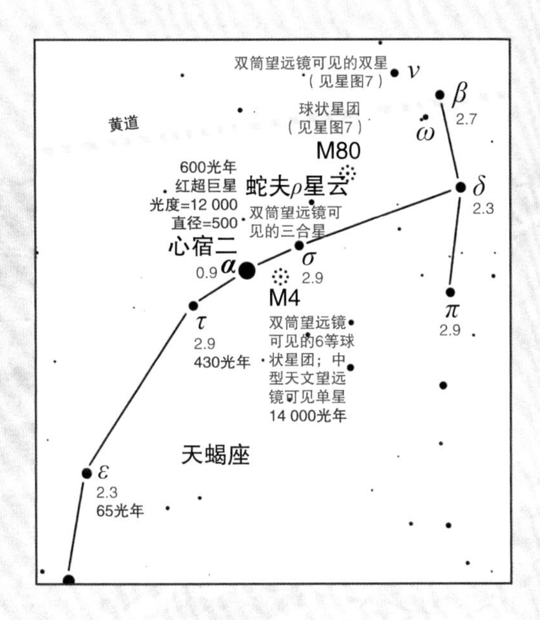

黑色：名称（恒星、星座和深空天体）。
蓝色：观测信息（天体类型、亮度、双星和聚星的数据、一般外形以及观测所需器材）。
红色：描述天体的物理特征（距离、实际大小、光度和分类）。

当你在晚上使用红光手电时，红色的字会变得不显眼，因为这些信息不是户外观测所必需的；蓝色的字提供了观测信息，在红光下呈黑色。

说明（蓝色的字）

具有一位小数的数字（如 0.9）：视星等。
A=2.3、B=4.0：双星或聚星中子星的亮度。
间距 =44″：用秒或分表示的双星中子星的视距离。
直径 =20′：用秒或分表示的行星状星云或者星团的视直径。

说明（红色的字）

光年：天文学上的一种距离单位。
光度：天体的发光能力，以太阳的光度为单位。
质量：以太阳的质量为单位。
直径：以太阳的直径为单位。
间距：双星中子星之间的实际距离。
蓝超巨星：最明亮的恒星，是快速燃烧的大质量高温恒星，寿命仅几百万年。
红超巨星：最大的恒星，被认为是蓝超巨星的晚期过渡阶段，最后可能演化为超新星。
蓝巨星：是质量较小、光度较小、寿命更长的蓝超巨星。
黄巨星：正在朝红巨星演化的前蓝巨星。
红巨星：温度相对较低，但体积大、十分明亮。

本章中的 20 幅星图被设计为易于在户外使用，每幅星图都在目标天体旁边直接标注了必要的观测信息。上图为星图 8 中的一小部分。右图是星图 8 中一小部分区域的照片，显示了靠近心宿二和天蝎 σ 的球状星团 M4。

深空天体画廊，从上到下分别是：381 毫米（15 英寸）牛顿反射式望远镜中的星系 M82 和 M81，涡状星系 M51，哑铃星云 M27，人马座中的球状星团 M22。

深空天体列表

这些是在中北纬地区可见的给人印象最深的深空天体。当你观测它们时，请写下你的第一印象。

名称和描述	星图编号	双筒望远镜	天文望远镜	笔记
M81 和 M82：在一个望远镜视场中可见的最亮的一对星系	1	●	●	
北斗六：小型天文望远镜中的著名双星	1		●	
M51：涡状星系，最亮的星系之一	2	●	●	
轩辕十二：小型天文望远镜中的漂亮双星	3		●	
M13：武仙座中的球状星团	6	●	●	
M22：明亮的球状星团	8	●	●	
M4：在心宿二旁边易于找到的球状星团	8	●	●	
M8：礁湖星云，亮度仅次于猎户星云	8	●	●	
M7：双筒望远镜中的壮观星团	8	●		
M27：哑铃星云，最亮的行星状星云	9	●	●	
M11：漂亮的疏散星团，在中型天文望远镜中尤其动人	9	●	●	
辇道增七：是小型天文望远镜中备受青睐的双星	10		●	
天琴 ε：著名的双双星	10		●	
M57：指环星云	10		●	
M31：仙女星系，最亮的旋涡星系	13	●	●	
M45：昴星团，是天空中最耀眼的	15	●	●	
M42：猎户星云，肉眼可见	16	●	●	
猎户 θ1：猎户星云核心处的四边形	16		●	
M46 和 M47：令人印象深刻的一对疏散星团	17	●	●	
M41：在天狼星下方易于找到的疏散星团	17	●	●	
M44：鬼星团，肉眼可见的疏散星团	18	●		
英仙座中的双重星团：十分壮观	19	●	●	

星图索引

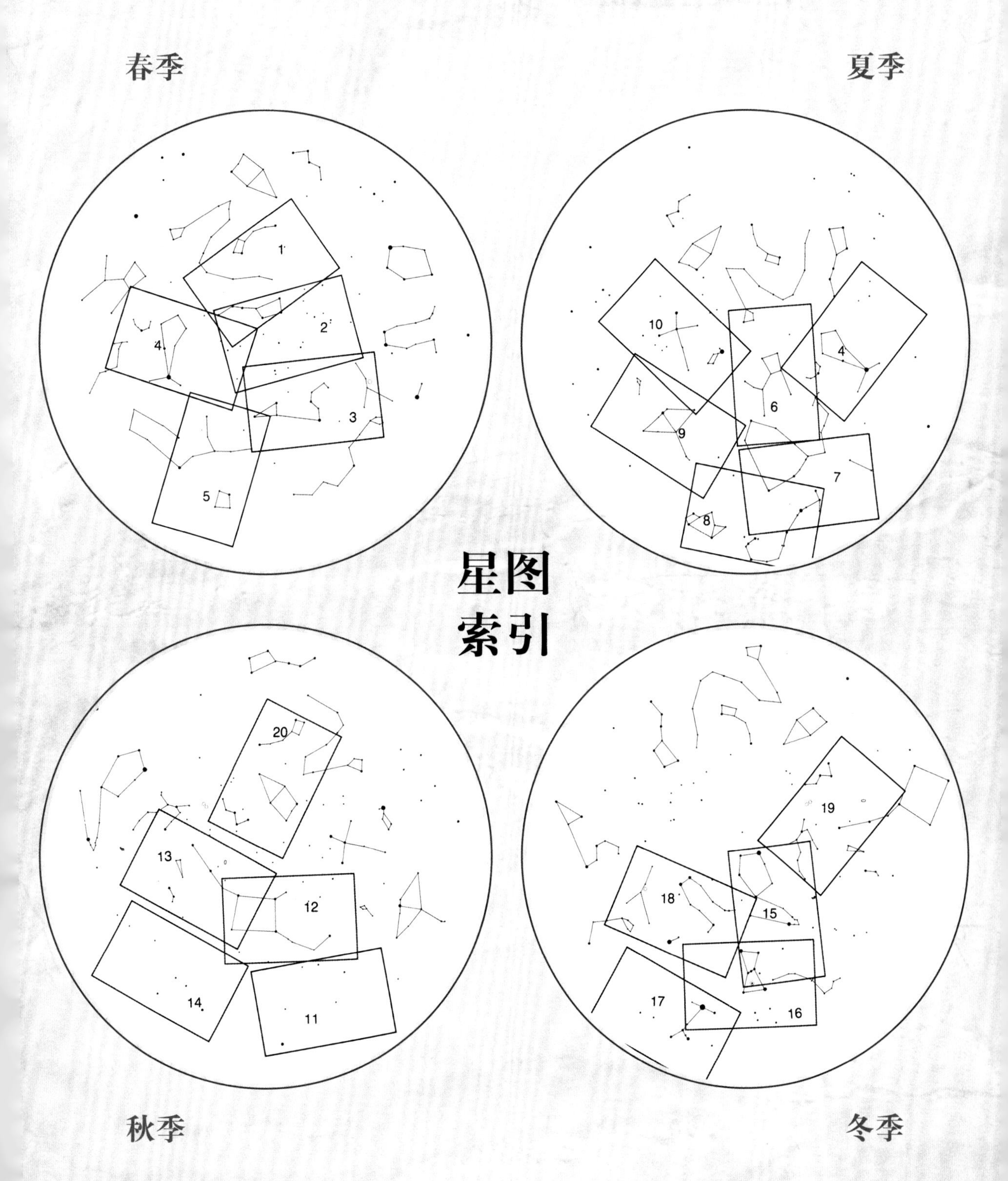

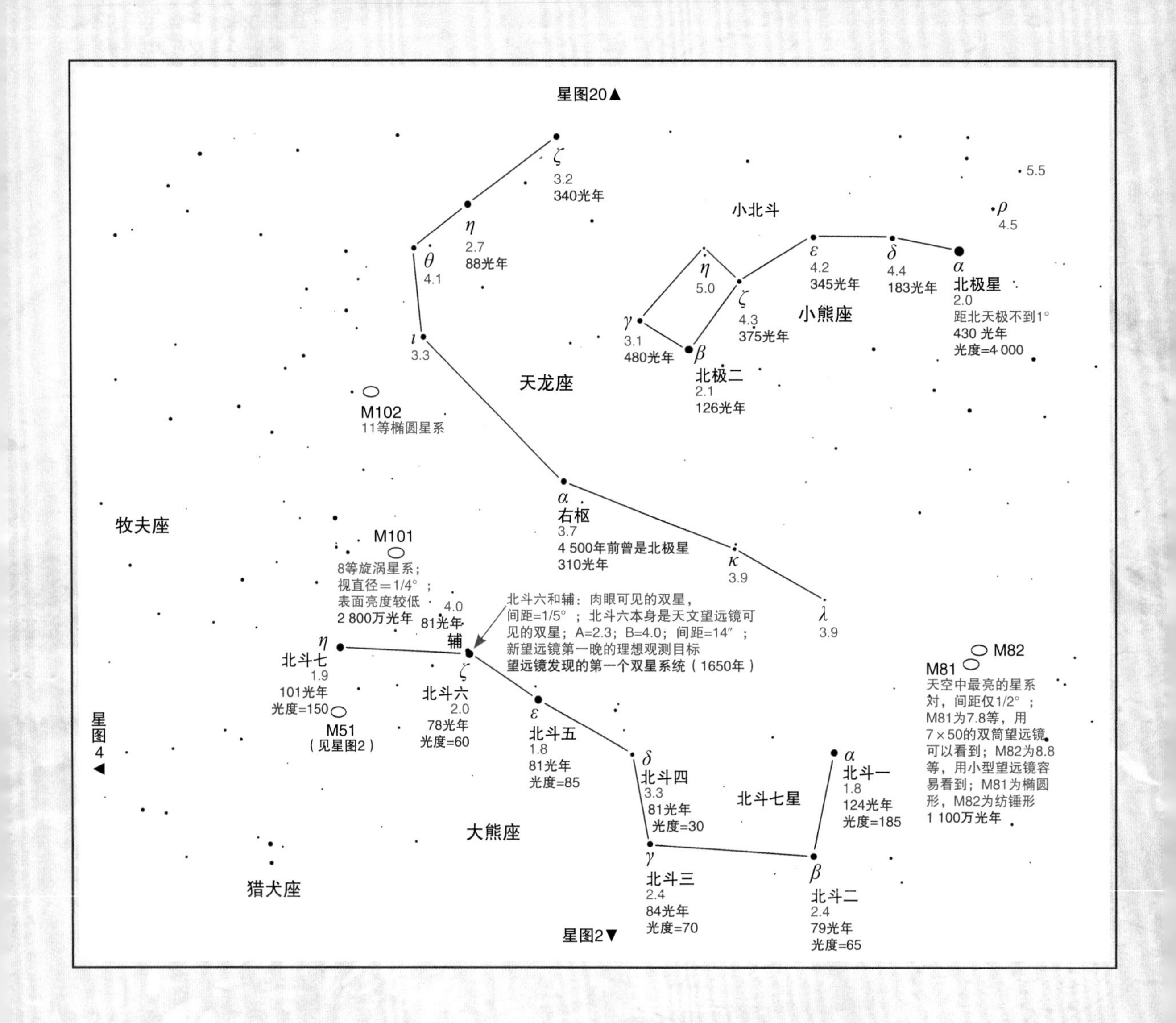

星图1

大熊座 小熊座 天龙座

在北方全年可见，适合冬末和春季观测

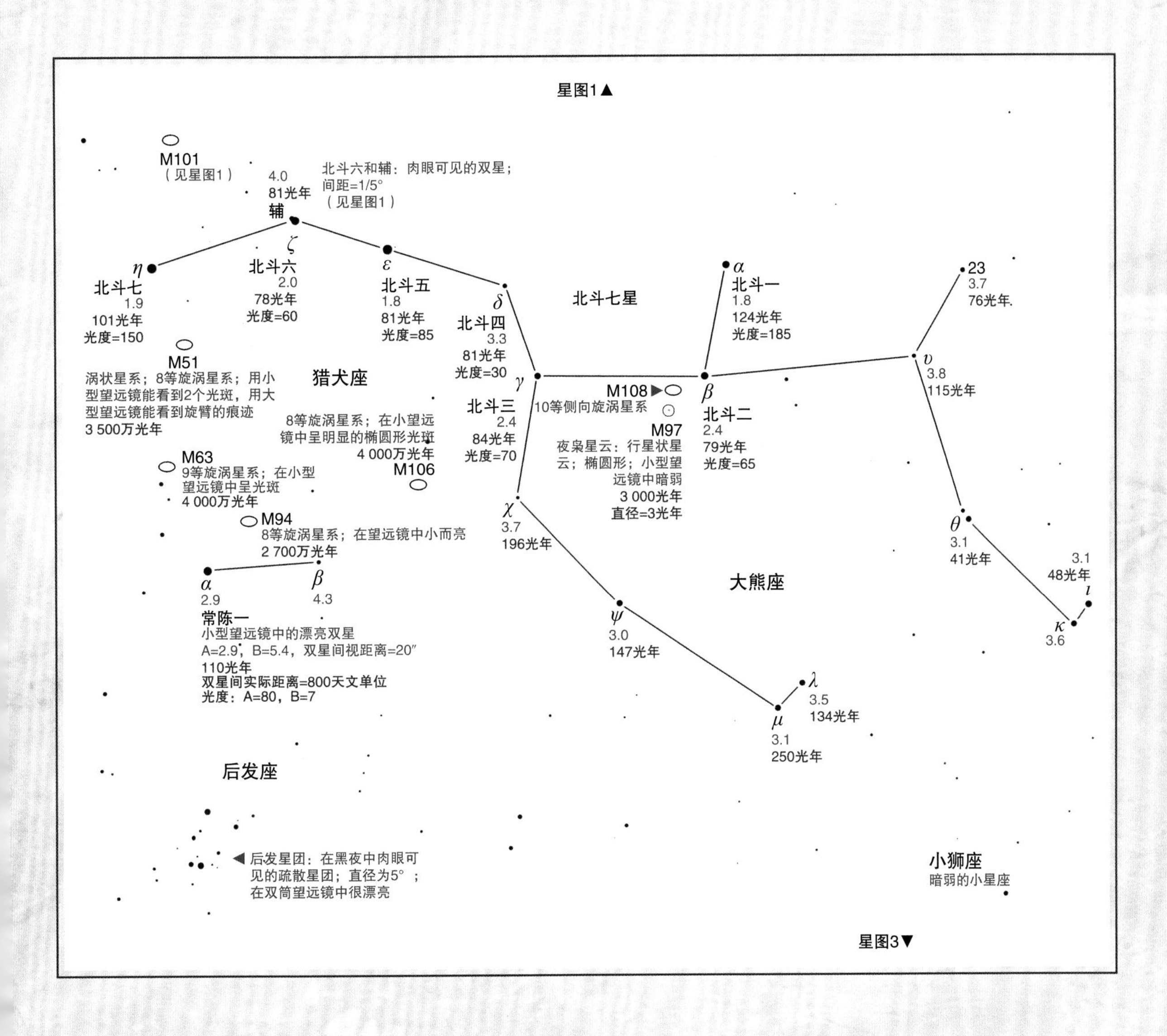

星图2

大熊座 猎犬座 后发座

适合冬末、春季和初夏观测

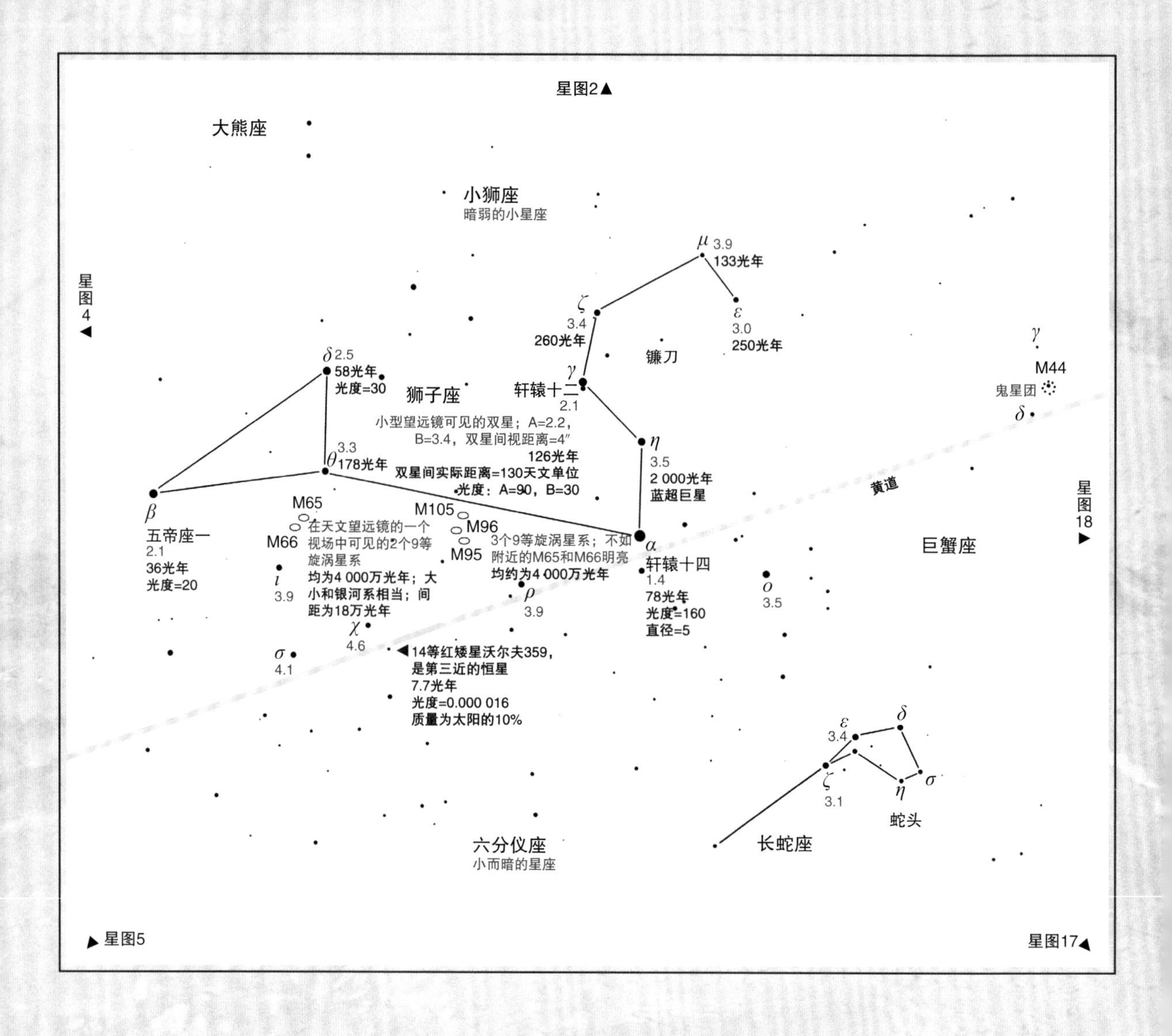

星图3

狮子座 巨蟹座 长蛇座

春季和初夏较为显眼

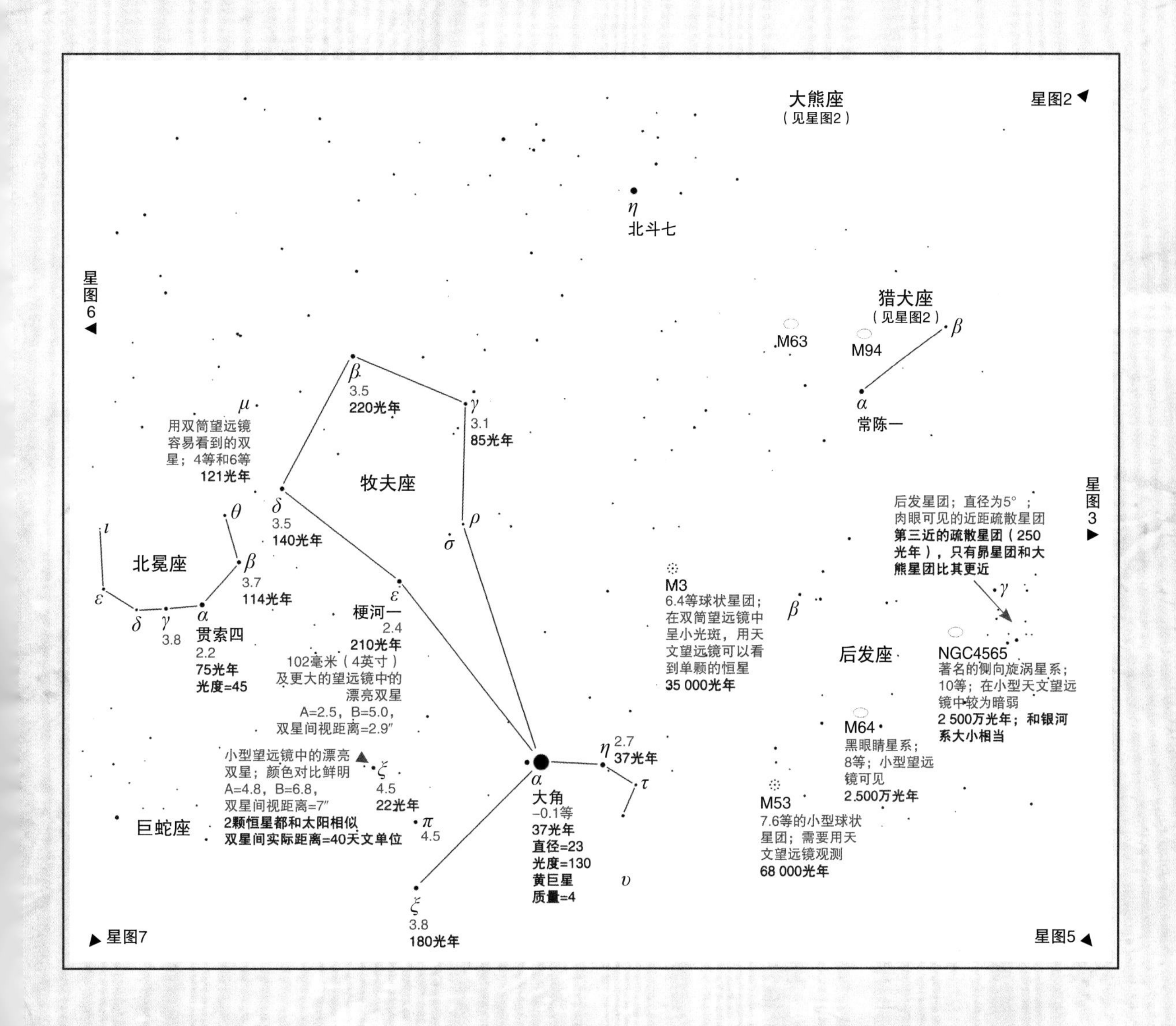

星图4

牧夫座 北冕座 后发座

在春季和初夏高悬于头顶

星图5

室女座
乌鸦座
长蛇座

在春季天空中的位置不错，星图的底部靠近南方地平线

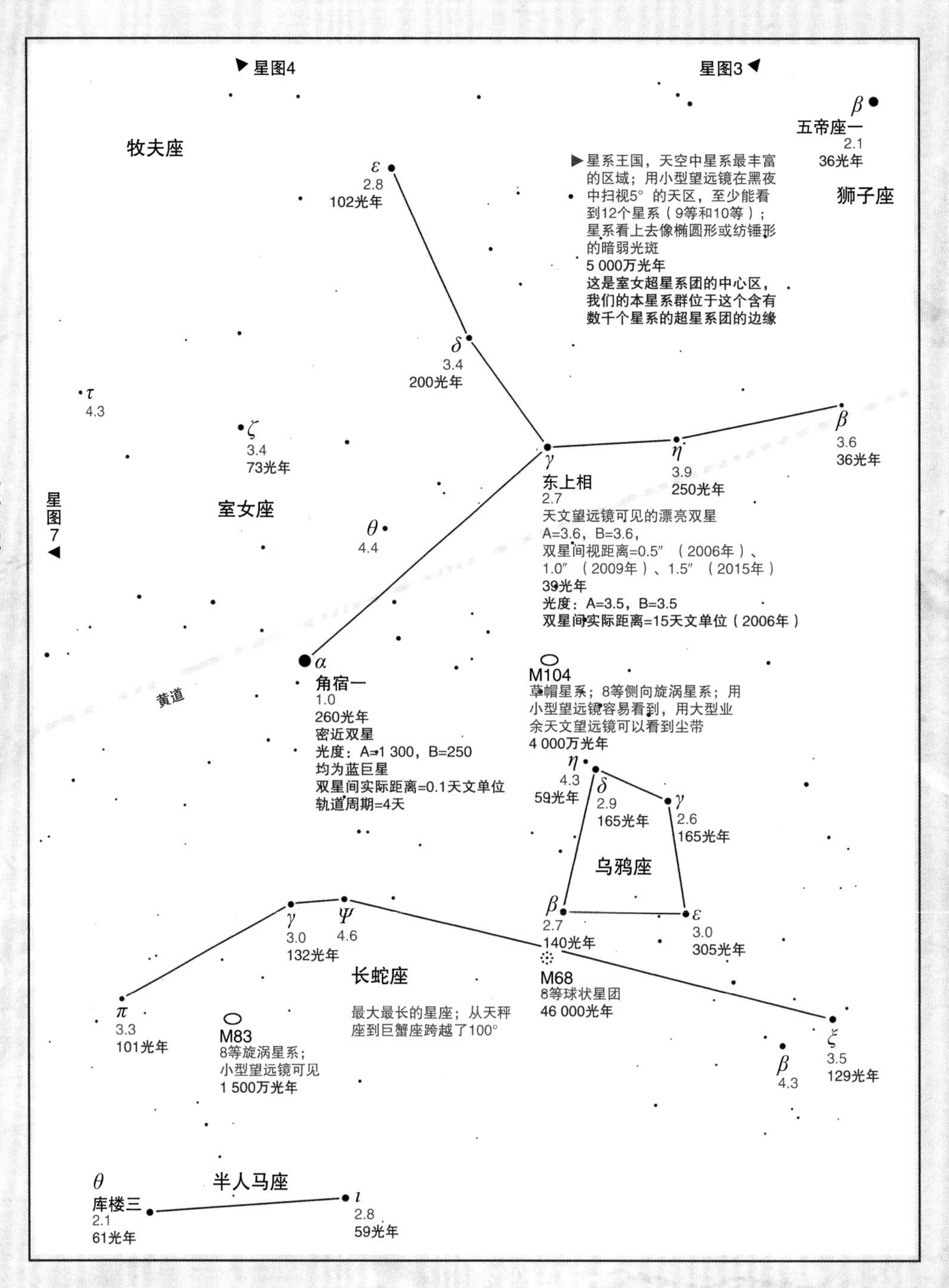

星图6

武仙座
蛇夫座
天龙座
（仅头部）

春末和整个夏季在头顶附近

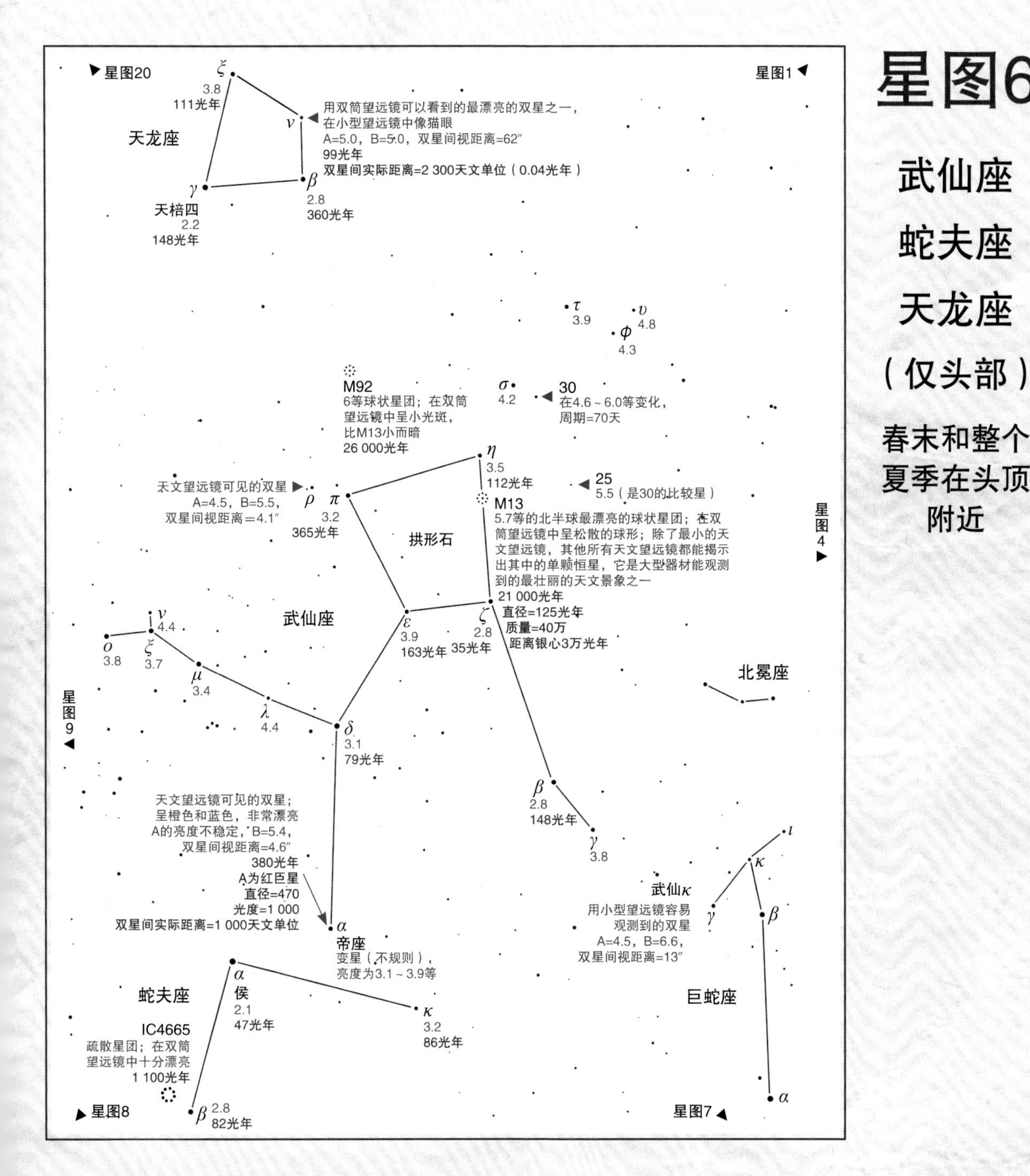

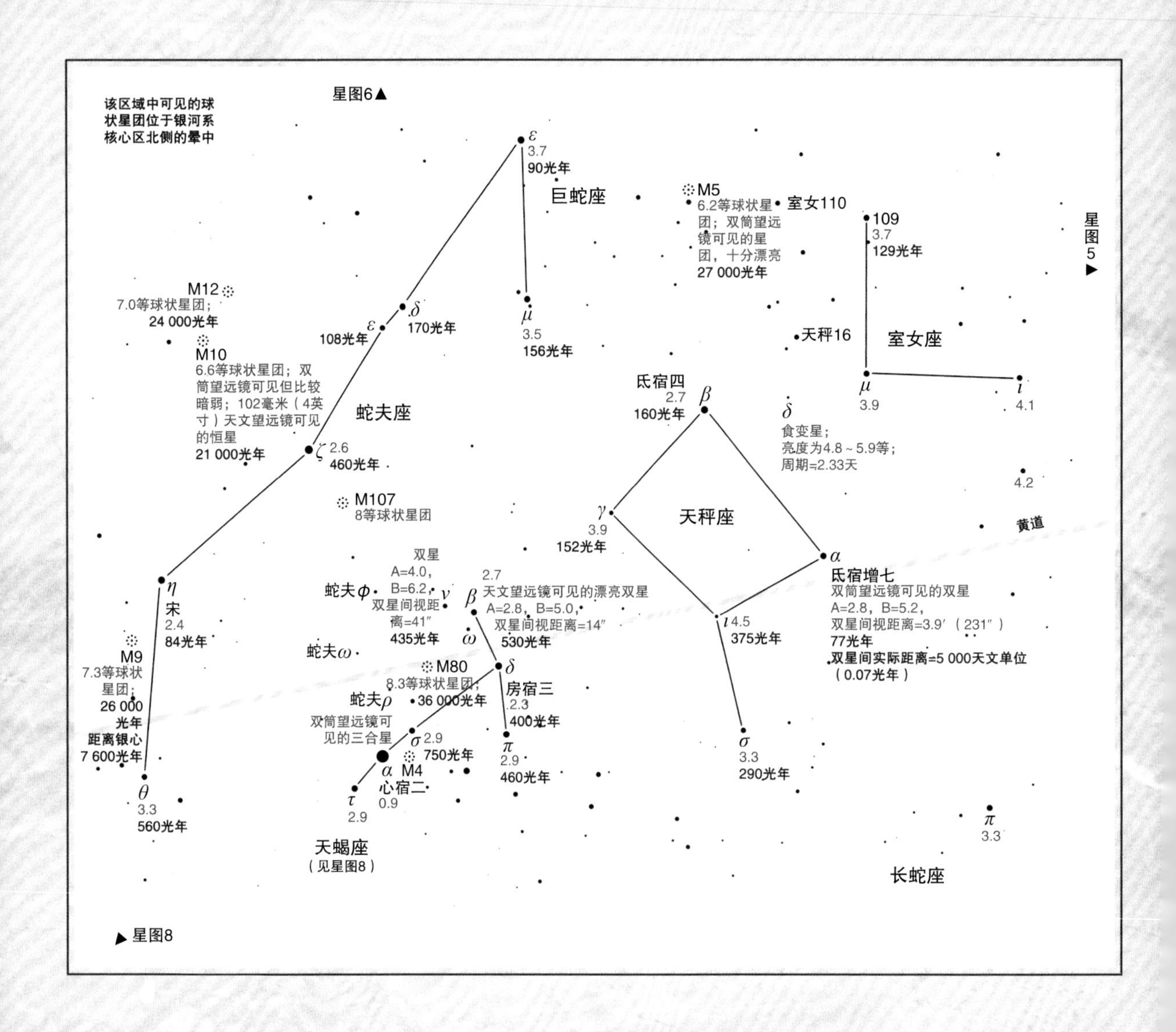

星图7

蛇夫座 天秤座 天蝎座（北部）

整个夏季高悬于南天

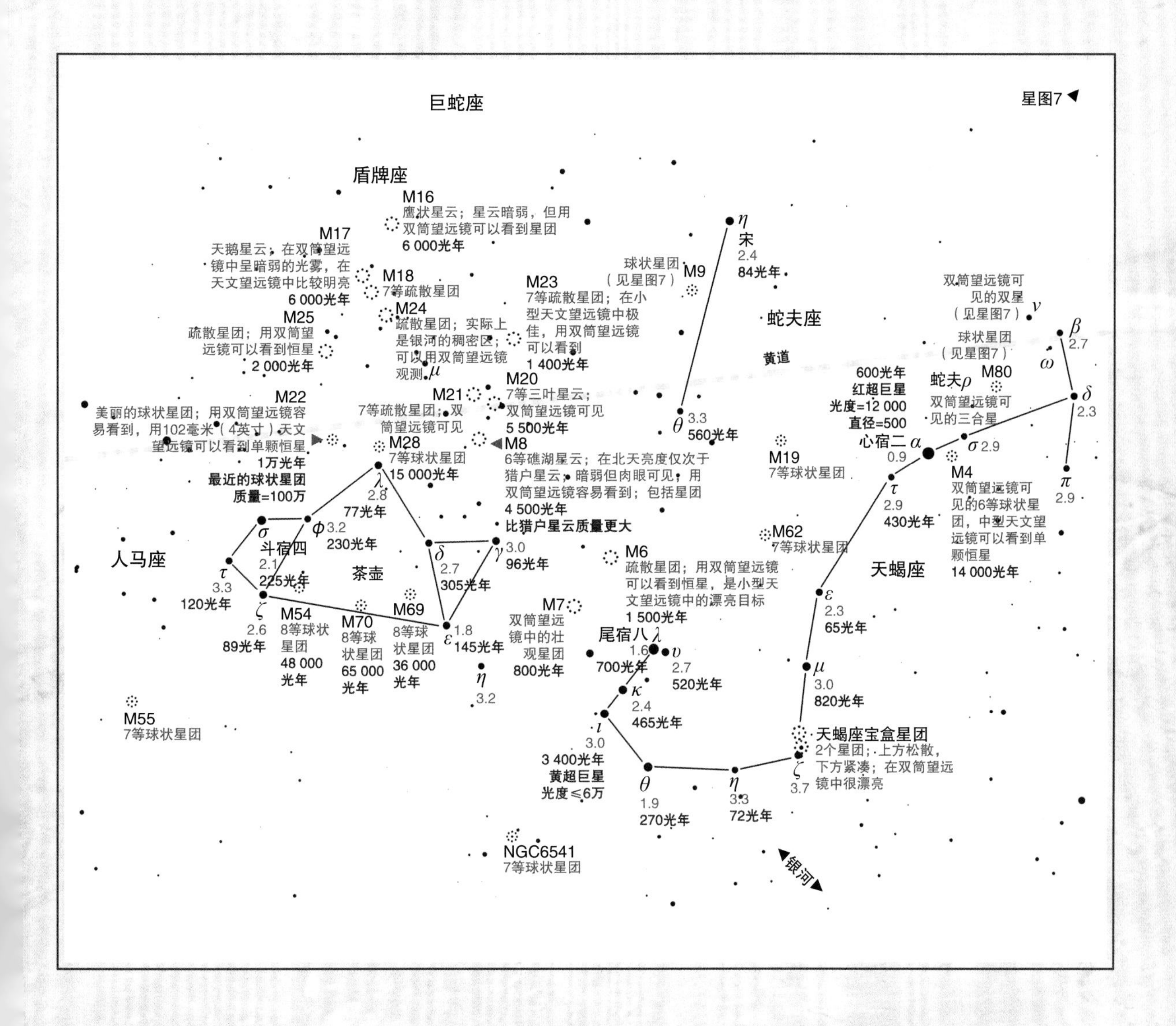

星图8

天蝎座 人马座 盾牌座

银河最密集的地方从该区域的左侧穿过；适宜在夏中到夏末靠近南方地平线的地方观测

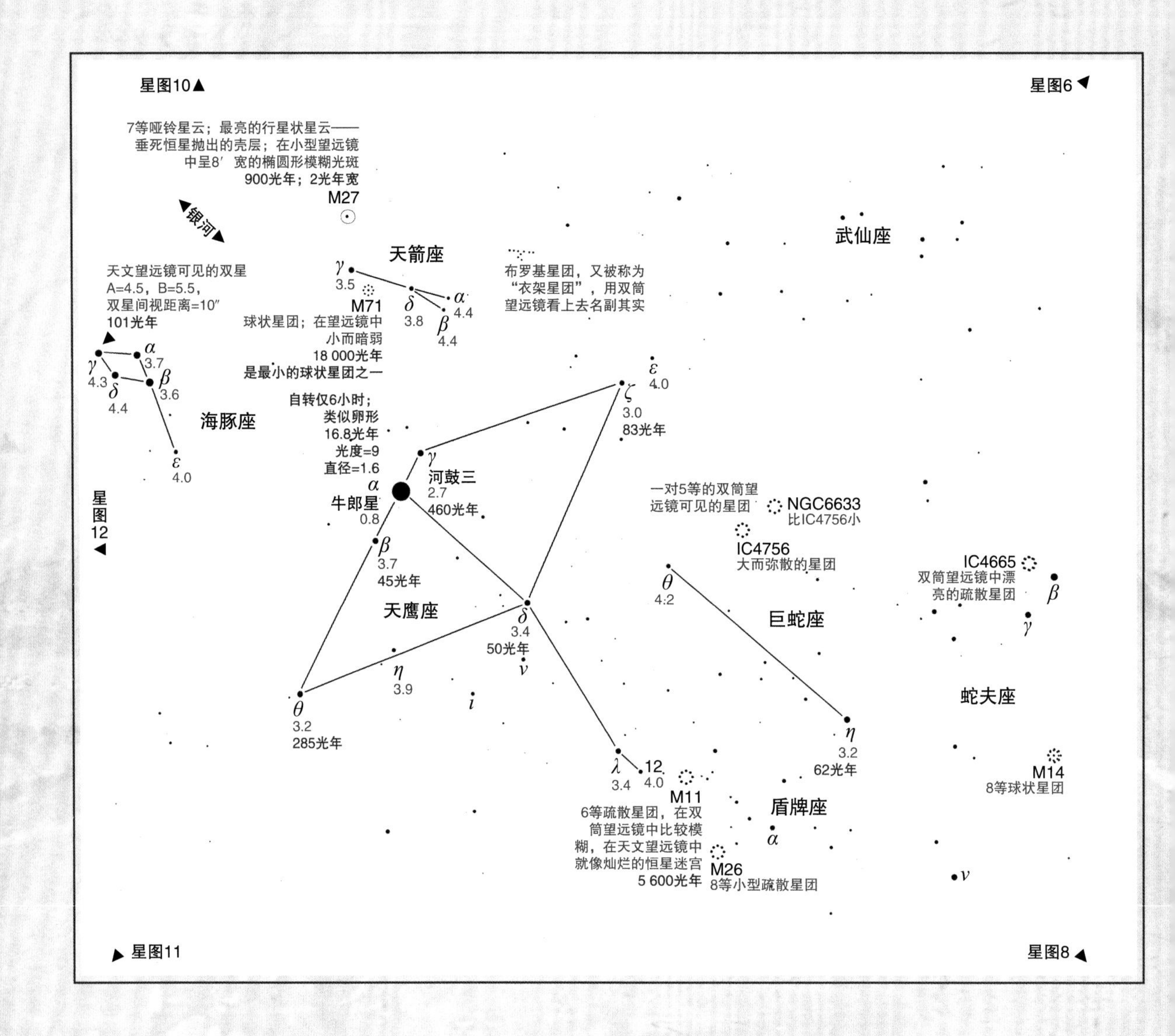

星图9

天鹰座 海豚座 天箭座

夏夜三角形的底部，在夏季和初秋可见

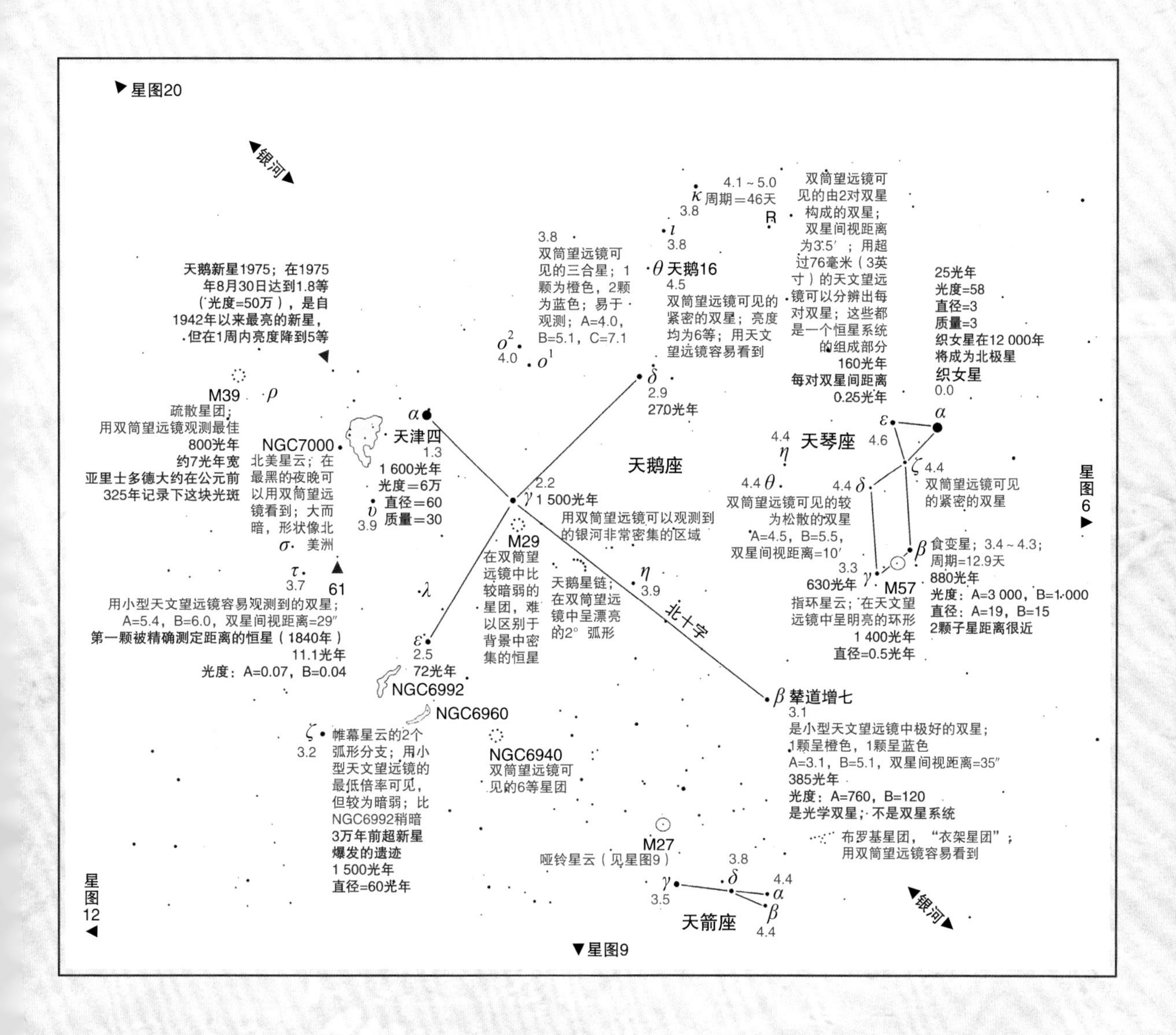

星图10

天鹅座 天琴座

夏夜三角形的主体；春季位于东北，夏季于位头顶，秋季位于西南

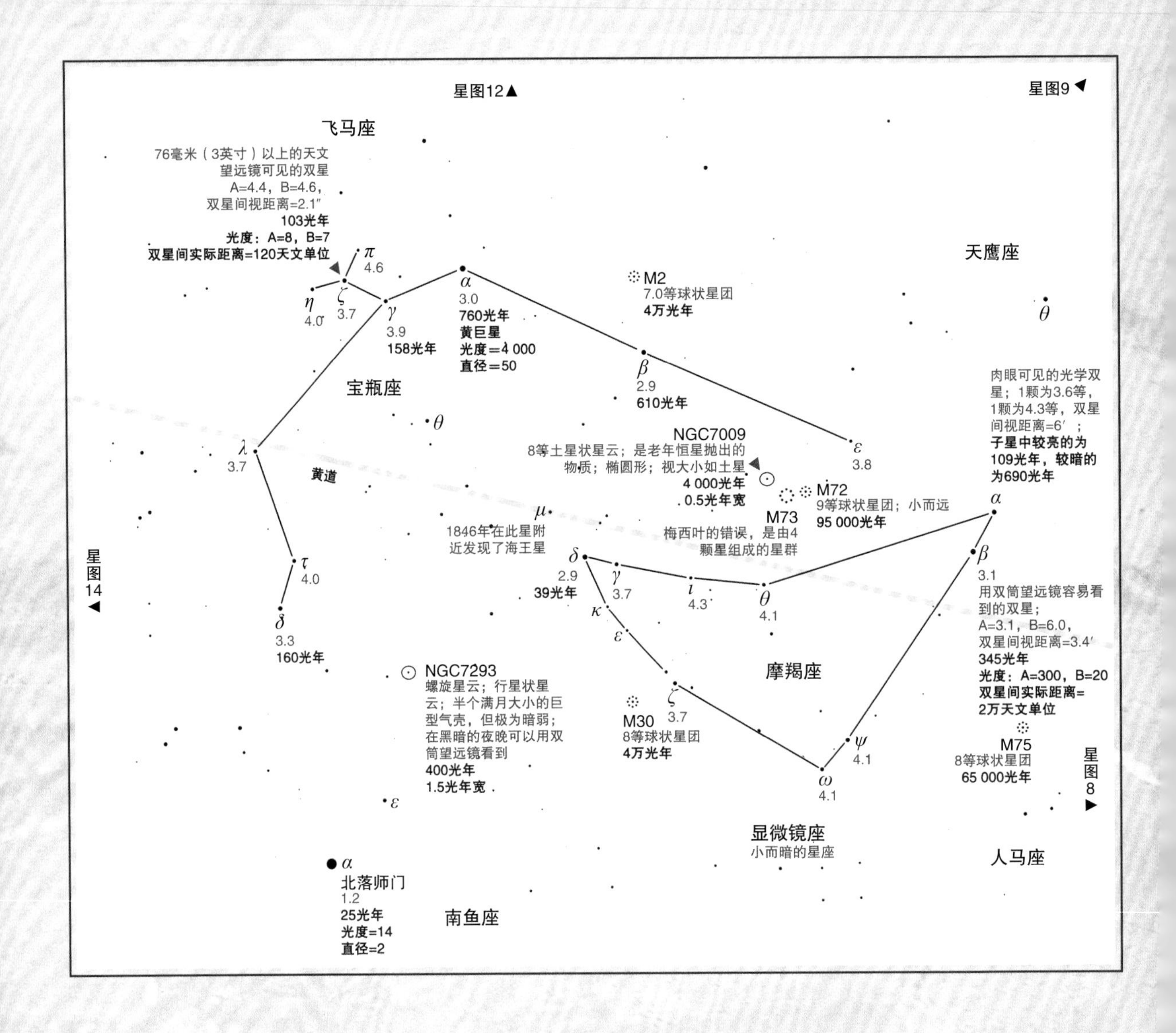

星图11

摩羯座 宝瓶座

秋季位于南方的两个暗弱的星座

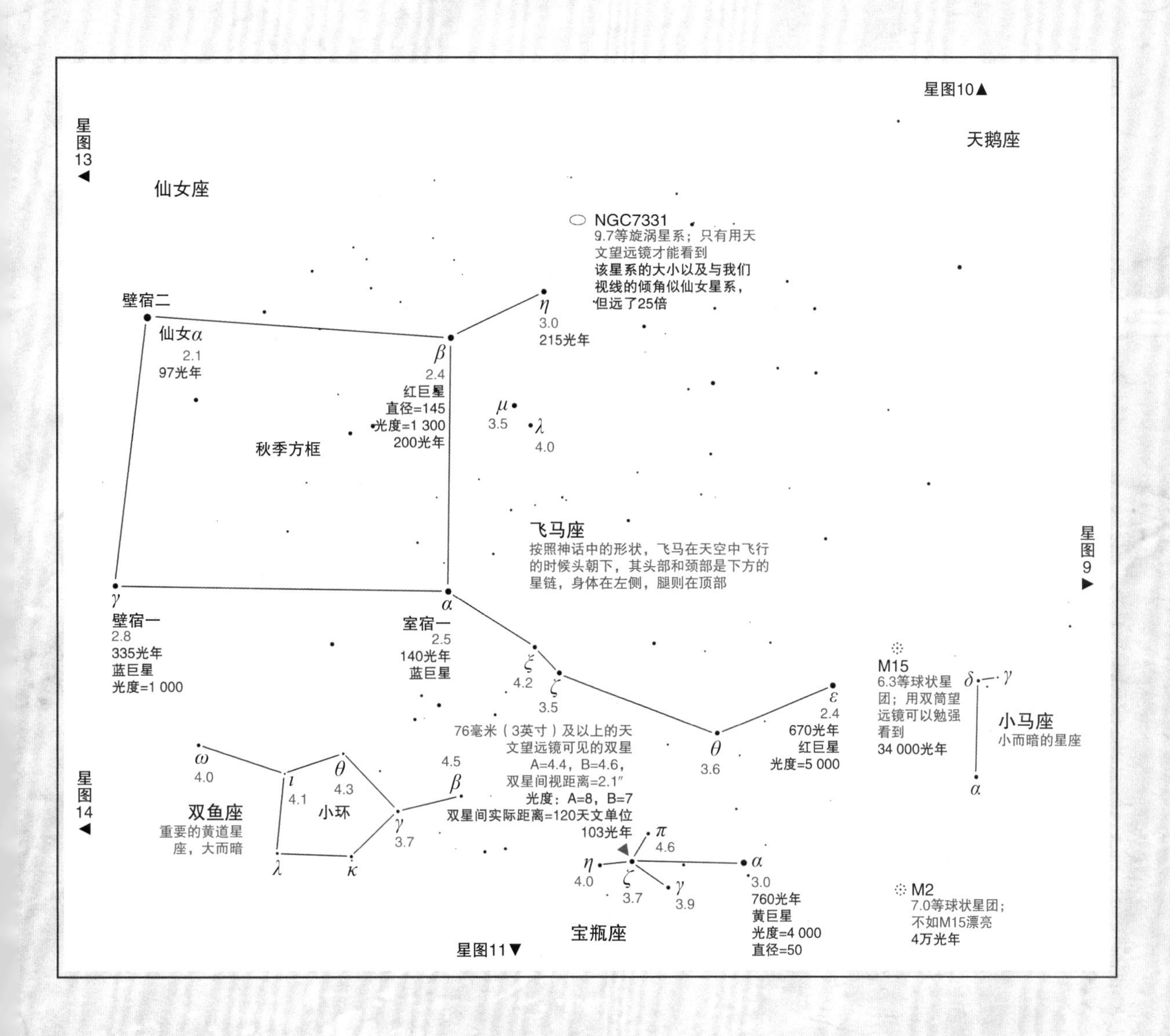

星图12

飞马座 双鱼座（部分）宝瓶座（部分）

秋季夜空中的主要路标，在10～12月位于头顶附近

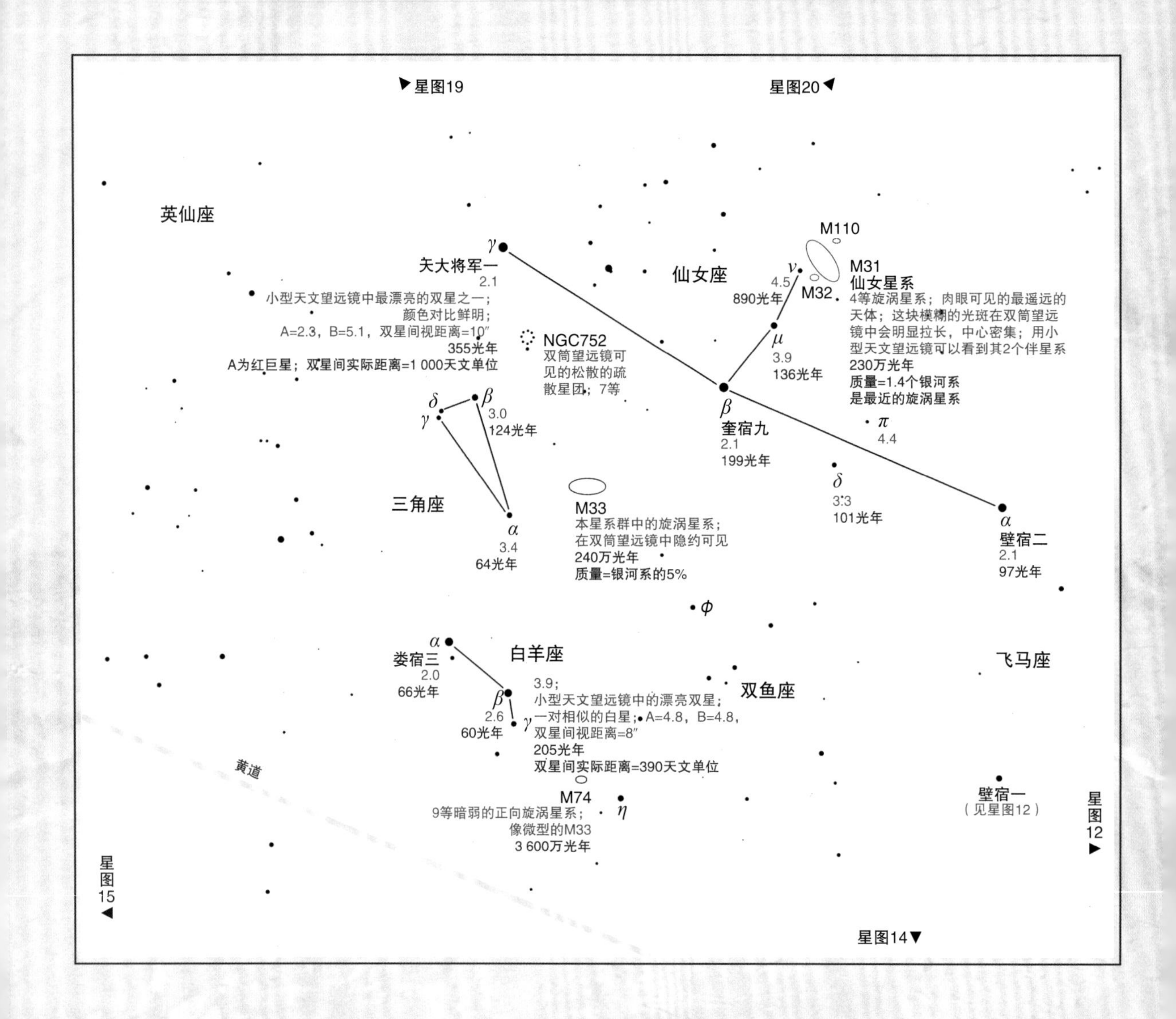

星图13

仙女座 白羊座 三角座

初秋位于东北方，深秋位于头顶，初冬位于西北方

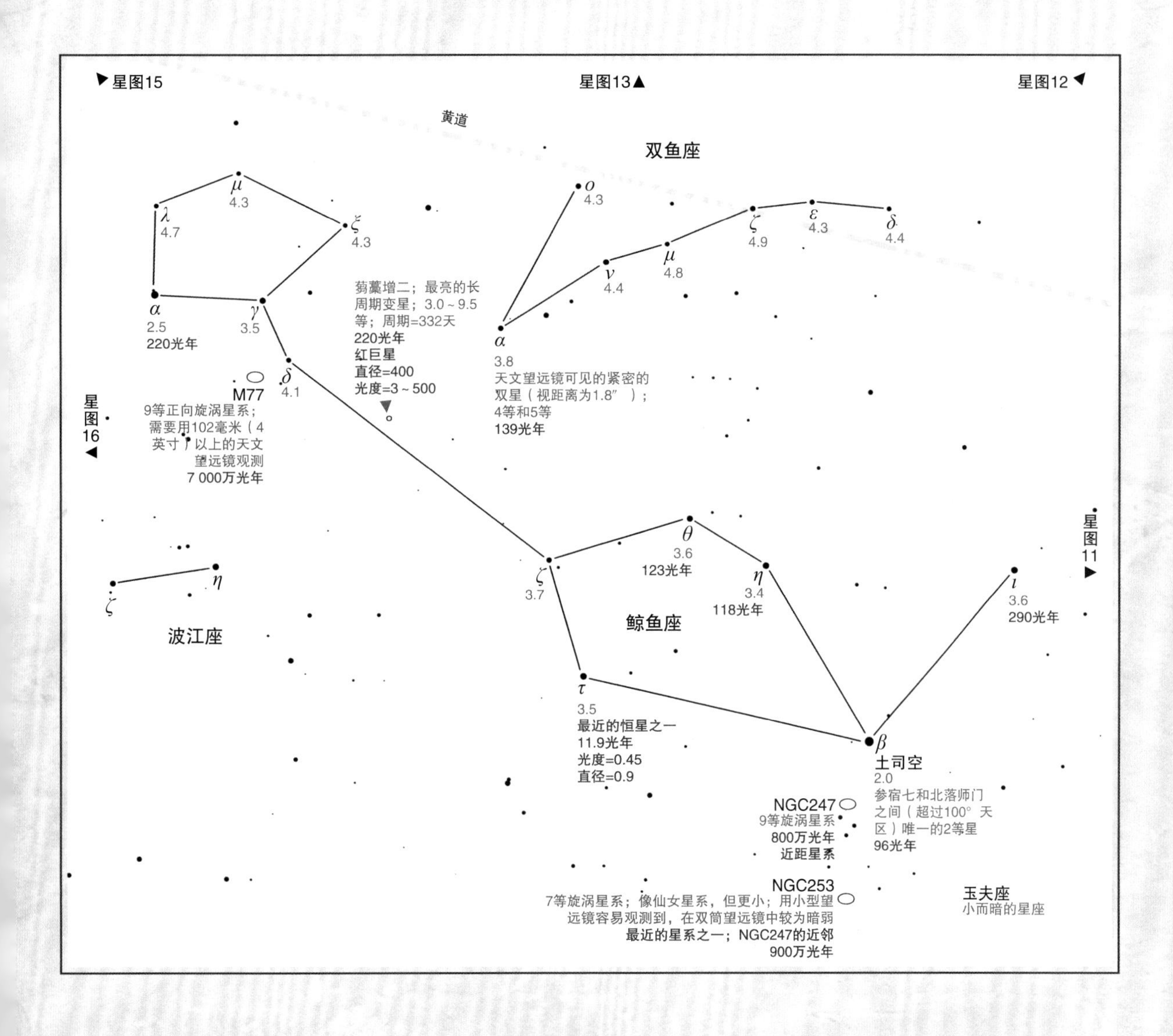

星图14

鲸鱼座 双鱼座

秋季南天的暗弱星座

星图15

金牛座
御夫座
猎户座

冬季天空6个主要星座中的3个

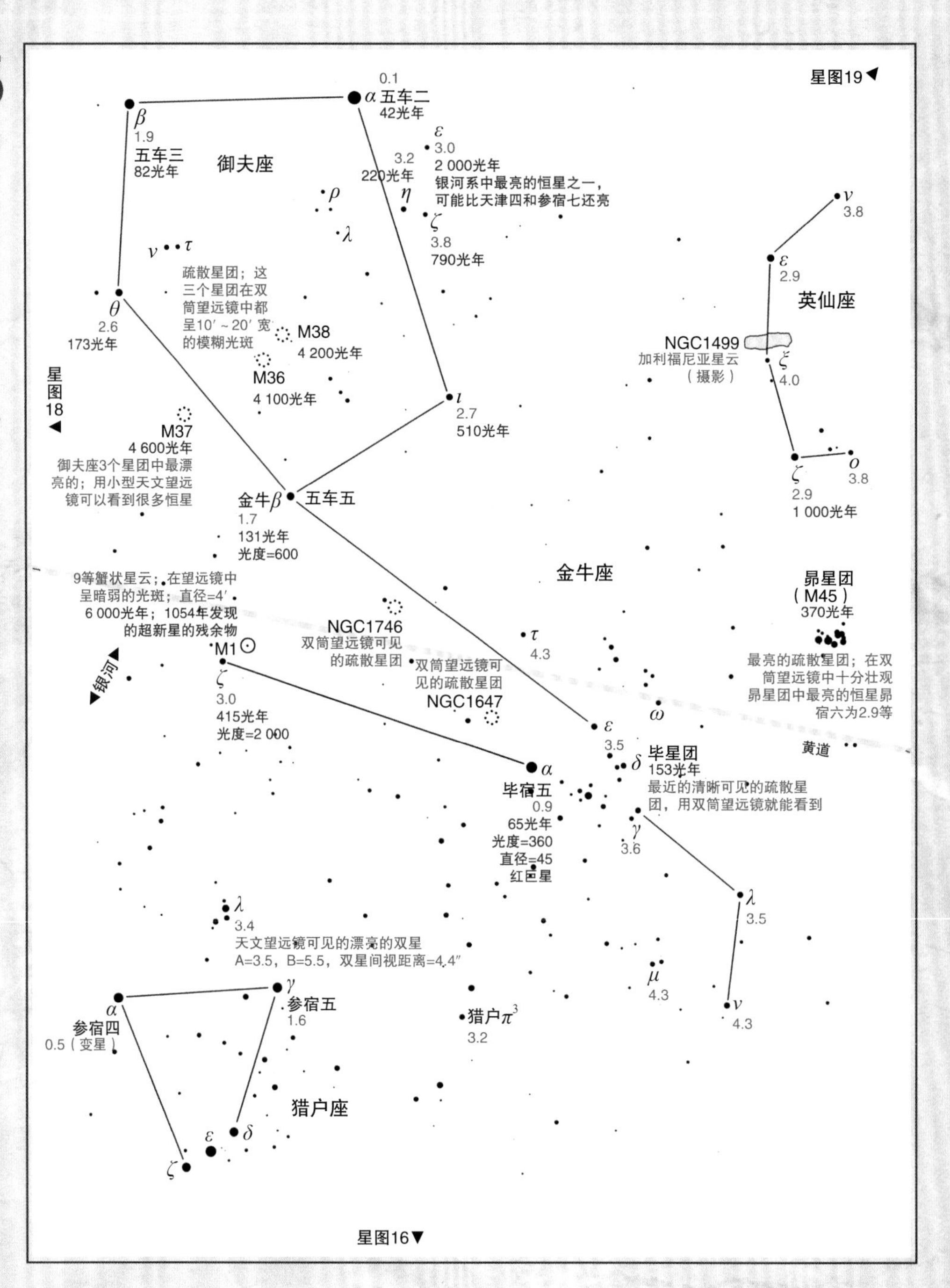

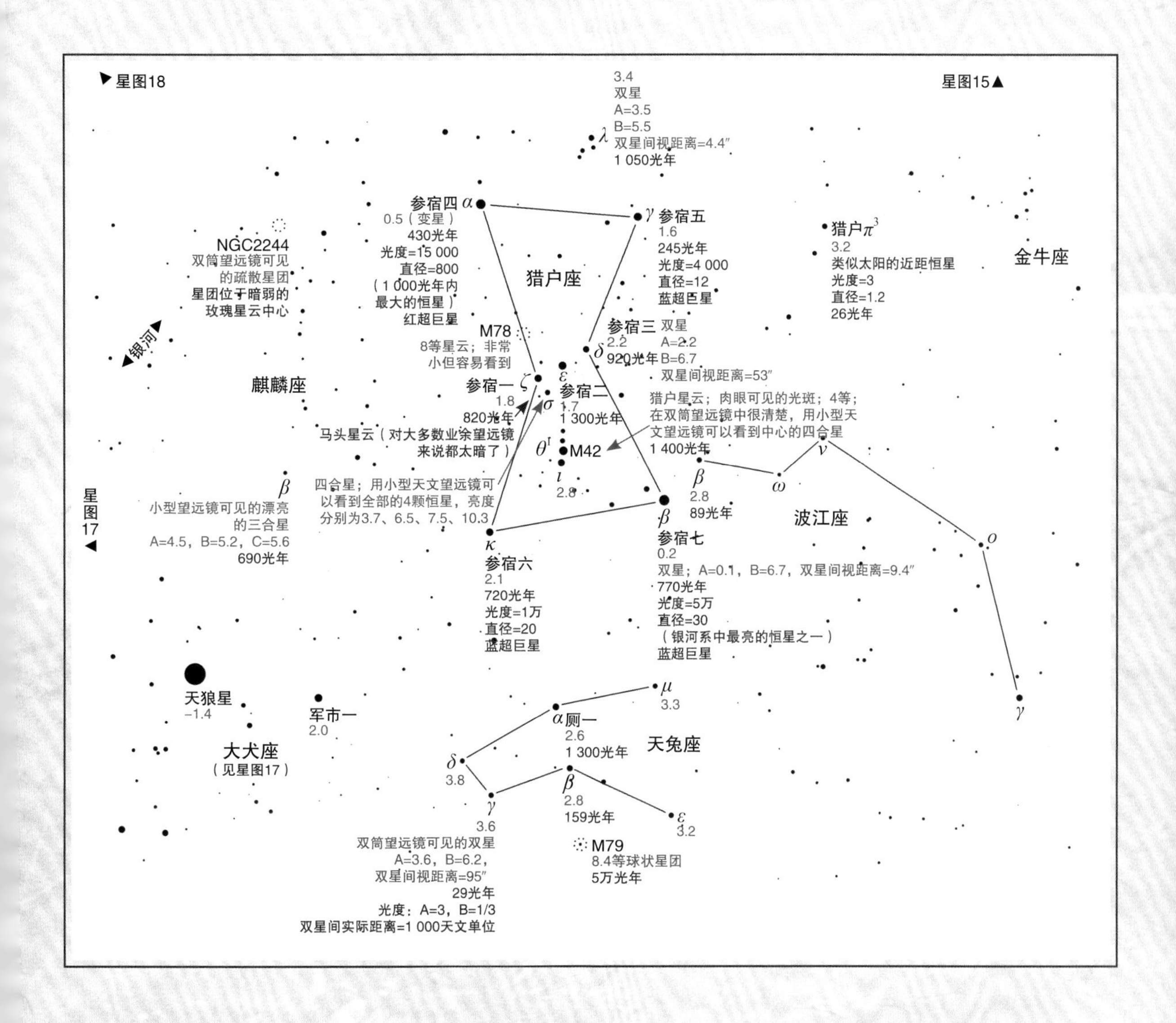

星图16

猎户座 天兔座 麒麟座

除了拥有大量的天体景观之外，猎户座还是冬季夜空中的关键星座

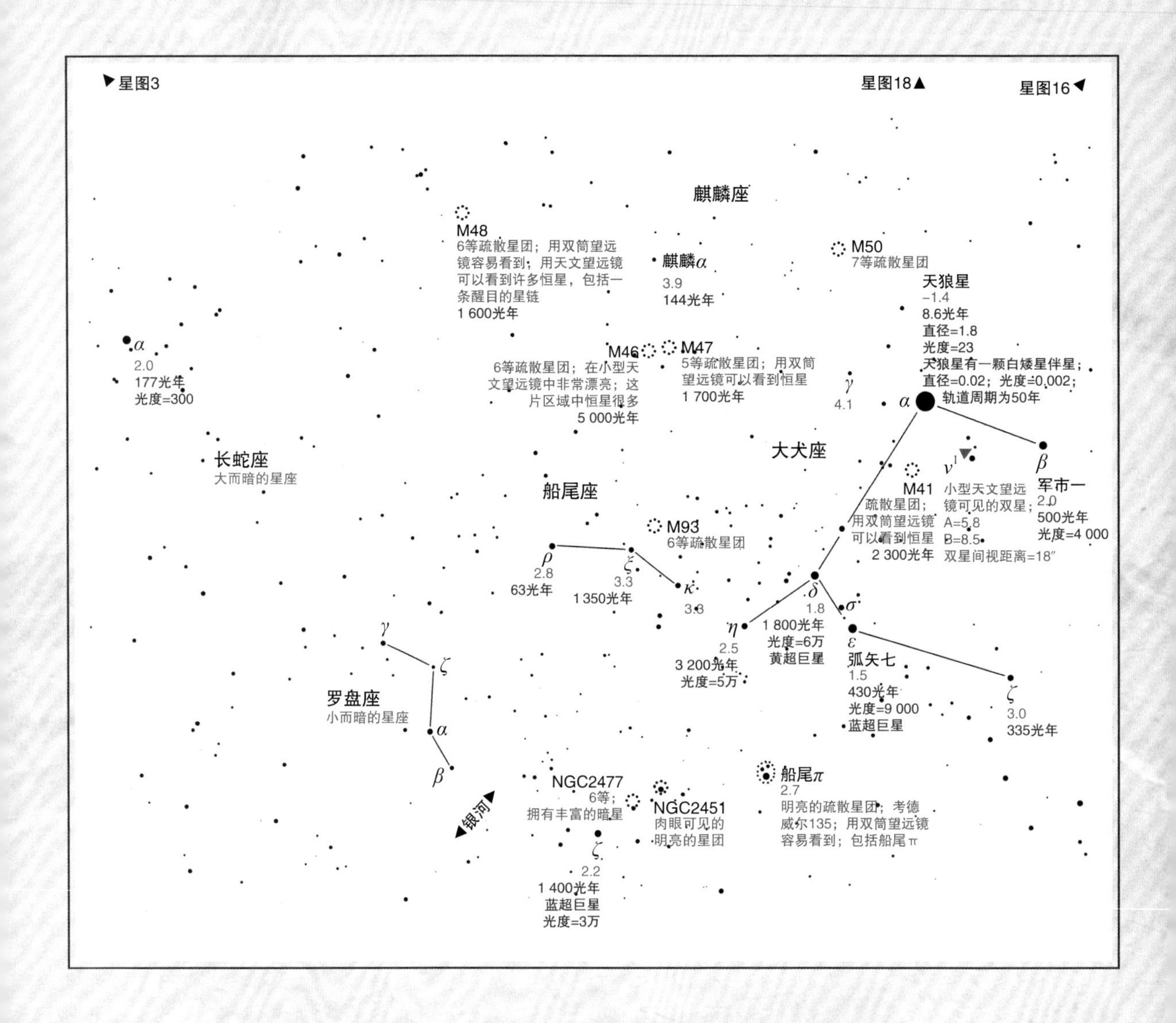

星图17

大犬座 船尾座 麒麟座

冬末至初春时节，夜空中最亮的恒星——天狼星——照亮了这片南方天空

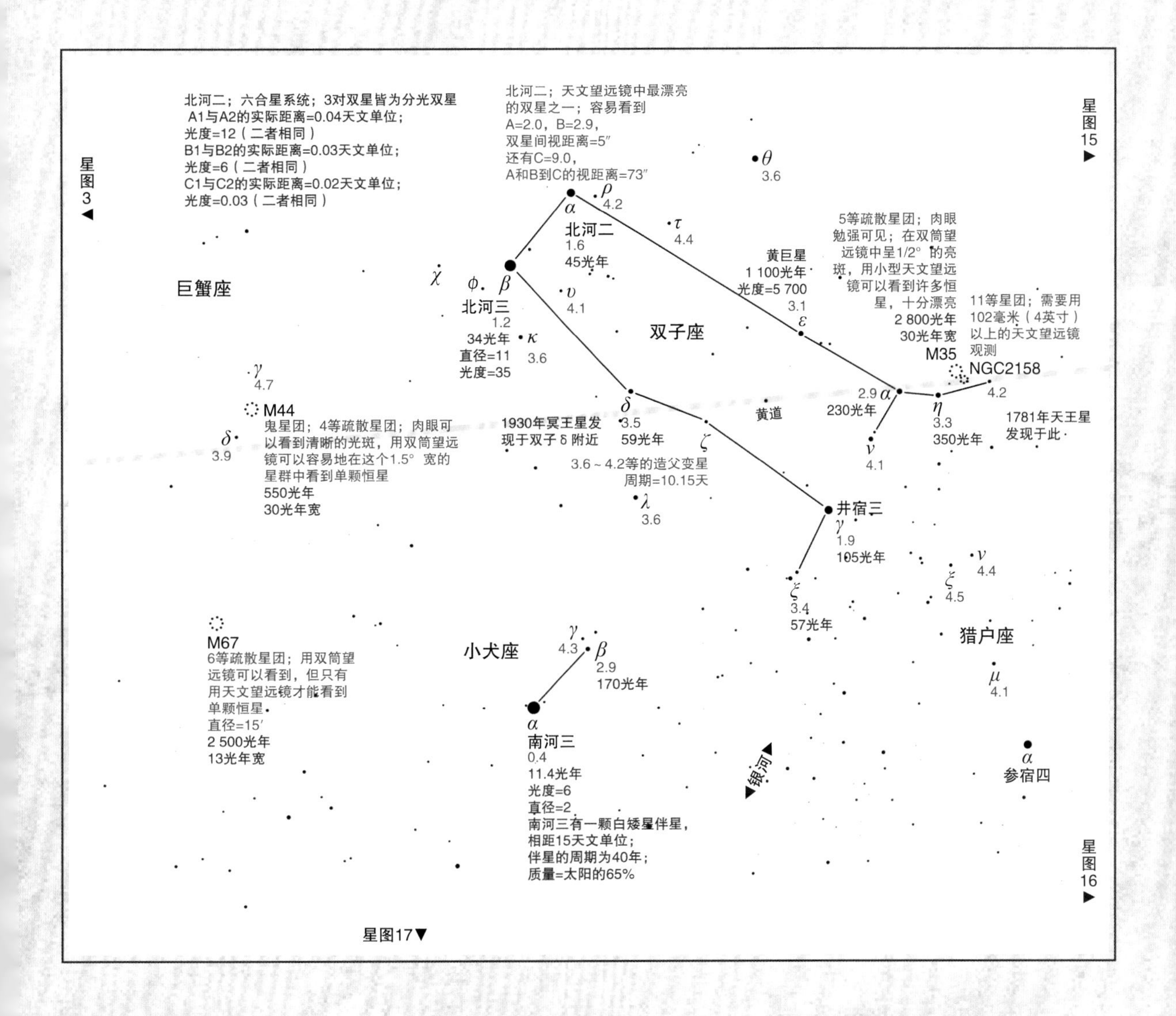

星图18

双子座 小犬座 巨蟹座

猎户座以东的这一区域从仲冬到初春位于南方高空

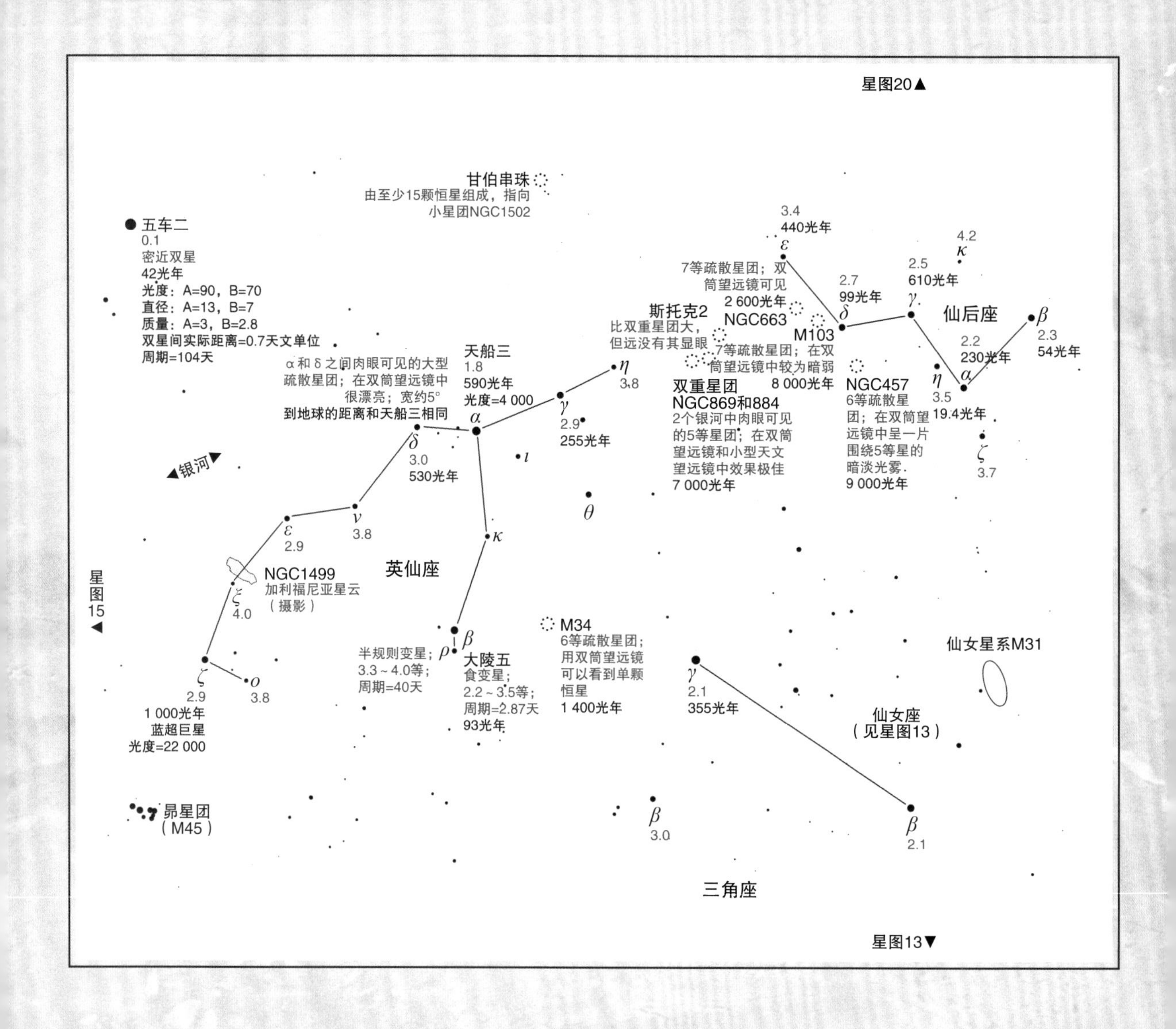

星图19

英仙座 仙后座 仙女座

秋季位于东北，冬季位于头顶，春季位于西北

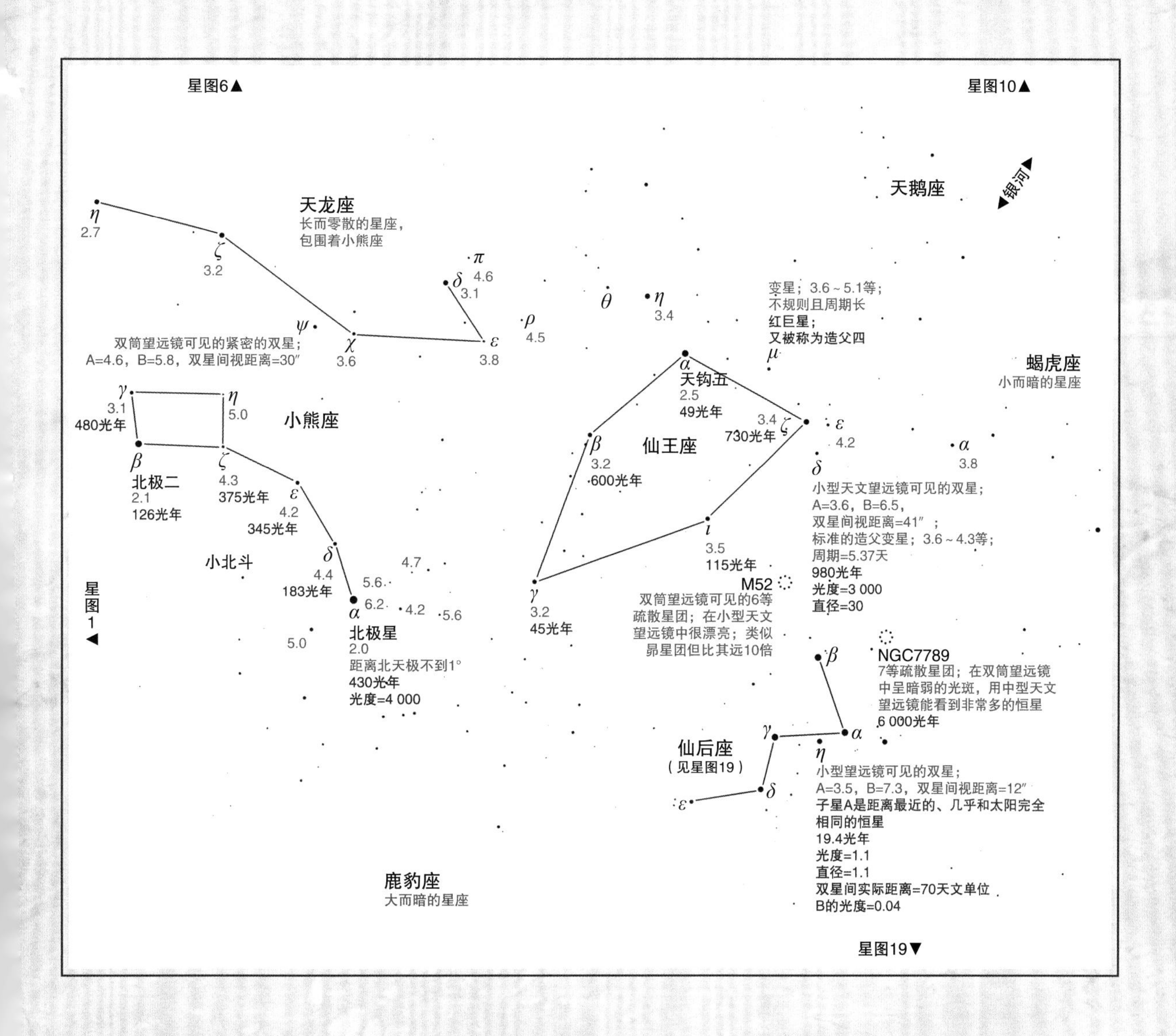

星图20

仙王座 仙后座 小熊座

除了仙后座的部分恒星之外，本星图上的所有星体全年可见；秋季位于头顶

第7章

行星

现在我怀疑，宇宙不是比我们想象的奇特，而是比我们所能想象的更为奇特。

——J.B.S.霍尔丹

地球文明的最早迹象——洞穴中的壁画和骨片上的符号——显示，早在3万年前，人类就试图了解他们在天空中看到的东西。在5 000多年前的美索不达米亚的楔形文字写字板上，人们发现了代表星座的符号。但是，让古代天文学家们最感兴趣的是5个明亮的游荡星体——行星。我们的祖先认为，它们是被某种魔力推动的。

这些天空中的小淘气会伪装成恒星在一个固定的星座带（黄道带）中徜徉于天际。今天，我们知道行星被自己的轨道限制在黄道上。黄道是太阳系的平面，其背景则是黄道星座。因此，没有行星会冲进猎户腰带或者破坏北斗七星的形状。

本书中的所有星图都标有黄道。如果你在天空中的这一区域观测到了某个没有在星图上标出的明亮天体，它极有可能是一颗行星。除了地球之外，太阳系中还有7颗行星，其中的5颗肉眼可见：水星、金星、火星、木星和土星，它们的亮度都和1等星相当或更亮。用双筒望远镜可以看见剩下的天王星和海王星。还有一颗矮行星冥王星，它必须用超过152毫米（6英寸）的天文望远镜观测。

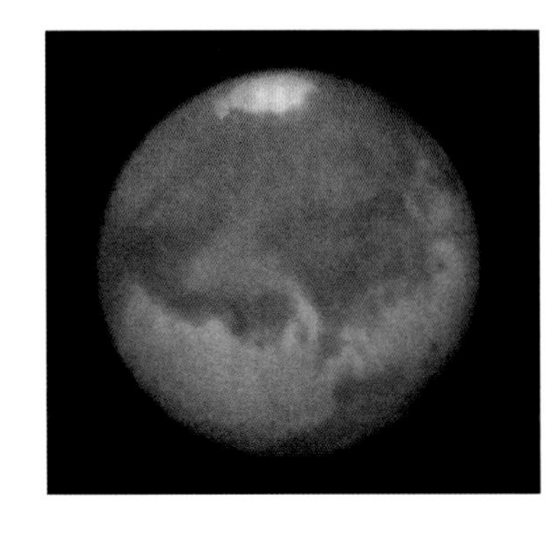

我们很少能看见距离太阳最近的水星，因为它的轨道十分靠近太阳，每年进入我们视线的时间只有几周。在观测者眼中，水星看上去就像一颗黄色的0等星，悬挂于日落后的暮色或者日出前的霞光中。除非是特意寻找水星，否则你可能永远也不会注意到它。

金星是天空中首屈一指的宝石。它是距离太阳第二近的行星，同时也是距离地球最近的行星。亮度达到－4等时，金星极为明亮，不熟悉它的人也许根本不会把它当成天体。金星呈耀眼的白色，一年中有几个月的时间会在清晨或傍晚的天空中出现。由于金星的轨道类似水星，位于太阳和地球之间，它的活动范围就被限制在了太阳的两侧，你只能在日落后或者日出前的4个小时之内看见它。

与其他任何一颗行星相比，火星自身亮度的变化幅度都要大得多，这是因为它到地球的距离可以变化4倍，为0.4 ~ 1.6天文单位。火星的最大亮度为－3等，但这只有在它最靠近地球时才会出现（下一次在2018年）。

上一页图：2003 年 8 月，当火星非常接近地球时，305 毫米（12 英寸）望远镜拍摄到了这一景象。

上图：2002 年，当土星的光环以最大的角度朝向地球时，哈勃空间望远镜拍摄到了这一极美的景象。

平均来说，火星的亮度为 1 等或者 0 等，它会发出独特的铁锈色的光，这是由于其微红的沙漠反射阳光所致。火星可以在一年中穿越大半个天空，在所有行星中，观测它的轨迹是最有趣的。

亮度在 −2 ~ −3 等变化的木星比除了金星之外的任何恒星都亮。木星发出的奶油色的光非常稳定，不会被弄混。和火星以及土星一样，木星的轨道在地球的轨道之外，因此沿着黄道带有时可以整夜看到它。木星会在每个黄道星座中停留约一年，绕太阳一周需要 12 个地球年。

土星是行星中最容易被误认为恒星的，因为其亮度和轩辕十四、角宿一以及心宿二等恒星相当，而且又不像木星和金星这样非常明亮。和火星不同，土星的颜色并不显眼，看起来就像一个苍白的黄球。土星绕太阳一周需要 29.5 年，因此会在每个黄道星座中停留至少两年。

如果我们长时间盯着行星，通常就会发现行星是不闪烁的。行星很少会像恒星那样闪烁——由于大气湍流的影响，即便是在最平静的夜晚，恒星看上去还是会不停地闪烁。地球大气中无处不在的湍流很容易扰乱恒星的点状图像，使其闪烁。但是，从我们的角度来看，行星并不是点状的，而是呈微小的圆盘状——小到肉眼无法分辨，却大到足以能让它们的光在通常情况下不受大气湍流的影响，除非这种现象异常剧烈。

然而，识别行星的最好办法是知道它们和星座的相对位置，或者（对水星和金星来说）知道该在何时向何方看（通常在天全黑之前就能看见）。本章最后的表格会提供观测所需的信息。带外行星天王星、海王星和矮行星冥王星用肉眼看不到。如果想使用望远镜来追踪它们，需要参照加拿大皇家天文学会的《观测者手册》或是《天文

白天是否能看到行星或恒星？

一般来说，答案是否定的。除了太阳之外，白天唯一肉眼可见的天体是月球，有时甚至连它也很容易被忽视。但每年都会有几个月，第二亮的天体金星会亮到在白天用肉眼也能看见。

到了白天也能找到金星的时候，我们需要事先作准备，在夜空下初步确定它的大致方位。（当然，这必须在一个合适的能看见金星的夜晚进行，见第 132 页上面的表格）。尝试在日落后天刚黑的时候寻找金星。一旦你看到了它，就用电线杆、烟囱或者其他任何能定位空中目标的物体顶端来记下它的位置。在下一个晴朗的夜晚，站在相同的位置上早一点去搜寻金星，它就位于标记的位置稍偏左上的地方。

在 8 分钟内，金星看上去会在一臂远的距离上移动一根拇指宽（2° 左右）的距离。但这是由地球的自转而非金星的运动造成的。因此，如果之前是在日落 15 分钟后看到的金星，那现在就应该在日落时、在距标记位置左上方两根拇指宽（约 4° ）的地方来搜寻它。用这种方法不断地将观测时间往前推，直到在日落前就能看到金星——凭借这一方法，很容易就能在日落前一个多小时的晴朗天空中找到金星。然而，此时的天空必须是深蓝色的，任何薄雾都会大幅降低金星和天空间的对比度，令它淹没在日光中。

一个更为直接的在白天观测金星的办法是使用双筒望远镜。在双筒望远镜中，金星非常明亮，但没有了该往哪里看的指引，找到它也许要花相当长的时间。

在夜晚，金星一般比能观测到的最亮的恒星亮 10 倍，比木星亮 5 倍，是夜空中第二亮的天体。虽然在日落前我从未成功地用肉眼看到过木星，但在日落时我用双筒望远镜看到过它。

使用配有精确定位度盘的天文望远镜，我们有可能在白天看见明亮的恒星。我用这种方法找到过织女星、天狼星、南河三和牛郎星，但这需要真正的专业性训练。不过，这里有一个长久以来的传说：白天，在一个黝黑深井的底部，用肉眼也能看到恒星。许多书都引用了这样一个例子：透过胡夫金字塔中连接法老墓室和外界的一个观察孔可以看到曾经的北极星——右枢。据说，每天可以从这个金字塔漆黑的洞窟中看到这颗恒星一次。

1964 年，天文学家和埃及考古学家对所有观察孔——早已被粗石和碎片堵住了——中的两个进行了仔细的检查，发现其中一个确实指向了右枢，而另一个则对准了猎户腰带中间的恒星参宿二。但由于观察孔并非笔直到能看到外面，科学家们认为它们可能只是象征着法老前往这两颗恒星，具有古埃及宗教意义。

为了彻底确定能否在白天从黝黑深井的底部看到恒星，美国俄亥俄大学的一个天文学教授带着他的学生前往了一个废弃的大烟囱底部，预计一小时之后织女星就会精确地从其头顶经过。在幽暗的烟囱底部，他们的眼睛完全适应了黑暗，学生们等待着织女星和烟囱开口呈直线的那一刻。时间到了又过了，有人甚至用上了双筒望远镜，但他们什么也没看见，天空实在是太亮了。

上图是用 200 毫米摄远镜头在白天拍摄的娥眉月和金星。迄今为止，在白天用肉眼观看金星的最佳时机是当它距离月亮仅有几度的时候。天文历书和计算机天象仪程序可以确定这一现象的发生时间。由于白天找到月亮比较容易，我们可以用它来定位金星。

城市天文学

无论在城市还是黑暗的乡村，我们都能很好地用双筒望远镜或者天文望远镜来观测行星，这也是少数几个能在上述两个地方开展得一样好的天文活动之一。除了靠近地平线时之外，行星的亮度足以冲破城市的阴霾和污染，为城市天文学家提供可以观测的目标。用架设在庭院里的天文望远镜看到的木星、土星、金星以及火星和在乡村看到的景象是一样的。在20世纪60年代，我的178毫米（7英寸）折射式望远镜就放置在被路灯和多伦多郊区的灯光环绕的后院中，它向我呈现了一些我所见过的最棒的行星图像。

在城市中观测可能和在其他地方观测一样好（或糟），有很多有趣的证据表明，有时在城市里观测的效果更好。因为如果大气平静的话，城市里的空气污染以及路面和建筑物所产生的热量会在城区上方形成空气稳定的微气候。在这种条件下（最常出现在夏季闷热的夜晚），视宁度会极端稳定，天文望远镜能近乎完美地揭示出行星的细节。

历》（*Astronomical Calendar*，见第13章“资源”）等书中的星图。

水星

最靠近太阳的水星和地球的卫星月球可以说是双胞胎，它们的表面都严重凹凸不平。太阳系已经存在了47亿年，在后3/4的时间里，它们都未曾改变过。陨击坑是行星在形成时被猛烈撞击而留下的伤疤。虽然从那时起，地球的地壳改变了许多，水星和月球的却没有。

如果把月球到地球的距离放大300倍再来观测月球的表面特征，我们就能明白观测水星表面细节的困难之处了。放大率为150倍（观测行星时常用）的天文望远镜所显示的水星只有肉眼所见的月球的一半大。此外，水星的位置太靠近太阳了。出于这些原因，从地球上只能看到其表面的一些斑点。我们对水星表面的认识全部源自美国“水手”10号探测器在1974年飞越水星时拍摄的照片，这是几十年间人类唯一一次造访水星。

不过，后院天文学家依然可以看到水星的盈亏。在每年春季，在能够观测到水星的后半夜，除了最小的天文望远镜，其他所有的天文望远镜都能揭示出其微小的月牙形或半月形。随着水星在其轨道上运动，从地球上看，水星的相位会随着白天和夜晚的交替而有所改变。

水星只有当日落后靠近西方地平线（或者日出前靠近东方地平线）时才易于识别，但地平线附近糟糕的视宁度常常会使望远镜中的图像变得模糊。观测这颗位于太阳系内边缘的、体积

左图：水星（靠近右下）可以亮至－1等，但永远只出现在早晨或者夜晚的地平线附近，如照片所示。当水星靠近月球或者金星的时候，寻找起来较为容易。

上图：在清晨城区的天空中，最亮的两个天体是金星和水星。本章最后的表格给出了这两颗行星在早晨和夜晚的空中可见的时间。

小、炽热而又死寂的星球，是后院天文学的一大挑战。找到这颗难以捕捉的小型行星能让我感到满足，如果每年都能看到一幅清晰的水星的望远镜图像我就会感到庆幸。

金星

每1.5年，一个明亮的天体就会在5或6个月中悬挂在日落之后的西方地平线上。这就是金星，夜空中仅次于月亮的第二亮的天体。金星最近的对手是木星，但木星的亮度还不及它的一半，而恒星中最亮的天狼星的亮度只有它的8%。金星的优势很大程度上在于它离地球很近，它与地球的最小距离只有0.3天文单位，约是月亮距离的100倍，没有其他哪颗行星靠得如此近。

作为夜空中不可超越的灯塔，金星在许多宗教和文化中都具有很高的地位。不过还没有人像墨西哥的玛雅人那样对金星推崇备至。玛雅文明的巅峰时期在大约1 200年前，玛雅人研究出了一套以584天——金星重返天空中同一位置所需的时间——为周期的精确的历法系统。他们把金星称为“古星”，着迷于它的周期性出现。

西班牙历史学家伯纳迪诺·迪萨哈冈在16世纪研究了玛雅文明，发现当金星被太阳光掩盖数周后再次可见时，玛雅人就会将敌人当做祭品。他写道，“当金星在东方出现时，玛雅人就会献祭俘虏，用手指蘸着鲜血指向金星，向它表示敬意。”

金星具有耀眼外表的另一原因，是其遮天蔽日的亮白色云朵可以把72%的阳光反射回太空。金星处于日地距离的2/3处，它接收到的阳光是地球的2倍。

在许多科学家看来，金星是误入歧途的地球。金星的大小和质量几乎和地球完全一样，然而它的大气层却比地球的大气层稠密90倍，能有效地削弱穿透其云层的太阳辐射。但这层“毯子”把金星变成了一个行星温室，使其表面温度高达460℃。

金星的大气几乎全部由二氧化碳构成，其中还混杂着硫酸小液滴。在已知的生命形式中，很难有能在这样的条件下生存的。即便是离奇的科幻小说中的硅基生命或者其他生命，在金星的环境下生存似乎也是不切实际的。

我喜欢在日落时分用望远镜观测金星，此时的它就像是悬挂在深蓝色天空中的一个白球，其平淡无奇的雪白表面——云层——遮住了下方如同炼狱般的荒地。和水星一样，金星也有盈亏变化，但比水星要容易观测得多。用架在稳定的支架上的双筒望远镜可以看到月牙形的金星，一架好的天文望远镜能够生成锐利的金星图像。

上面两幅图拍摄于1998年4月22日和23日，是连续两个早上在约5：30拍摄的24小时内月球、金星和木星的相对运动，其中较亮的行星是金星。左图是天文望远镜中金星的样子。

每1.5年，金星就会抵达其最靠近地球的那一点，届时金星会呈美丽的镰刀形，图像大而生动。

但通常来说，金星并不是一个引人关注的望远镜天体，因为我们除了盈亏之外什么也看不见。点缀在夜空中的金星一般是我用望远镜第一个对准的天体，但几分钟之后，我就会开始追踪更富于变化的目标。后院天文学家们从未揭开过这位“黑夜女王”的真面目。

火星

在太空时代之前，我们认为火星是一个充满了英雄、少女和奇异生物的地方，最令人着迷的是，那里的垂死文明试图通过建造全球运河网络来保护日益减少的水源。从地球上看去，以前的天文学家们的确看到了这些“运河”——或者说是看到了他们所认为的“运河”。

今天，著名的运河之谜已经消散。那些“运河”被证明并不是水道，而是产生于观测者意识中的光学错觉，他们不知不觉地把接近视觉极限的微小细节和线性特征联系了起来。目前，对火星文明的推测已经被真实的火星所取代，它在大小和表面环境上都介于地球和月球之间。空间探测器拍摄的沙漠、陨击坑以及能让珠穆朗玛峰黯然失色的巨大火山照片揭示出的世界，与太空时代之前人们的想象大相径庭。美国“海盗”1号着陆器上顶尖的生命搜寻仪器没有找到任何生命的迹象，这是一个重大的转折点，我们的火星梦就此烟消云散。

我清楚地记得“旧火星”向“新火星”转变的最后一幕。那是1976年7月的一个温暖的夏夜，“海盗”号在火星表面着陆。当时，在美国加利福尼亚州帕萨迪纳市的喷气推进实验室的任务控制中心里，我和200位科学家以及数量相同的记者和科幻小说作家一起焦急地等待着从火星发回的第一幅地表照片。在监视器上，图像开始一行一行地显示出来，布满巨石的沙丘地貌慢慢浮现。正好站在我身边的科幻作家雷· 布拉德伯里小声说：“从现在开始，我们不必再想象火星是什么样子了。”

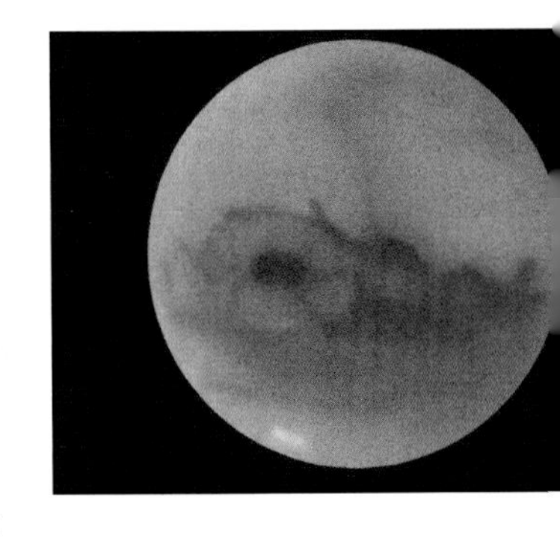

太阳系中的其他多数大型天体也是如此，它们已经从科学和科幻的边界上被除去了，转而被置于人类朝它们发射的机器人探测器的电子眼之下。与此同时，后院天文学的重点也发生了改变。在太空时代之前，观测行星是天文爱好者的主要活动，因为我们对这些邻近的行星所知甚少。“未知”是一块强大的磁铁，它使天文爱好者们愿意在目镜前花数小时观测火星上的“运河”或者深色区域（到了1965年，仍有少数人相信那是植物）的变化。

如今，观测的重心已经转移了。用望远镜观测火星已经变得很随意，不再有“探寻”的感觉，而是更像旅游者从飞机上俯瞰一个著名的度假岛——有趣而迷人，但并不神秘。当我现在观看火星圆面时，我就会想起刮过其巨大沙

右上图是作者于1988年9月使用178毫米（7英寸）复消色差折射式望远镜绘制的火星素描。右下图拍摄于1997年，是“火星探路者”号探测器及其带有轮子的“旅居者”号火星车向地球发回的壮观的火星全景照片。

漠中的沙丘并在水手谷（比美国大峡谷还要深5倍、长100倍）中咆哮的狂风。我从远处看到了被红色氧化铁（正是这些矿物赋予了火星独特的铁锈色）覆盖的无尽平原以及由固态二氧化碳（它们是火星稀薄大气的一部分，到了冬季会凝结在地面上）组成的巨大的极地冰冠。

然而，正如千百年来一样，主导夜空的火星依然充满了吸引力。每26个月左右，地球就会赶上火星并超过它，这种现象被称为冲。由于火星具有一条椭圆形的轨道，冲时，它和地球之间的距离会在0.37～0.68天文单位变化。不过，即便是较大的距离，以行星的标准来看也还是很小的。下面是近年来以及未来几次火星冲日的情况：2003年8月28日（0.37天文单位）、2005年11月7日（0.46天文单位）、2007年12月24日（0.59天文单位）、2010年1月29日（0.66天文单位）、2012年3月4日（0.67天文单位）、2014年4月8日（0.62天文单位）以及2016年5月22日（0.50天文单位）。

对后院天文学家来说，火星是一颗较小的行星，只有地球的一半大。即便在最小的距离上看，火星也只比土星稍大，而且不可能达到木星那么大。有时，当火星和地球在各自的轨道上相对的两侧时，火星的视大小会收缩到只有天王星那么大。因此，在望远镜的视场中，火星常常只是一个苍白的亮点。

然而，在冲的前后数周里，火星确实会向后院观测者们展现自己的风采。由于其大气稀薄（密度仅为地球的0.7%），火星是唯一一颗从地球上就能看清整个表面的行星，其最显著的特征是被称为大流沙地带和阿基达利亚海的大片深色区域，以及一或两个明亮的白色极冠。

第一次认真观测火星时，我用的是一架高质量的76毫米（3英寸）折射式望远镜，但我一开始对只能看到一个白色的极冠而感到失望。这是在我的眼睛被训练到能辨别更多的细节之前几个星期所发生的事情。就算是现在，当火星每年回归的时候，虽然只有一或两个晚上，但我仍然必须再次训练我的眼睛。在望远镜、头脑和眼睛的共同配合下，每过一夜，我都能发现更多的细节。由于火星的自转只比地球慢40分钟，在下一晚，相同的一面会晚出现40分钟，这有助于我进一步熟悉它。火星的两颗卫星火卫一和火卫二太小了，除了最大的业余天文望远镜之外，其他的望远镜都看不到它们。

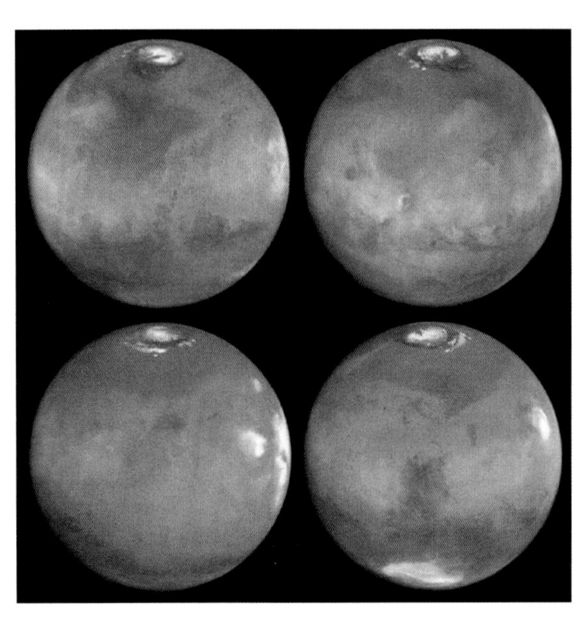

1997年，当火星最靠近地球时，哈勃空间望远镜拍摄到了火星完整的自转过程。小型天文望远镜中最显著的深色区域——大流沙地带就位于第四幅照片中央偏下的地方。

在每次冲期间，我都会画足够的草图来制作一幅火星的小地图。我用51毫米（2英寸）的圆圈和一支软芯铅笔来画图，详细记录观测到的细节的明暗程度，并注明观测它们的难易程度。我还会记下日期和具体的观测时间，这样我就能利用《观测者手册》（第13章“资源”）中的表格来计算火星中央子午线的经度。之后我会画下自己看到的一切东西。

看见大流沙地带或者“海盗”1号着陆的克里斯平原时的激动就是回报，发现奥林匹斯火山在塔尔西斯火山和亚马孙平原之间若隐若现则激发了想象力。在来自地球的探究沉寂了几个世纪后，“海盗”号、“探路者”号以及后来的空间探测器发现了一些关于火星的新知识，证明了这颗红色的行星是一个令人兴奋而又多变的地方。

小行星带

在外太空，犹如巨大的弹球机一样的小行星带中有布满陨击坑并且会互相碰撞的巨石——这是多数人脑中浮现的画面，催生出了令人兴奋的科幻小说，然而却远离现实。小行星带位于火星和木星的轨道之间，占据的区域极为广阔。即便有超过10亿颗和房子大小相当或更大的小行星徜徉其中，它们每颗所占据的空间也很大，站在其中一颗行星上的宇航员几乎看不到另一颗亮度高于3或4等的小行星。

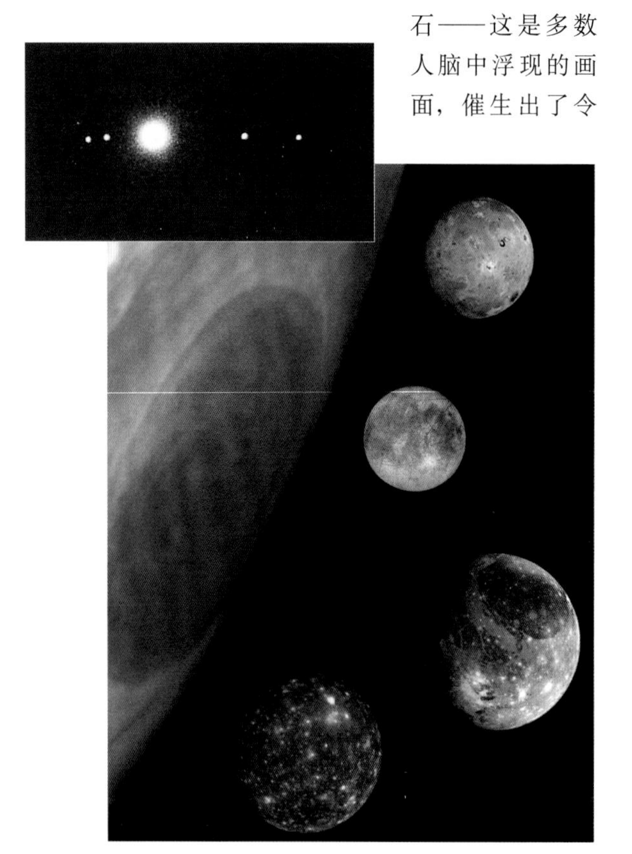

夜空中，木星及其四颗最大的卫星是顶级天文望远镜的目标。20世纪90年代，环绕并研究木星的“伽利略”号探测器拍摄了五张照片，左图的这幅全彩色图像就是这几张照片的合成结果。从上到下，这些卫星是木卫一、木卫二、木卫三和木卫四。左上角的小图则是从小型天文望远镜中看到的木星和这四颗卫星的样子。

在19世纪前，这里的小行星并不为人所知，但并非完全没人怀疑。天文学家们对火星和木星之间的这片宽阔而空白的区域感到疑惑，因为它破坏了其他行星从太阳向外依次排列的规律。一些天文学家强烈地感觉一定有东西占据了这片区域，为此花了数年时间来寻找这颗“失踪”的行星。

在18世纪的最后一个夜晚，正在修订星图的意大利修道士朱塞佩·皮亚齐发现星图上漏标了一颗星星。在下一个夜晚，他检查了这颗星星，发现它的位置稍微改变了。当这个新天体的轨道被计算出来之后，天文学家们意识到，它就位于火星和木星间的缝隙中，绕着太阳转动。这个天体被命名为谷神星，它明显比月球小得多。

在火星和木星间存在小型行星的观点还没有得到普及前，天空观察者们不久就发现了第二颗小行星——智神星。之后又发现了两颗微型行星——婚神星和灶神星。

现在，经过长期观测，已经有14 000多颗小行星能够被精确地确定轨道了。直径为1千米及以上的小行星预计有50万颗。谷神星是迄今为止最大的小行星，直径为930千米，质量相当于其他所有小行星的估计质量总和的1/3。其次是智神星（530千米）、灶神星（500千米）和健神星（430 千米）。

然而，在所有这些小行星中，只有灶神星偶尔能用肉眼勉强看到。不过，用业余天文望远镜能看到几十颗呈点状的小行星。《观测者手册》、《天文历》以及《天空和望远镜》杂志（第 13 章“资源”）上都有关于它们位置的星图。

对存在小行星带而非行星的现象有两种解释：一是有一颗行星没有形成，这些残骸是其形成过程被中断的证据；二是这颗行星确实形成了，但不知何故又解体了。大多数天文学家目前支持的观点是：由于受到来自太阳系中质量最大的行星——木星的引力干扰，这些原始的小行星群从来没有凝结成一颗大型的行星。

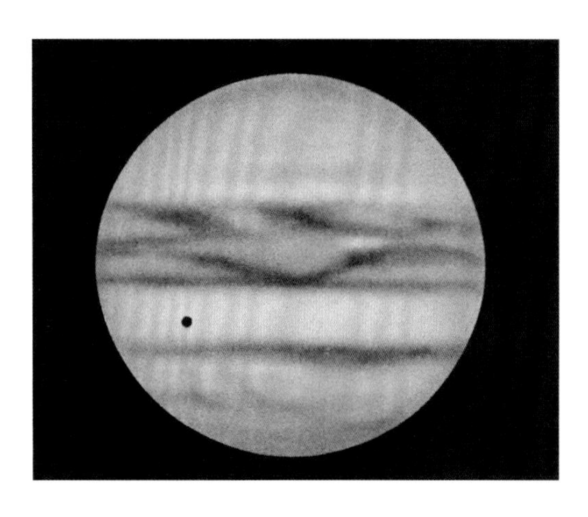

上图是用 76 毫米（3 英寸）折射式望远镜看到的木星，我们能看到它的云带，那个看似弹孔的影子是木星的四大卫星之一在其表面投下的。

木星

在亚瑟·克拉克的一本科幻小说中，一艘行星际飞船从木星四大卫星中最外层的木卫四轨道处接近木星。那里距离太阳系中这颗最大的行星超过 200 万千米，一个船员凝视着窗外巨大的木星，它就像一个五彩的沙滩球，被看不见的细绳悬挂在天空中。

接下来，这个太空旅行者被贯穿木星表面的云带所吸引，发现这个大球正在快速地自转。随着新的云带进入视线，几个小时前还在木星中央的云带已经移出了可见的范围。克拉克继续解释道，木星并不是由岩石或冰构成的，而是由液态和气态氢构成的，是太阳系的四颗气态巨行星中最大的。

吸引我的是，克拉克描述的木星和我用 152 毫米（6 英寸）天文望远镜在约 180 倍的放大率下看到的没有很大差别。在能呈现无扭曲木星图像的理想大气条件下，我实际上可以看到距离木卫四不到 100 万千米的地方，这仅次于从克拉克书中的行星际飞船的窗口向外望去。

开始观测木星系统时，双筒望远镜足以满足你的需要。用它可以观测木星四大卫星的运动，它们的公转周期各不相同，例如木卫一（在四颗卫星中距离木星最近）为 2 天，木卫四为 17 天左右。把双筒望远镜架在扶手或者是栅栏上，因为单靠手持是无法保持天文观测所需的稳定性的。为了获得最佳的效果，可以用适配器把双筒望远镜和一个照相机三脚架稳固地连接到一起。

随着木星卫星的来回运动，它们构成了一个不断变化的迷你太阳系。偶尔，它们会两两分居于木星的两侧，或者在同一侧连成一线。其中一些可能消失在木星反射的光芒中，另一些可能躲藏在木星的前方或后方。在木星所有的卫星中，即便是用天文台的望远镜，也只能看到四颗最大的，其他的卫星直径都小于 300 千米，是天文摄影的目标。

以木星为中心依次向外，这四颗主要卫星分别是木卫一、木卫二、木卫三和木卫四。其中最大的是木卫三，亮度为 4.6 等，理论上不用望远镜也能看见。不过，大多数人都接受的一点是，木星的亮光妨碍了目视观测。但许多年来，还是陆续有人称他们用肉眼就能看到木卫三。甚至还有人声称用肉眼看到了木卫四，即便它在四颗卫星中距离我们最远，亮度只有 5.6 等，接

近视觉极限。只凭肉眼的话，我是无法看到它们中的任何一个。因此，据我总结，因为观测者事先知道这些卫星就在那里，所以他们看到的景象是有偏差的——在明亮的发光体旁边，眼睛和意识的综合作用会使人产生看到一个小亮点的错觉。

在多年无果的争论之后，这些目击事件中至少有一些是得到了证实的。按照中国科学院席泽宗的观点，中国最早的天文学家之一甘德在公元前364年就留下了观测木星卫星的记录。甘德写道："其（木星）状甚大有光，若有小赤星附于其侧。"席泽宗认为，通过这段话几乎肯定甘德看到了木星的一颗卫星。

为了检验甘德的说法，席泽宗在北京天文台兴隆观测站进行了实验，证明视力好的人确实可以看到一颗卫星，其视亮度与木卫三和木卫四在距离木星最远处的轨道上的亮度相当。这次实验还表明，看到这两颗卫星交叠在一起的图像要更容易些。这说明，中国古人对木星卫星的观测其实比伽利略早了将近2 000年，后者于1610年发现了木星的四颗卫星。

追踪卫星在木星表面投下的影子是天文观测中最吸引人的事之一。在约100倍的放大率下，使用所有合适的天文望远镜都能看到这一景象。当木星卫星的小黑影出现在木星较亮的云带上时，看起来尤为壮观。

这些卫星的大小不同——从比月球稍大的木卫二到直径是月球直径1.5倍的木卫三不等，它们到木星的距离也在不断变化，因此它们投下的影子的大小也不尽相同。木卫一和木卫三比木卫二和木卫四投下的影子更明显一些。有经验的观测者能用76毫米（3英寸）折射式望远镜追踪这四颗卫星的影子，但在通常情况下，对一般人而言，102毫米（4英寸）及以上的望远镜才是首选。

《观测者手册》（第13章"资源"）中给出了这些卫星的轨道位置以及它们的影子在木星圆面上出现的时间，同时还给出了每颗卫星进入木星阴影或者消失在木星背后的时间。这些卫星的轨道平面和木星的赤道平面是完全重合的，但由于木星的自转轴差不多是垂直的（只倾斜了3°），其赤道面和这些卫星的轨道面看上去几乎是水平的，就像在球案边看台球一样。这些卫星的运动都被限制在木星两侧的一个狭窄区域中。

覆盖木星的云层会不断变化，巨大的深色云带会从一处出现或者消失。明亮区——其实是由氨组成的云——的强度也会变化，还常常涌现出被称为花彩的深色裂缝或者环形。最剧烈的活动出现在木星的赤道地区，随着木星的自转，那里的云比其他地方的云转动一周的时间快5分钟（9小时50分对9小时55分）。这意味着一个地方的大气环流速度与另一个地方相比差了将近400千米/时。除了这些变化之外，明暗区域的强度也会年复一年地变化。

尽管距离遥远，但木星在望远镜中也比其他行星大得多。即便在最佳的观测条件下，其他所有行星的可视表面积加起来也比不上木星。在合适的望远镜中，我们至少可以看到赤道附近的两条云带，中等口径［102～203毫米（4～8英寸）］的高质量望远镜则能揭示出更加丰富多彩的云带。

木星的快速转动使自身呈明显的椭球形，两极像是被压扁了7%。其云层的变化和四大卫

上一页图：2000年12月，在前往土星的途中，"卡西尼"号土星探测器拍摄了这幅木星的照片，呈现了木星云带的极佳细节和木星四大卫星之一所投下的影子。

上图：这是摘自业余天文学家记录本的一幅木星素描，用业余天文望远镜可以观测到这颗巨大行星的许多细节。由于木星表面的云带会年复一年地变化，记录它们是一项有趣的挑战。

星的“舞步”使得木星成了最吸引天文爱好者的景观之一。

土星

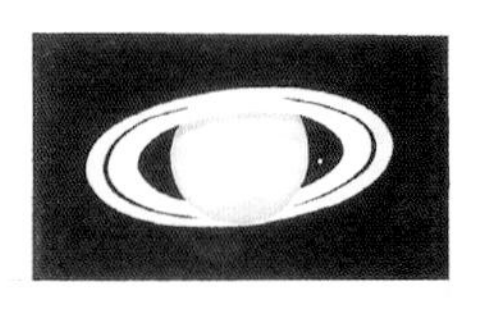

土星是夜空中的超级明星，望远镜可见的所有天体都无法与之相比。没有人会忘记第一次用望远镜看土星的情景：那是一颗漂亮的小圆球，漂浮在黑色天鹅绒般的视场中，精致的光环围绕着它。虽然土星距离我们超过了10亿千米，但就算是最小的望远镜也能揭示出它的光环。在高质量的中型望远镜中，土星真的非常令人激动。

土星的光环占据了相当大的空间。从它的外边缘到内边缘，其长度相当于地月距离的2/3。它由无数块围绕着土星的冰块和岩石组成，其中的每块都有自己的轨道，公转周期从内边缘的4小时到外边缘的14小时不等。在密度最高的地方，这些碎片——小到如同沙粒，大到犹如房屋——会在土星周围形成耀眼的风暴。然而，即便有一位宇航员身处环中，他只要以相同的速度绕土星运动就不会遇到大的危险，因为这些碎片会稳定地运动，很少发生碰撞。

从远处看去，土星环就像固态的薄片，厚度不足1千米，在引力的作用下正好位于土星赤道上空。土星光环的视大小和木星的圆面相当。土星像一个浅黄色的球体，看上去直径大约是木星直径的1/3。有时，在土星的赤道地区能看到1或者2条暗黑色的条带。前往土星的空间探测器发现，土星具有和木星类似的超级飓风带，但在土星高层大气中冰晶薄雾的覆盖下，从地球上看去，它的表面相对平滑。土星绕其轴线的自转周期为10小时40分钟。然而，在业余天文望远镜中，土星平滑的表面使它的自转变得难以察觉。

土星的光环比其云的反光能力更强，因此也显得更亮。由于亮度不同和存在缝隙，土星环又被明显地分为几个环，其中最亮的两个在业余天文望远镜中清晰可见。它们由宽度相当于北美洲的卡西尼环缝分隔开，在良好的条件下，用76毫米（3英寸）望远镜就能看到它。当土星的倾角较大时，土星在光环上投下的影子往往更容易被看到。此外，我们还能看到光环在土星圆面上投下的影子。

土星拥有庞大的卫星家族。其中最大的土卫六比水星还要大，被浓厚的大气层所覆盖，其大气层比地球大气还稠密，主要成分是氮。土卫六被认为是一颗围绕着大型行星转动的小型行星，它是一个8等天体，围绕土星公转的周期为16天。土卫六位于土星的东侧或西侧时离土星最远，到土星的距离大约是土星光环直径的5倍。就像土星系统中所有内侧的卫星一样，土卫六的轨道正好位于土星赤道的上方。在剩下的所有卫星中，只有10等的土卫五可以用127毫米（5英寸）以下的望远镜轻松地看到。它的轨道位于土卫六以内，小于土星光环直径的2倍。另外

左上图：这份记录描述了1989年土星极为罕见地运行到了5等星人马28前方的景象。

右下图：这是在极佳的视宁度下，行星观测者保罗·多尔蒂用381毫米（15英寸）望远镜观测并绘制的土星，这几乎是在最理想的条件下，肉眼在最好的望远镜中所能看到的最多细节。

两颗卫星——土卫四和土卫三——是152毫米（6英寸）以上的望远镜的目标。它们常常出现在光环的外边缘处，找到它们是观测土星的意外收获。可以尝试使用第89页提到的侧视法。

每一年，土星光环的倾角都会较上一年发生明显的改变，在2009年为侧向，而在2003年和2017年能达到最大倾角——27°。土星是太阳系中最扁的行星，其赤道隆起的部分相当于地球的直径。当土星光环正好为侧向的一两年中，其扁扁的形状十分明显。

带外行星和矮行星

土星之外是太阳系的荒凉地带。天王星、海王星和冥王星不但遥远，而且很暗弱。严格来说，天王星正好处于目视的极限，亮度为5.8等。然而，为了能更好地认出它，你需要使用双筒望远镜，以及天文杂志或《观测者手册》（第13章“资源”）中提供的星图。在城市公寓的阳台上，我可以轻松地用7×50的双筒望远镜找到它，但也仅限于一个星点，想看到其他东西就是另一回事了。一架好的天文望远镜和100倍左右的放大率才能清晰地呈现出天王星那小小的海蓝色圆面。除了最顶尖的业余器材，即便是天王星最大的卫星（大小不足木星最大卫星的一半），对所有望远镜来说也都是不可见的。土星能凭借朝向我们的光环增亮1个星等，但天王星窄而暗的光环丝毫没有让它从中获益。事实上，天王星的光环实在是太暗了，我们在地球上仅凭目视永远也无法看到它（除非使用电子放大成像技术）。

天王星很不起眼，在1781年被英国业余天文学家威廉·赫舍尔用152毫米（6英寸）的牛顿反射式望远镜偶然发现之前，它已经被几十次地错当成了恒星。从1781年起，使用大型天文望远镜的各路观测者都报告说看到了平行于其赤道的暗弱条带。理论上讲，看见天王星的细节是可能的：在450倍的放大率下，天王星的大小和月球在肉眼中的大小相当。但哈勃空间望远镜只在天王星均匀的海蓝色表面发现了一些暗弱的斑块，其大气层的更深处可能隐藏着云带。

1991年6月中旬，三颗行星罕见地聚集在一起，形成了人们在一生中所能见到的最惊人的行星合现象之一。按照亮度，这三颗行星分别是金星、木星和火星。

海王星的视大小只有天王星的一半，如果想在望远镜中看到它的非点状图像，那是十分困难的。对大多数天文爱好者来说，找到它就已经成功了。海王星的亮度为7.7等，是可以用双筒望远镜观测到的目标，但很难识别。

只有少数业余天文学家才能看到矮行星冥王星，这也是他们引以为豪的重大成就。它的亮度只有13.7等，152毫米（6英寸）望远镜是观测所需的最低配置。更大的望远镜会使观测变得相对容易，但也绝不简单。请使用《观测者手册》或者《天空和望远镜》杂志（第13章“资源”）中的星图。为了确认目标，我们需要观测两次冥王星相对于恒星的运动，否则无法将它与恒星区分开。

2013~2025年可见行星

行星：肉眼外观

金星被称为启明或长庚，是太阳系中最亮的行星，其耀眼的白色外观和远比其他恒星高得多的亮度使得它易于辨认。

木星呈奶油色，是第二亮的行星，但仍比所有夜晚可见的恒星都亮。由于它绕太阳一周需要 12 年，木星会在每个黄道星座中停留约 1 年。

土星的颜色类似木星，亮度则和夜空中最亮的恒星相当。它是肉眼可见的运动得最慢的行星，绕太阳一周需要 29.5 年，会在每个黄道星座中停留约 2 年。

火星会发出明显的黄褐色或者暗淡的铁锈色光芒，其亮度会大幅变化，从北斗七星的亮度到木星的亮度不等。有时，它会快速穿过天际，在每个黄道星座中只停留 1 个月。

水星在肉眼可见的行星中是最难以捉摸的，每年只有几次、每次大约 2 周，我们可以在黄昏时的西方地平线或者黎明时的东方地平线附近看到它。

金星：明显可见的时间

黄昏时的西方天空
2013 年 5 月底 ~2013 年 12 月底
2015 年 1 月初 ~2015 年 7 月中旬
2016 年 9 月中旬 ~2017 年 3 月中旬
2018 年 3 月中旬 ~2018 年 9 月初
2019 年 10 月底 ~2020 年 5 月底
2021 年 5 月中旬 ~2022 年 1 月初
2023 年 1 月初 ~2023 年 7 月中旬
2024 年 10 月中旬 ~2025 年 3 月初

黎明时的东方天空
2014 年 1 月底 ~2014 年 8 月底
2015 年 8 月底 ~2016 年 2 月中旬
2017 年 4 月中旬 ~2017 年 10 月底
2018 年 11 月中旬 ~2019 年 4 月初
2020 年 6 月底 ~2021 年 1 月初
2022 年 1 月初 ~2022 年 8 月底
2023 年 8 月底 ~2024 年 3 月初
2025 年 5 月中旬 ~2025 年 10 月底

注意：虽然金星是除了月亮之外的夜空中最亮的天体，但是它往往很靠近地平线。如果可能的话，在一个能看到地平线的特定地点观测金星。

著名的行星合

月亮和明亮的行星是夜空中最显眼的天体，尤其是当它们彼此靠近的时候，这时被称为合。下面列出了截止到 2025 年，从北美洲可以看到的效果最佳（远非全部）的合现象。标有“*”的现象要么特别壮观，要么相对罕见。

2013 年 5 月 26 日　日落后 70 分钟，在西北方低空中，金星距离木星 2°，水星位于它们上方 2° 的地方
2014 年 5 月 25 日　日出前 90 分钟，娥眉月位于金星上方 2° 的地方
2014 年 8 月 18 日 *　日出前约 75 分钟，在东方低空中，金星距离木星 0.3°
2015 年 2 月 20 日 *　傍晚时，在西方天空中，娥眉月距离金星 2°，火星位于金星上方 0.7° 的地方
2015 年 6 月 30 日 *　黄昏时，在西方天空中，金星和木星异常靠近（0.3°）
2015 年 10 月 18 日　日出前 2 小时，火星距离木星 0.4°
2016 年 1 月 9 日 *　黎明前，在东南方天空中，金星距离土星 2°，能同时出现在望远镜的同一视场中
2016 年 10 月 28 日　日出前约 80 分钟，在东方低空中，娥眉月距离木星 1°
2017 年 10 月 5 日　日出前约 80 分钟，在东方低空中，金星距离火星 0.2°
2018 年 1 月 6 日　日出前约 90 分钟，在东方天空中，火星距离木星 0.3°
2018 年 7 月 15 日 *　傍晚时，在北美洲西部的天空中，娥眉月距离金星 1°
2019 年 1 月 22 日　日出前约 1 小时，金星和木星位于东方天空中
2019 年 11 月 24 日　黄昏时，在西南方低空中，金星距离木星很近
2020 年 3 月 20 日　黎明前，火星距离木星 0.7°
2020 年 3 月 26 日　黎明前，在东南方低空中，火星、木星和土星聚集在一起
2020 年 5 月 21 日　黄昏时，在西方天空中，金星位于水星上方 1° 的地方
2020 年 12 月 16 日　黄昏时，在西方天空中，娥眉月位于木星和土星下方
2020 年 12 月 21 日 *　黄昏时，在西方低空中，木星距离土星仅 0.1°
2021 年 7 月 12 日　黄昏时，在西方低空中，金星位于火星附近
2022 年 5 月 29 日 *　黎明前，火星距离木星 0.5°，能同时出现在望远镜的中等放大倍率视场中
2022 年 12 月 29 日　黄昏时，在西南方低空中，金星距离水星很近
2023 年 1 月 21 日　黄昏时，在西南方低空中，金星位于土星附近
2023 年 3 月 1 日 *　傍晚时，在西方低空中能看到漂亮而罕见的行星合，两颗最亮的行星——金星和木星的距离为 0.5°，能同时出现在望远镜的中等放大倍率视场中
2025 年 1 月 18 日　傍晚时，在西方天空中，金星位于土星附近
2025 年 8 月 12 日 *　黎明前，在东方天空中，金星位于木星附近
2025 年 9 月 19 日　黎明前，娥眉月、金星和轩辕十四齐聚在天空中

木星和土星的位置

	木星	土星
2013 年	年初位于金牛座，5 月中旬 ~7 月中旬被阳光掩盖，其余时间位于双子座	年初位于天秤座，5 月位于室女座，之后位于室女座和天秤座的边界，9 月中旬 ~12 月初被阳光掩盖
2014 年	6 月中旬前位于双子座，之后被阳光掩盖，8 月底的清晨位于巨蟹座；10 月中旬位于狮子座	全年位于天秤座，10 月底 ~12 月中旬被阳光掩盖
2015 年	1 月 ~6 月初位于巨蟹座，6 月中旬消失在暮色中，9 月底位于狮子座	1 月 ~6 月靠近天秤座和天蝎座的边界，之后位于天秤座，10 月底 ~12 月底被阳光掩盖
2016 年	8 月中旬前位于狮子座，之后被阳光掩盖，10 月底位于室女座	全年位于天蝎座，11 月初被阳光掩盖
2017 年	9 月中旬前位于室女座，之后被阳光掩盖，11 月末的清晨位于天秤座	1 月中旬之前被阳光掩盖，5 月中旬之前靠近天蝎座和人马座的边界，之后位于天蝎座，11 月中旬被阳光掩盖
2018 年	全年位于天秤座，10 月初被阳光掩盖	1 月底之前被阳光掩盖，全年位于人马座，12 月初被阳光掩盖
2019 年	1 月在黎明前的天空可见，靠近金星，其他时间位于天蝎座，靠近心宿二，11 月末消失在暮色中	3 月底 ~12 月位于人马座，易于观测，之后消失在暮色中
2020 年	全年位于人马座，1 月被阳光掩盖	3 月初可见，位于人马座，12 月黄昏时与木星同时出现在天空中
2021 年	3 月初消失在阳光中，之后位于摩羯座	3 月初位于摩羯座，在黎明前的东方低空可见，12 月底被阳光掩盖
2022 年	1 月位于摩羯座，4 月初被阳光掩盖，之后位于宝瓶座	3 月底位于摩羯座，在黎明前的天空可见，靠近金星，直至年终
2023 年	年初位于宝瓶座和双鱼座之间，3 月中旬～ 5 月底被阳光掩盖，之后位于白羊座	全年位于宝瓶座，1 月黄昏时可见，靠近金星，4 月初之前过于靠近太阳而无法观测
2024 年	1~3 月位于白羊座，6 月中旬被阳光掩盖，之后位于金牛座	1 月在黄昏时的西方天空可见，2~4 月被阳光掩盖，之后位于宝瓶座
2025 年	5 月中旬位于金牛座，8 月被阳光掩盖，之后位于双子座	1 月在黄昏时的西方天空可见，3 月后位于双鱼座

观测水星的最佳时机

	夜晚西方低空	清晨东方低空
2013 年	2 月中旬，6 月初 ~6 月中旬	7 月底，8 月初，11 月中旬
2014 年	1 月底，2 月初以及 5 月中旬 ~5 月底	10 月底和 11 月初
2015 年	5 月初	10 月中旬
2016 年	4 月中旬 ~4 月底	9 月底和 10 月初

注意：水星到地平线的距离不会超过 20°；在日出前或者日落后的 60~80 分钟，在一个能看到地平线的特定地点进行观测。这些数据仅适用于北半球。

	夜晚西方低空	清晨东方低空
2017 年	3 月底和 4 月初	9 月初 ~9 月中旬
2018 年	3 月中旬	8 月底
2019 年	2 月底，3 月初，6 月初	8 月中旬和 11 月底
2020 年	2 月初和 5 月中旬	7 月底和 11 月中旬
2021 年	1 月中旬和 5 月中旬	7 月初和 10 月底
2022 年	1 月初和 4 月底	10 月中旬
2023 年	4 月初	9 月底
2024 年	3 月底	9 月初
2025 年	3 月初	8 月中旬和 11 月初

火星的位置

	1 月	2 月	3 月	4 月	5 月	6 月	7 月	8 月	9 月	10 月	11 月	12 月
2013	—	—	—	—	—	—	金牛座	双子座	巨蟹座	狮子座	狮子座	室女座
2014	室女座	室女座	室女座	室女座	室女座	室女座	室女座	天秤座	天蝎座	天蝎座	人马座	摩羯座
2015	宝瓶座	双鱼座	—	—	—	—	—	—	狮子座	狮子座	室女座	室女座
2016	室女座	天秤座	天蝎座	天蝎座	天蝎座	天秤座	天秤座	天蝎座	天蝎座	人马座	摩羯座	摩羯座
2017	宝瓶座	双鱼座	白羊座	金牛座	—	—	—	—	—	狮子座	室女座	室女座
2018	天秤座	天蝎座	人马座	人马座	摩羯座	摩羯座	摩羯座	摩羯座	摩羯座	摩羯座	宝瓶座	宝瓶座
2019	双鱼座	白羊座	金牛座	金牛座	—	—	—	—	—	—	室女座	天秤座
2020	天蝎座	人马座	人马座	摩羯座	宝瓶座	宝瓶座	双鱼座	双鱼座	双鱼座	双鱼座	双鱼座	双鱼座
2021	白羊座	白羊座	金牛座	金牛座	双子座	巨蟹座	—	—	—	—	—	天蝎座
2022	天蝎座	人马座	摩羯座	宝瓶座	双鱼座	双鱼座	白羊座	金牛座	金牛座	金牛座	金牛座	金牛座
2023	金牛座	金牛座	金牛座	双子座	双子座	巨蟹座	狮子座	—	—	—	—	—
2024	—	—	—	—	双鱼座	白羊座	金牛座	金牛座	双子座	双子座	巨蟹座	巨蟹座
2025	巨蟹座	双子座	双子座	巨蟹座	巨蟹座	狮子座	狮子座	室女座	—	—	—	—

注意：“—” 代表火星受阳光干扰而难以被观测。使用第 4 章的全天星图来确定火星在某个特定月份中的位置（如它正穿过哪个星座）。

第8章

月球和太阳

那都是因为月亮走错了轨道，比平常更近地球，所以人们都发起疯来了。

——威廉·莎士比亚

据我们所知，17世纪的意大利天文学家伽利略是第一个把新发明的望远镜对准了天体的人。1609年，当他把他的器材对准月亮时，他对看到的景象大吃一惊。“月亮并不是平滑均匀的，”他写道，“而是凹凸、粗糙且布满了洞穴的。”仅此一眼，伽利略就粉碎了几个世纪以来人们的信念——天体都应该是完美且精确的球形。

时代已经改变，但对任何一个第一次从望远镜中看到月球表面的人来说，他还是能多少感受到伽利略当年的那种惊愕之情。就算是用双筒望远镜，其呈现的图像也是出奇锐利和清晰的，我们可以清楚地看到几十座环形山和崎岖的山峰。

由于影子产生的立体效果，无论用什么器材，沿着明暗界线——月球上被照亮区和未被照亮区的界线——都能更清楚地看到月球的细节。和预期相反，因为缺乏立体效果，月相为望时是最不适合观测的时候。随着月相接近望，带有浅色辐射纹的环形山会像溅开的白色油漆一样显现出来，但其他多数表面特征则会消失在强光中。上弦和下弦的前后几天是最适合细致观测的时间。

月球实在是太近了，任何望远镜都能呈现出它的大量细节。例如，51毫米（2英寸）折射式望远镜在50倍的放大率下可以看到直径小于10千米的环形山。随着望远镜的口径不断增大——上至254毫米（10英寸），它会揭示出越来越多的细节。虽然在明暗界线处可以看到小到30米高的月面特征所投下的阴影，但其直径不能小于1千米。由于视宁度的限制，更大的望远镜很难呈现更多的细节。

一个多世纪以来，天文学家们知道月球的表面已经维持现状很久了。我们看到的这些环形山和平原与伽利略看到的完全一样，我们远古的祖先必定对这个穿行于夜空中的银色球体的真实面目感到困惑不解。但是，在这片不变的景色中，还是有许多可看的地方。一架好的望远镜可以带领我们终生探索月球。当你一夜又一夜地巡视着明暗界线、一小时又一小时地缓缓推进时，一种关于探索和发现的神奇感觉会油然而生。

对墙上的日历来说，月球的四个主要相位——上弦、望、下弦和朔——已

月球的暗面因地球反射的阳光而散发着诡异的光芒，这一现象被称为地照，在如图所示的娥眉月时最明显。左上角的明亮天体是金星。

经够用了，但后院天文学家们会以自朔起的天数——月龄来描述月相。朔指的是月球运行到日地之间时的月相，从朔到下一个朔需要 29.5 天。上弦出现在朔的大约 7 天后，望出现在 14 或 15 天后，下弦出现在大约 22 天后。

月面特征基本被分为两类：常见的环形山和深色的平原。环形山都以过去的著名哲学家和科学家命名。平原被称为海，因为伽利略和其他 17 世纪的月球观测者认为那里被水覆盖。由于其较暗的颜色和圆形的外形，危海看上去十分出众，观测它的最佳时间是月龄为 3 ~ 5 天时。目前的理论认为，在月球历史的早期，它是一座注满了熔岩的巨大环形山。

对后院天文学家来说，月龄在 6 ~ 9 天、上弦前后的月球正处于最佳观测状态。在月球面对地球的那一侧，其表面的 35% 由深色的平原构成，其中许多平原的名字可以追溯到 17 世纪。由于静海堪称月球上最平坦的区域之一，它成了首次月球行走的所在地（“这里是静海基地……‘鹰’已着陆”）。和静海毗邻的是较小的酒海，它的南部边缘和大部分已被破坏的弗拉卡斯托罗环形山重叠。在酒海最靠近月面中心的边缘有三座巨大的环形山，它们与平缓的酒海形成了鲜明的对比。在靠近明暗界线时，这一区域尤其动人。

这三座环形山中令人印象最深刻的是直径为 100 千米的西奥菲勒斯环形山，它是月球上真正的大型环形山之一。从底部量起，其高度超过了 4 400 米，投下的影子更凸显出其深色而崎岖的样子。当月龄为 5 ~ 6 天时，明暗界线会把它置于阴影中，如墨一般的黑暗笼罩着这座可怕而神秘的巨大环形山，我只能看到它被照亮的高耸的中央峰。当西奥菲勒斯环形山于几十亿年前形成时，它砸毁了与它距离最近、直径相同的西里尔环形山的山壁，后者目前的高度只有前者的一半。这三座环形山中的最后一座是凯瑟琳娜环形山，其直径和西奥菲勒斯环形山相同，但形状不完整，其山壁已经崩塌，只比布满碎石的山底高 3 千米。在改变月球外表的各种外力的作用下，这三座环形山正处于不同的演变阶段，为我们提供了生动的环形山外观的剖面图。

人们认为在太阳系早期，小行星撞击月面形成了巨大的环形山，它们被填满后就形成了静海和澄海这样的月球平原。这

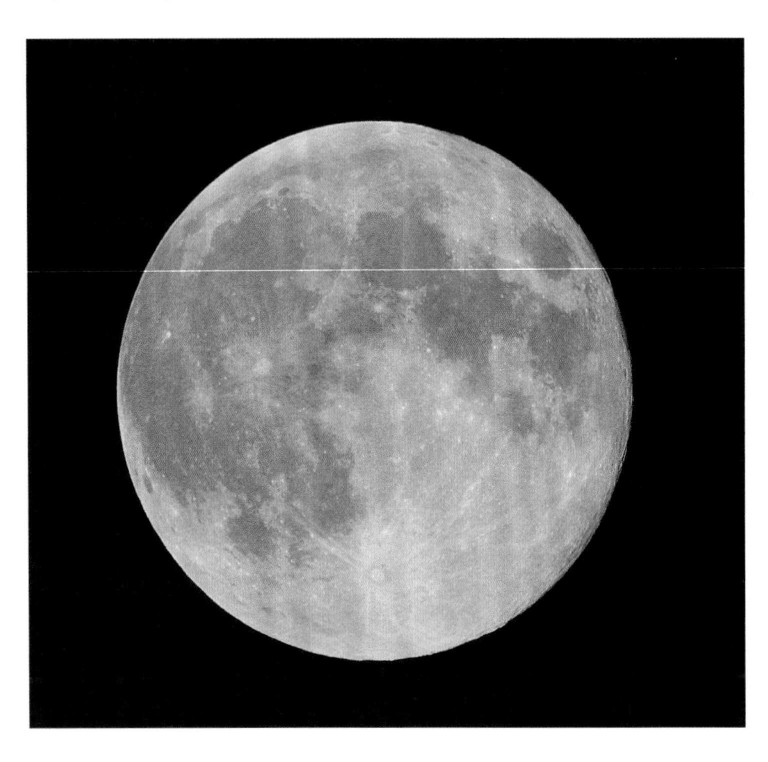

满月时，从第谷环形山（中下方）延伸出的白色辐射纹在双筒望远镜中清晰可见。

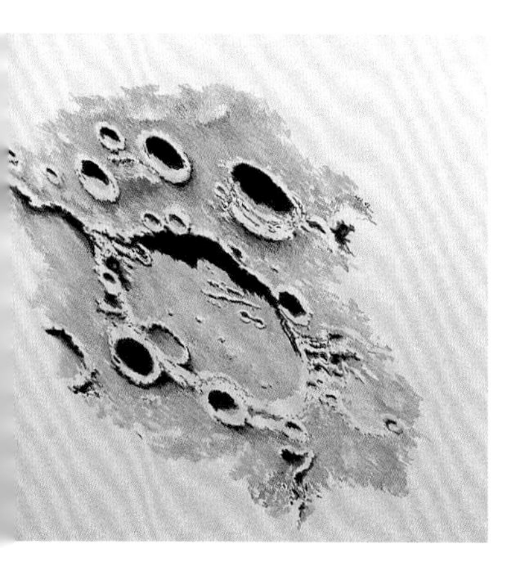

两个平原每个都和美国俄亥俄州差不多大，贯穿它们的波纹是冷却并凝固的熔岩波浪的脊。由此几乎可以确定平原的成因了。由于太阳照射角度较低，澄海的底部看上去就像布满了被硕大的月球啮齿动物开凿出的地下通道。

在上弦之后，明暗界线会经过一些壮观的月球景观，可见月面上高低不平的南部地区就会显露出来。这一阶段（月龄 9 ~ 11 天）的月亮被称为盈凸月，意思是驼背（从明暗界线凸起的弧形来看）。这里的环形山令人费解地扎堆在一起，直径 230 千米的巨型环形山克拉维乌斯是其中最大的。作为双筒望远镜中一个易于发现的目标，克拉维乌斯环形山实在是太大了，其中还包括两个直径为 50 千米的环形山以及一些更小的。不过这些“入侵者”并没有对这个巨大的月球景观造成大的破坏。从山底算起，克拉维乌斯环形山的山壁高 5 千米，坡度比看上去的要平缓。底部山壁的厚度为 50 千米，而山壁的倾斜角只有 10° 。

在这一崎岖不平的区域中，另一座著名的环形山是直径为 85 千米的第谷环形山，从底部算起，其高度超过了 4 千米。它的山壁比多数环形山的山壁都要陡峭，当明暗界线就在其附近时，陡峭的山壁使第谷环形山呈锯齿形。在观测第谷以及其他环形山厚重而陡峭的山壁时，你会有一种感觉——如果从月球表面看，它们一定非常壮观。对“月球人”来说确实如此。不过比起地球上的大型山脉，如落基山，月球上最险峻的环形山也只不过是个小山丘。过去，这些月球上的山峰也许真是巍峨挺拔的，但几十亿年来，小天体的撞击已经使其倒下了。此外，月球表面的物质类似大块的花园泥土，会随着时间的流逝而塌陷，这在呈梯形的环形山山壁处尤为明显。第谷环形山被认为是大型环形山中最年轻的，因此它的山壁也是最陡峭的。

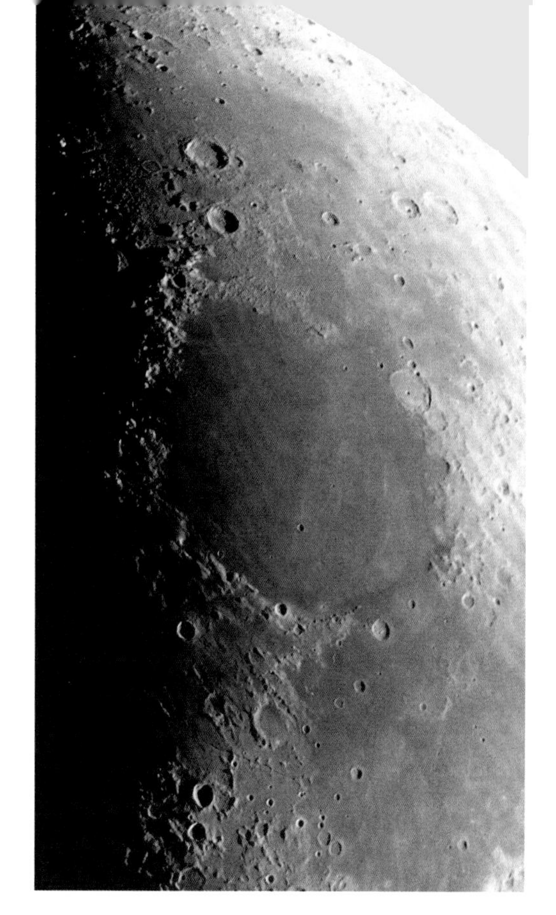

在空间探测器勘测月球之前，绘制月面结构的素描（左上图）是天文爱好者的一项主要活动。如今，它已经成了一门失传的艺术，月球也往往不再是一个会被深入观测的天体了。这非常糟糕，因为月球表面奇妙的外星地貌值得我们花许多时间去好好品味。右边照片上的是娥眉月的一角，显示了澄海和静海这两个平原。

那它有多年轻？第谷环形山由于 1.09 亿年前一颗直径 5 千米的彗星或小行星的撞击而形成。而就在 4 400 万年之后，一个大小 2 倍于此的天体撞上了地球，引发了毁灭性的后果，人们几乎可以肯定这其中包括恐龙的灭绝。对第谷环形山年龄的精确测定来自“阿波罗”15号宇航员所采集的样本，他们对距离这个大环形山2 250千米的一个地方进行了勘探。给出其年龄的样本采集自一个被第谷环形山形成时的抛射物所覆盖的小山丘。

在满月前后，用双筒望远镜可以看见这些抛射物。此时的第谷环形山看上去像是位于一个白色“轮辐”的中心，就像一个从中心辐射经线的球体一样。形成第谷环形山的那次撞击朝各个方向抛射出了碎片——在某些情况下，碎片越过了月面的1/3。由于随着时间的流逝，阳光中的紫外线会使月球的土壤颜色变深，从第谷环形山延伸出的辐射纹比它们所覆盖的更古老的月面显得颜色更浅。

远比现在更靠近地球。因此，地球对月球的引力也更强，这种力量逐渐减慢了月球的自转，直到它的自转速度和它绕地球公转的速度正好相同，这使它质量稍大的一侧看起来永远冲着我们。无论是什么月相或者在一年中的哪个季节，我们都无法看到月球的另一面。1959年，直到第一个探测器飞到月球背后并发现那里和月球正面相似、同样布满环形山时，人们对月球背面的猜测才最终停止。

月球的背面常常被错误地称为暗面。暗面其实仅仅指月球上正好处于夜晚的部分。在满月时，月球的背面和暗面重合；在其他的月相，月球正面的一部分也属于暗面。每29.5天，月相就会完成一次循环，在此期间，月面上的所

在月龄为9～10天时，明暗界线附近坐落着壮观的哥白尼环形山，它被许多观测者认为是最令人敬畏的月面特征。它的直径为93千米，肯定不是月球上最大的环形山，它之所以突出是因为它位于一个月球平原之中。这种对比是很鲜明的。哥白尼环形山高大的山壁和周围飞溅的碎片使它成了环形山中的“样品”。想象一下，也许是在8亿年前，一颗几十亿吨重的小行星撞向月球，形成了这座环形山。当哥白尼环形山靠近明暗界线的时候，其山峰投下的蜿蜒阴影会覆盖它的内部并蔓延到周围的平原上。

几十亿年前，月球

有地方有一半的时间处于黑暗中。

也许最著名但被人了解最少的月球现象是获月——距离秋分最近的那次满月。秋分是北半球秋季开始的第一天，通常在 9 月 22 日。对北半球的观测者来说，最接近秋分的满月似乎从入夜起便徘徊在夜空中。对以前的农民来说，获月是未经解释但又很受欢迎的额外光源。

夜复一夜，月亮会向东运动 12° 左右。于是，月亮从东方升起的时间就会平均推迟 50 分钟。然而，由于月球轨道的几何形状与地球的自转轴有关，月球在秋分前后会按照和地平线几乎平行的轨迹运动。因此在这段时间，两次月出的时间间隔会比平均值短得多。在加拿大南部和美国北部，秋分前后每晚的月出只会推迟 25 分钟左右。因此，在传统的收获季节，紧邻满月的那几天的傍晚会有明亮的月光。

从自家的后院观看月亮是业余天文学家最容易做的事之一。不管在城市还是乡村，观测月亮的效果都是差不多的。已故的科普作家和科幻小说家艾萨克·阿西莫夫曾在美国曼哈顿第 33 层公寓的阳台上，用天文望远镜看到过完美的月亮。一个清晨，当他路过通往厨房的走廊上的窗户时，他记下了自己的感受："透过西侧的窗户，我看到了它：在平坦的蓝灰色背景上，一个黄色的大圆盘悬挂在寂静的城市上空。我对地球能如此幸运地拥有一个这么大、这么漂亮的卫星而惊叹不已。"

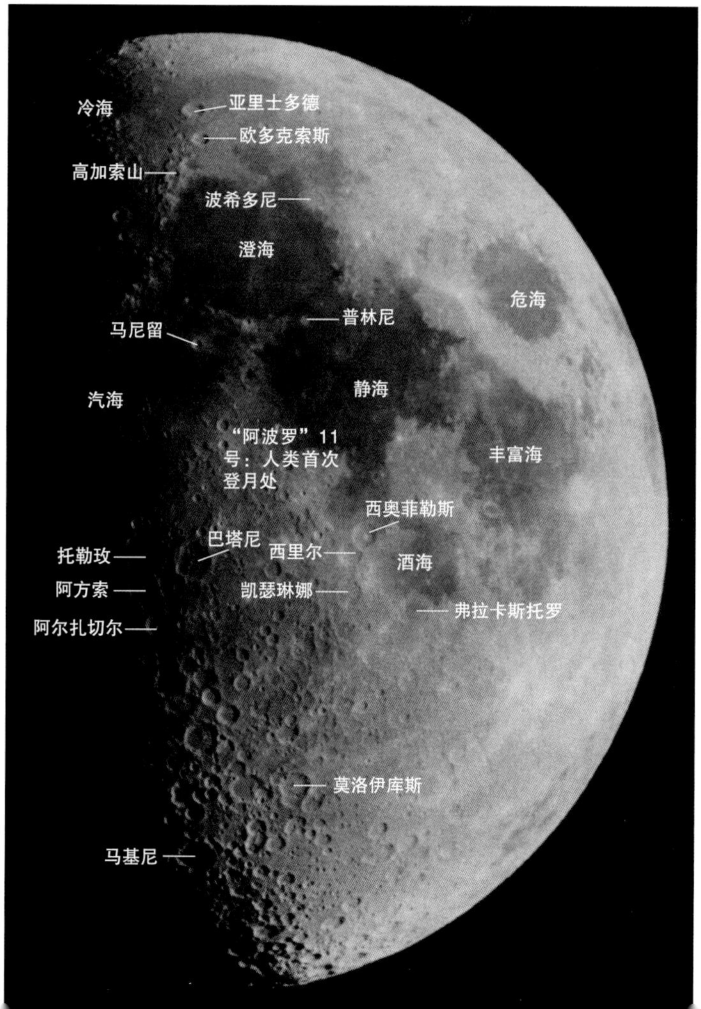

观测太阳

从近处看一颗普通恒星会是什么样子？这可能和任何天文爱好者仔细观测太阳没有太大区别。不过这种观测一定要在有严格的预防措施的前提下进行——通过望远镜目镜聚焦的阳光可以在一秒钟内使人失明。

有两种观测太阳的安全方法。第一种需要使用一个全孔径的太阳滤光片，它可以在光线进入望远镜前就对其进行拦截，把太阳的亮度削弱大约 10 万倍，使其强度降低到能够安全观测的程度。这种滤光片应该安装在望远镜

用双筒望远镜——尤其是安在三脚架上的——可以看到上一页上弦月和这一页下弦月照片中标出的所有月面特征。

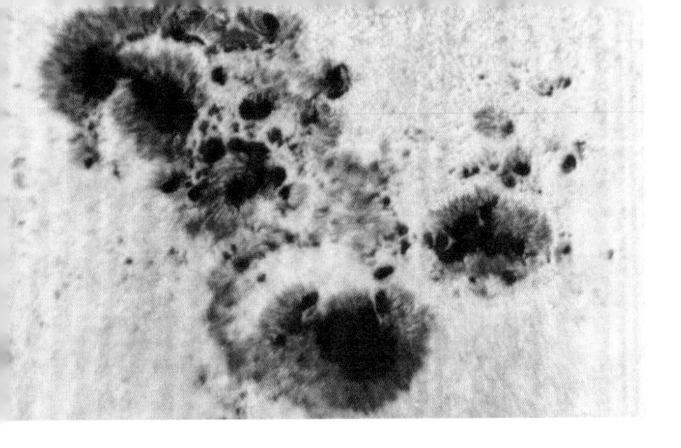

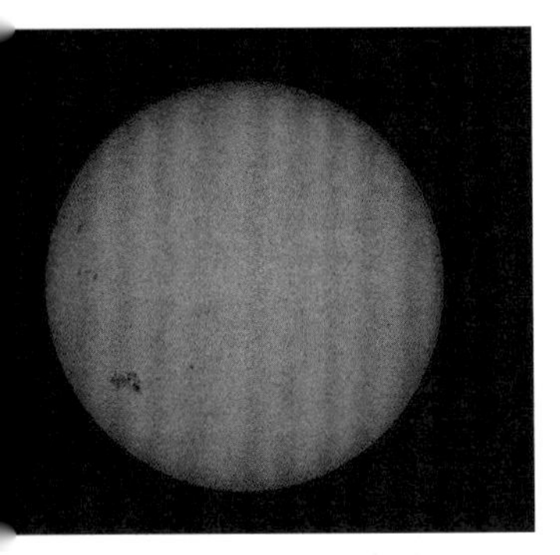

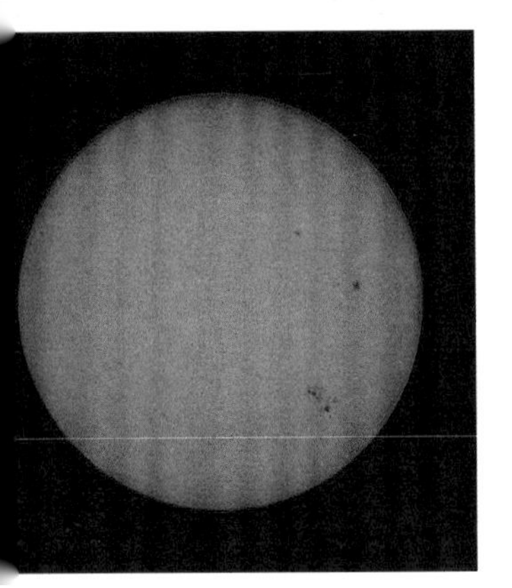

物镜的前面。

全孔径滤光片由特殊镀膜的光学玻璃或者是高反射率的镀膜聚酯薄膜制成。尽管较为昂贵，但是光学玻璃滤光片能呈现接近真实颜色的太阳。虽然有些透光聚酯薄膜呈现的颜色也接近真实，但较为便宜的聚酯薄膜滤光片通常呈现的太阳像会略带蓝色。

全孔径滤光片一般不是望远镜的标准配件。虽然一些望远镜确实会配有一个小的滤光片，它要么可以放在目镜的底端——覆盖在最靠近眼睛的一端上，要么可以旋入或者夹在聚焦套管的底端，但我不建议使用这种目镜滤光片。它们在望远镜的焦点附近会由于被聚焦的阳光而迅速升温，几分钟后就会开裂或者融化，导致太阳辐射的强度暴增，损伤观测者的眼睛。

第二种方法与使用滤光片不同，是间接观测方法，将太阳像用望远镜投影到一块白板上。比起使用滤光片，这种方法的一个优点是不需要任何附加的器材，像往常一样使用望远镜即可。固定在一个三脚架上的双筒望远镜也能用来投影太阳像。阳光的强度远远超过了能被聚焦并产生一个清晰可见的图像的要求。请留心任何参与太阳观测的儿童，如果他们身高合适并且有足够的好奇心，他们可能试图透过望远镜张望。把寻星镜的物镜盖上也是个不错的想法，因为它会投下自己的像。和使用滤光方法相比，使用投影方法观测到的细节较少，但它的优势是能够提供一个可供多人同时观看的图像。在目镜后面 30 ～ 60 厘米（1 ～ 2 英尺）处支起投影板可以得到图像亮度和大小［直径为 8 厘米（3 英寸）的较好］的最佳组合。

小型折射式望远镜是使用投影方法的最佳选择，阳光对设备和大气的加热会导致糟糕的视宁度，这会对更大的器材造成严重的影响。为了投影太阳，口径大于 70 毫米的望远镜必须把口径限制到 60 毫米或更小。在纸板上剪一个洞，然后把它绑在望远镜的前方即可。这可以降低视宁度的影响并防止光学系统被过度加热，后者对施密特 - 卡塞格林式望远镜来说是特别危险的。极高的热量还会损坏昂贵的目镜，这也是减小口径的另一个原因。

不要试图用沿着镜筒观看的方法来把望远镜对准太阳！看影子就行了。调整望远镜所指的方向，直到镜筒在地面上的影子达到最小为止。此时，太阳应该就在望远镜视场的中心附近，也许只需稍稍调节就能在投影板上成像。

对肉眼观测而言，易于获得且十分安全的

经过适当滤光之后，使用小型天文望远镜也能看到距离我们最近的恒星——太阳——上令人印象深刻的细节。太阳黑子（见顶部的放大图像）是太阳表面最明显的活动。左下是拍摄于同一天的太阳照片，中间的照片拍摄于一周之前，体现了太阳的自转。在视宁度较好的情况下，我们可以看到一些不那么明显的细节，如太阳的米粒组织（见于黑子之外的太阳表面）和太阳光斑（靠近太阳边缘的明亮弧线）。

滤光片是电焊护目镜中的玻璃。可以从当地商店购买14号电焊片，这是一块5厘米（2英寸）宽、10厘米（4英寸）长的长方形玻璃片，可以透过它直接观看太阳，也可以把它绑到双筒望远镜的物镜前端。然而，把它放在目镜底端是不安全的，因为那里是光集中的地方。所有的太阳滤光片必须在阳光进入光学系统前削减它的强度才算是起作用。

在电焊片的保护下，肉眼常常可以在耀眼的太阳圆面上看到微小的黑点，它们就是太阳黑子。用肉眼和一块合适的滤光片就能看到较大的黑子，这是后院天文学的诸多秘技之一。不过，如果有大黑子的话，任何使用侧视法的人都应该能看到它。

肉眼观测太阳黑子已经至少有1 000年的历史了。古代的中国天文学家注意到，在日落时，太阳圆面上有黑色的斑点，当时的太阳呈红色并由于大气吸收而变暗。不要尝试重复中国天文学家的观测，如果不得不这样做的话，一定要斜视，而且此时的太阳必须是深橙色的。

使用经过恰当滤光的双筒望远镜几乎总能看到一两个太阳黑子，使用小型天文望远镜则能看到太阳表面的所有黑子——也许有十几个或者更多。如果想很好地观测整个太阳，40倍左右的放大率就足够了。放大倍数越高，显示的区域就越小，使用投影方法时，这还会使太阳像过暗而无法在投影板上看清。在低倍率下，我们看到的景象是惊人的。因为太阳是一个硕大的气体球（绝大部分是氢），其可见的外表面会不断地变化。

在望远镜投影出的太阳圆面的锐利图像上，我们能看到几个黑子、一些亮斑和一个逐渐向外变暗的边缘，这一现象被称为临边昏暗。在好的视宁度下，太阳表面看上去是斑驳粗糙的，就像从近处细看皮革一样。这些太阳的米粒组织是真实的，由像沸腾的开水一样的气泡组成。在几分钟内，一个大小如苏必利尔湖的米粒组织就会改变它的形状。这一特定的变化在眼睛看来并不明显，因为我们盯着一个米粒组织的时间不可能超过几秒，它们所形成的集合湮没了其中的单个点。太阳上通常会点缀有不规则的明亮斑点，被称为太阳光斑，往往和太阳黑子有关系。太阳光斑是太阳表面上方汹涌澎湃的氢气云。在靠近圆面中心的地方，更亮的太阳光使我们看不到它们了。

太阳最吸引人的地方是太阳黑子。它们是

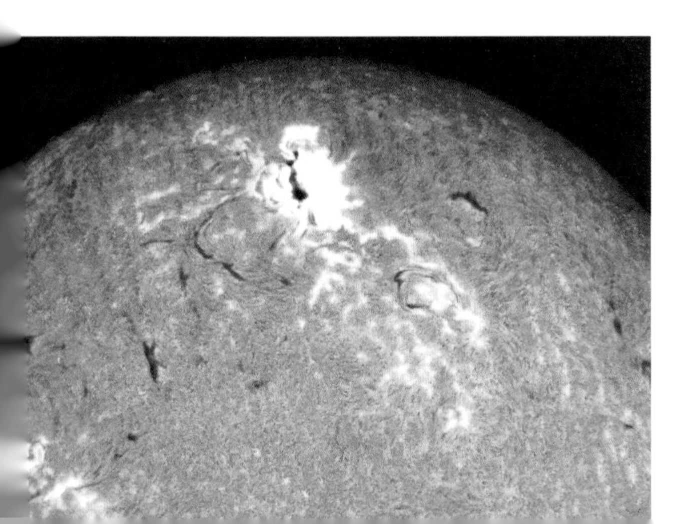

不要使用有时会在初学者望远镜中配备的旋入目镜的太阳滤光片（左上图），它们会裂开，使被聚焦的大量阳光射入眼睛。观测太阳时，我们推荐使用投影法（右上图）或全孔径滤光片。与普通的太阳滤光片相比，特制的窄带氢-α 滤光片虽然较为昂贵，但能揭示出太阳表面更多的细节（左图）。

太阳上的低温区，温度比 5 500℃的太阳表面大约低 1 500℃。温度越低，黑子就越黑，不过，它们呈黑色仅仅是因为反差。如果单独看，它们实际上是橙色的。

太阳黑子由两部分组成：黑色、几乎没有特点的内部区域被称为本影，本影周围灰色、羽毛状的区域则被称为半影。大黑子可以比地球大 10 倍以上，而普通的黑子至少也有地球那么大。

与其他所有可见的太阳特征一样，黑子也是由强磁场产生的。磁场盘绕在太阳内部，并会以不可预知的方式冲破太阳表面。太阳黑子就是磁场集中冲出的地方，在这里，来自太阳内部的能量流动会受到限制，因此亮度较低。在一两天内，一个单独的黑子可以从空无一物的地方冒出来。黑子可以持续存在数天到数周，一些较大的黑子可以连续数月可见。

黑子的数量以精确的 11 年为周期（被称为黑子周），年复一年地变化。黑子周并不会完全重复自己，一些周期中的黑子数量会比另一些周期中的多。一般来说，上升到黑子极盛期的速度（约4年）会大于下降到黑子极少期的速度（约 7 年）。最近的一个极少期出现在 2008 年。黑子周背后的机制仍是一个科学谜题。太阳黑子并不是在太阳上随机出现的，它们通常被限制在太阳的南纬 15°～40° 和北纬 15°～40° 的区域中。在黑子极盛期，它们会比其他时候更靠近太阳赤道。

在几周或者几个月内跟踪太阳黑子的运动是比较容易的。当太阳可见的时候，只要在写字板上夹一张观测纸，把它放到望远镜后方，然后画下黑子的位置即可。这足以精确地显示黑子的位置变化以及单个黑子的出现和消亡。从一个晴天到下一个晴天，由于太阳的自转会带动黑子运动，这些素描可以体现它们的位置变化。（太阳的自转周期约为 27 天。）为了确保每张图的方向相同，请记下太阳因地球自转而从视场中心滑过的方向。可以将太阳圆面上第一个移出视场的点当做每个圆周的参考点，建立起不同素描间的正确关系。

观测太阳是最令人愉悦的天文活动之一，因为它可以在白天进行，并且只需要普通的观测器材。观测太阳带来的乐趣着实吸引了一批业余天文学家。他们不满足于使用标准的观测方法，而是为自己的望远镜配备了窄带太阳滤光片，把观测推向了极限——可以看到日珥，即可以在最壮观的太阳照片上看到的“火舌”。[美国科罗纳多仪器公司（Coronado Instruments）是窄带太阳滤光片以及配备它们的特制太阳望远镜的主要生产商。] 当我第一次通过窄带太阳滤光片看太阳时，我为我们熟悉的恒星变成了一个细节犹如崎岖的月面般错综复杂且上下翻腾的羽状球体而感到惊愕。

全孔径太阳滤光片既能用于双筒望远镜，也能用于天文望远镜。它有两种基本类型：镀铝聚酯薄膜（左上图）和镀金属的光学玻璃（右图）。玻璃太阳滤光片能呈现看上去比较舒服的黄色太阳像。

月径幻觉

你是否注意过，月亮在靠近地平线时看起来比在头顶时要大？这一差别是如此明显，似乎不太可能是假的。但这怎么可能呢？月亮在地平线上时并不比在头顶时更靠近我们，由于必须穿过地球半径才能看到它，事实上它还远了 6 500 千米。

同样的现象还发生在太阳上。当在地平线上时，由于地球大气中粒子和尘埃而变红的太阳看起来似乎更加巨大。有时，由于大气的折射特性，光线偏斜，使太阳看上去像椭圆形，就像浸在水中的棍子看上去是弯的一样。

这一折射作用能放大太阳的视大小吗？简单的实验证明，它的效果刚好相反。地球的大气就像一个弱透镜，会压缩太阳的垂直高度，使得它呈椭圆形，比圆形时看上去小。同样的效果也会发生在靠近地平线的满月上。它看上去像一个巨大的宇宙南瓜，和太阳一样因大气中的尘埃和薄雾而变红。

既然大气折射和距离变化都不会使月亮或太阳在地平线附近看上去比在高处大，那又会是什么原因呢？对月亮来说，这种现象尤其明显，因为我们可以比较它在低处与高处的外形，而太阳过于明亮了，使人很难做到这一点。当不熟悉天文学的人因月亮的大小而困惑时，他们中的所有人几乎都认为月亮在靠近地平线时比较大。这是为什么呢？

早在公元前 350 年，亚里士多德就注意到了月径幻觉——有时也被称为地平线幻觉，但他错误地将其归结为地平线附近大气中“蒸汽”对图像的扭曲。在 1000 年前后，阿拉伯物理学家伊本 · 阿尔哈曾给出了第一个现代解释。他认为，地平线附近的月亮有遥远的树木或房屋这样人们熟悉的物体做参照物，而这是它位于头顶时所不具有的。由于和这些熟悉的物体比起来，月亮看起来很大，因此大脑就保留了这个印象。

阿尔哈曾的理论听上去似乎是对的，但这无法解释在一望无际的沙漠或者海面上所出现的同样的情况。这种幻觉甚至在天文馆中都会出现。投影出的月亮在靠近地平线处比在天文馆圆顶的高处显得更大，尽管在后一种情况下，月亮的影像其实可能更接近观众。很显然，除了有地平线附近的物体做参照物之外，还有其他的心理因素掺杂其中。不过，直到 1959 年，人们才通过美国威斯康星大学的一个实验发现了它们。

在这个实验中，有两个 50 厘米左右的圆盘，一个被悬挂在 26 米高的地方，另一个则被放置在 26米远的地面上。参与实验的人来自各个年龄段，他们都被要求站在与这两个圆盘距离相同的一个点上。他们并不知道这两个圆盘的大小是完全一样的，和他们的距离也相同。结果，参与实验的每个人都觉得地面上的圆盘比较大。年幼的儿童还过分夸大了这一差异，一些孩子说地面上的圆盘看上去要比头顶的圆盘大三或四倍。

不知何故，幻觉似乎和向上看有关。在进一步的实验中，一些科学家把志愿者放入一个漆黑房间，在其正前方和头顶处的相同距离上各放一个完全相同的圆盘。再一次地，每个人都认为水平方向的圆盘比较大。因此，这明显涉及了两个因素：（1）遥远的地平线；（2）向前看和向头顶方向看的效果是截然相反的。

虽然还不止这些，但没有人确定原因到底是什么。即便我完全了解月径幻觉以及关于它的各种解释，我依然会产生这种幻觉。它是自然界中最强大的幻觉之一。

不过，有几种方法可以从某种程度上消除这一幻觉。当月亮在地平线附近时，可以尝试通过一个圆筒来看月亮。没有了地平线上的参照物，它看上去似乎会小一些。另一种方法是躺下来，从一个地面平坦的位置来看地平线附近的月亮，月亮看上去不会和你站立时所见的一样大，尤其是当你伸长脖子看头顶方向或者脚的方向时。你还可以试着弯腰从你的两腿之间去看月亮，它看起来也会小一些。

如果这一切仍无法让你信服，那么还有最后一招：在一臂远的距离上举起一片阿司匹林药片，它看起来只比月亮稍大一点，能很好地遮住月亮，无论月亮是在地平线附近还是高悬于空中。试一下吧。

第9章

日食和月食

唯有的日食期间，月亮上的人才会在太阳中拥有一席之地。

——佚名

1979年2月，我第一次目睹了日全食。当时，我作为加拿大皇家天文学会日食观测团队的一员，从多伦多飞到吉姆利去看早晨的日食。按计划，我们在月亮开始滑过太阳的两小时前在一个废弃的空军基地的跑道上着陆。虽然有预料之中的云和雪，但天空还是很明亮，满心欢喜的日食观测远征队成员们在柏油路上架起了约75架望远镜和100多部照相机。

随着日食的临近，场景开始变得类似电影《第三类接触》的高潮。电影中也有一大片架设在跑道上的仪器，科学家和其他人则等待着外星飞船的出现。和电影中的科学家和技术人员一样，我们并没有失望。就像当时的一个日食观测者在事后说的，这就像是上帝决定现身两分钟，而我们又知道他何时会来一样。

我对日全食势不可挡的威力准备不足。在日全食发生的两分钟前，太阳已经变成了沿着月亮黑色圆面的一条弧线。我知道，太阳在几秒钟内就会消失，我们将置身于黑暗之中。随后，月球的影子就像是一块巨大的暴风云，突然出现在了西面，每秒都在变大。

在惊奇这是如此突然的同时，月球的影子扫过了我们，最后一缕阳光不见了，太阳瞬间变成了一朵令人敬畏的天空之花——月球黑色的圆面被日冕所包围。

在黑色圆盘的边缘，肉眼可以清晰地看到6条日珥，如同由火焰组成的手指。在强磁场的推动下，这些由高温氢组成的火焰状气体会不断地从太阳表面冒出。我知道它们会在那里，但没想到能看得如此清楚。（其他人也没有想到，日全食期间的日珥才是最壮观的。）

所有这些都令人敬畏，让我连哪怕是最基本的任务都无法完成。瞬间，我意识到自己可能永远也无法拍摄这一现象了——我要把每一秒都花在欣赏它上。我从望远镜上拧下照相机，快速地把目镜插进缩焦器，之后便凝视着在我40多年的天文生涯中看到的最壮观的景象。

通过望远镜，我可以看到日珥的细微结构，其中一条完全脱离了日面，就像一团悬挂着的火球。从它的视大小判断，它必定比地球还要大数倍。而令人印象最深刻的是包围着被食太阳的日冕中各种精致的色彩和复杂的细节，从太阳近处绚丽的粉橙色到远处的淡黄色、粉色和蓝色。此刻，太

上一页图：在一次日环食中，月亮太过遥远而无法完全遮住太阳。

上 图：2006 年 3 月 28 日的日全食中太阳的珍珠色日冕，这幅图由几十张曝光时间不同的照片合成。

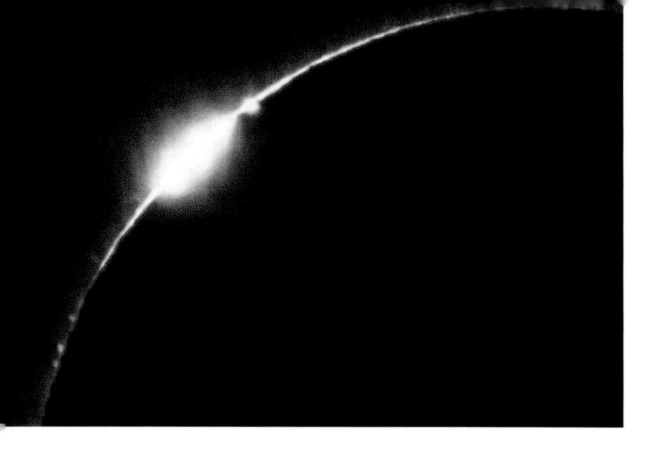

在太阳完全被月亮挡住前（以及在日全食结束后），会出现钻石环效应，它只能持续几秒，由于少量阳光从月面边缘的山脉和环形山的缝隙透射过来所造成。日珥为火焰状，在肉眼中呈粉红色，最大的可以超过地球，蔚为壮观。这张日全食照片拍摄于 1998 年 2 月 26 日，由 127 毫米（5 英寸）复消色差折射式望远镜在未经滤光的情况下拍摄。

阳的整体亮度和满月相当，犹如一朵奇异而令人着迷的宇宙之花。太阳的磁场把日冕拧成了羽毛状的弧形和旋涡形，几乎从太阳表面的所有地方涌现出来。

月亮黑色的圆面看上去就像是天空中的一个洞，被一个诡异的光环围绕着，边缘还跳动着粉色的火舌。几个常年追踪日食的人告诉我，由于有一些浅色的卷云，天空并没有像以前的日食时变得那么黑。在日全食期间，曙光和暮光就像是同时出现了——地平线附近的各个方向都有微光，而高空则呈黑色。

在日全食的最后几秒里，太阳的一丝光线会穿过月球圆面边缘的山脉，产生钻石环效应。它持续的时间只有几秒，从一个星点发展成一道耀眼的光芒。随着更多的阳光从月球边缘的山脊间穿过，贝利珠就会出现。之后太阳就会因为过亮而无法直接观看，需要使用电焊片滤光。但此时，我们每个人都在叫喊、欢呼和鼓掌，如此非凡的一场视觉交响乐让我激动得说不出话来。

在 2017 年前，月球的影子最后一次触及加拿大或美国是 1979 年的日食（2008 年 8 月 1 日的北极日食是一个例外）。平均来说，地球上一个特定的地点每 360 年才会出现一次日全食。因此，前往日全食发生的地方而非等着它降临才是唯一合理的策略。一些观测日食的狂热爱好者已经成功进行了 10 多次“远征”。我也进行了 4 次日全食之旅，不过只有 2 次遇到了晴天——1979 年的这次和 1998 年 2 月在加勒比海的一次。那时，大约有 3 万名爱好者前往加勒比海观看日全食，他们中的大多数都是在游轮的甲板上观看的，于是在观测日全食的道路上出现了一座座漂浮的“旅馆”。

如果地球、月球和太阳严格地排列在一条直线上，月球能在地球上投下影子，就会发生日全食。这其实经常发生，几乎每年都有一次。但对那些想亲眼目睹日全食的人来说，问题在于月亮的影子太小了。当月亮的影子抵达地球的时候，它通常的宽度不会超过 200 千米，只有在这个影子里才能看见日全食，其持续的时间从几秒到 7 分钟不等。

只有从这个狭窄的影子中看，太阳才会完全被月球遮住。日全食时，太阳会被黑色的圆盘——月球的暗面——挡住，其精美的样子可以十分安全地用肉眼和望远镜来欣赏。（说得更清楚些：在日全食期间，在太阳被完全挡住的几分钟里，我们观测时不需要对眼睛进行保护。但是在日全食的其他任何阶段，我们都必须使用第 8 章中介绍的滤光方法。）

观看日全食的关键在于你必须处于月亮的影子中，再怎么靠近也没用。就算只有微量的阳光从月面边缘透射过来，也会使得壮观的日冕完全不可见。但在更大的区域中，我们可以看到日偏食。它更为常见，但根本无法和日全食相提并论。在大多数日偏食期间，阳光的减弱很少会被注意到。通过合适的滤光片观测，太阳看起来像是缺了一块，就像被咬了一口的饼干。不过，如果能通过望远镜投影或者是使用合适的滤光手段，日偏食也是很有趣且值得观测的（第 150

页表格）。

为什么日食不在每个月月球位于地球和太阳之间的朔日都发生呢？月球的轨道相对于黄道略微倾斜（大约5°），这意味着除了太阳和月亮视轨迹相交的时候外，其他任何时候月亮要么在太阳的上方、要么在其下方，从地球上看并不会遮住太阳，因此也就不会发生日食。同样的几何原理也适用于月食。

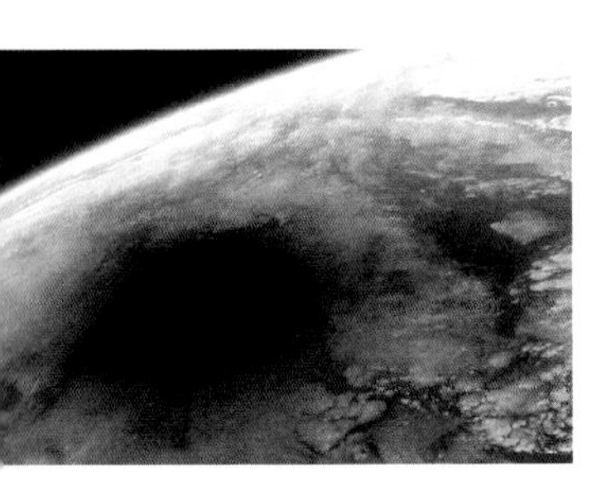

在日全食期间，俄罗斯“和平”号空间站上的宇航员用手持照相机拍下了月球的影子。下一页的插图则显示了在这个过程中发生的事。

有记载的最早日食可能发生在公元前2137年10月22日。中国的《尚书》中记载，两名天文官羲与和因饮酒过量而没有向民众发出黑暗迫近的警告。意料之外的日食吓坏了人们，他们在街道上惊慌失措地四处奔跑，敲鼓来吓走吞食太阳的龙。

按照中国古代的法律，如果天文官在预报日食中出了差错，就会导致很严重的后果。如果预报的结果比实际发生的时间晚，他们就会被立即吊死。显然，因为在工作时喝酒，这正是羲与和的下场——或者至少在传说中是这样。不过，这也说明中国人预报日食比希腊人早了2 000多年。

以前只有科学家才会周游地球来追逐日食。举例来说，1860年6月18日发生在加拿大马尼托巴上空的日食就曾引得科学家们不辞辛劳、不远万里来观测。西蒙·纽科姆——后来成了那个时代最杰出天文学家——带领了一支远征队，从美国波士顿来到了马尼托巴北面的帕斯。这趟旅行用汽船、马车和独木舟走了5个星期，大暴雨和坏天气延缓了后半段旅程，那里只有靠马车和独木舟才能前进。

由于担心无法及时赶到预定地点，纽科姆说

1992年1月4日，从美国加利福尼亚州的南部可以看到，落下的太阳因为月球慢慢移到其前面而逐渐消失。最终，这一现象以日环食的出现达到高潮（第144页的照片）。

服其雇用的加拿大船夫划桨 36 小时以便直接抵达日全食带。但这一切都是徒劳的，纽科姆和他的两个助手只能坐在望远镜旁看着天上的云层。就像大自然有意要给这个沮丧的小组最后一击，就在日全食结束的几分钟后，云散了。

日全食也曾经具有极其重大的科学意义。在太阳亮度降低的时候，人们可以进行其他时候无法进行的观测。爱因斯坦的广义相对论预言光线在强引力场中会弯曲，1919 年，人们通过观测被食太阳附近的恒星证实了这一理论。平日里因为明亮的阳光而不可见的恒星在日食期间显露出来，关于其位置的照片表明，它们的光线的确发生了偏移，正如爱因斯坦预言的那样。

据我们所知，对地球来说，日全食是独一无二的。因为太阳的直径是月球的 400 倍，而太阳又比月球远了 400 倍，因此它们看上去几乎一样大。在太阳系中，没有其他地方拥有这么特殊的组合。从火星表面看，它的卫星太小而无法遮住太阳圆面。而木星和土星的卫星中又没有一颗具有和太阳一样的视大小——要么大得多，要么小得多。而且木星和土星到太阳的距离比地球分别远了 5 倍和 10 倍，任何食的效应都会因此大幅减弱。

巧合是唯一的解释，因为在过去的 30 亿～40 亿年里，月球到地球的距离在逐渐增加。大约 2 亿年后，日全食就不会再发生了，因为届时月亮就离地球太远了。日全食会随之变成日环食，这意味着有一小部分太阳会从月面的边缘露出来，使得目前我们所能看到的壮观景象荡然无存。今天，地球和月球正好平衡，而我们也正在享受这个难以置信的宇宙巧合所带来的最佳效果。

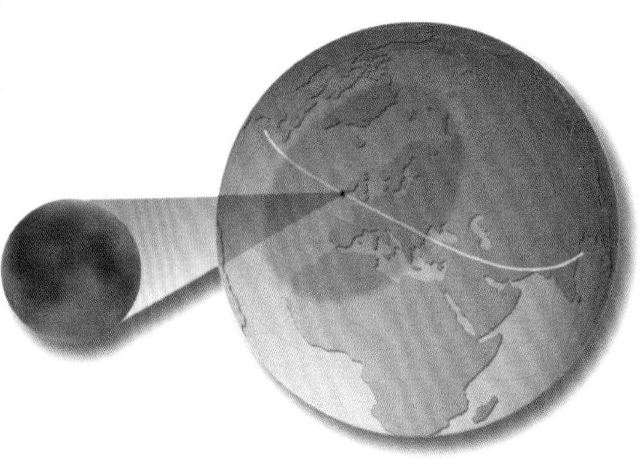

肉眼观看日偏食的一个经久耐用而又十分安全的办法是使用在商店可以买到的 14 号电焊滤光片（左上图），透过它能看到一个绿色的太阳像（左中图）。使用第 8 章中提到的望远镜太阳滤光片也能观测日偏食（左下图）。右图为 1999 年 8 月 11 日的日全食带，它横扫欧洲的人口密集的地区。

月食

1503 年，克里斯托弗·哥伦布和他的船员搁浅在了牙买加岛，船只受损严重，无法被修复，而且当地的阿拉瓦克人不准备向其提供食物来换取小玩意儿和小饰品。这种情况一直延续了数周，船员们被迫留在岸上，士气逐渐低落。

扫视航海表，哥伦布注意到 1504 年 2 月 29 日会发生一次月全食，于是他想出了一个铤而走险的计划。月食当晚，他向阿拉瓦克人宣布，万能的上帝对他和他的船员所遭受到的待遇表示不满。他用手指向天空，说上帝决定以抹掉月亮的方式来表达自己的不悦。在几分钟内，地球的影子逐渐遮住月球的圆面。根据哥伦布的日

日食追逐者

从一次日食到下一次日食，他们的人数有多有少，但他们总在那里，承受着任何车马劳顿和花销只为在月球的影子中站上几百秒。他们就是日食追逐者。地球上没有遥不可及的地方：1994 年的玻利维亚、2001 年的津巴布韦和 2006 年的利比亚。这些人带着宗教式的狂热，聚集在天体几何学所预示的能看到这一自然界超级壮观景象的任何地点。

有时，他们的努力并不会得到回报。无论何时开始计划日全食“远征”，业余天文学家都应该记起加拿大阿尔伯塔大学的已故天文学家J.W.坎贝尔——他在 20 世纪上半叶周游世界去观看了 12 次日全食，结果每次都是浓云遮顶。

近年来，观看日全食的成功率要高得多，因为人们能够用现代的天气预报来更准确地挑选地点，而且今天的交通也比过去要灵活得多。但现代的日食追逐者们也有自己的不幸。

和 1973 年 6 月的数千人一样，一个天文馆的馆长预订了前往大西洋日全食发生地点的游轮船票。我们这个倒霉的日食爱好者在日全食开始的几分钟前不得不去一下甲板下面的洗手间。但不知何故，他在迷宫般的船舱里迷路了。等他找到重回甲板的路时，日全食已经成了历史。

加拿大温哥华的天文爱好者伊恩·麦克伦南前往世界各地观看了 16 次日全食（其中只有一次完全被云遮住），他也有自己的不幸遭遇。在肯尼亚一个偏远的地方，就在发生日食的前一晚，猛烈的暴风袭击了他们的营地。夜幕降临之后，麦克伦南离开了他的帐篷一会儿。当他回来的时候，他发现帐篷已经被风吹走了。“我再也没有找到它。”他说，但他还是看到了日全食。

1972 年，麦克伦南的日全食之旅把他带到了加拿大魁北克东部，在那里他对这项活动有了更深入的认识。人们带着器材从世界各地来到这里观看日全食，但在日全食开始时因为云层太厚而什么都看不到。“当然，我们确实感到天黑了，”麦克伦南回忆说，“而且我们也注意到了总是会伴随日全食而来的奇怪的平静。然而，在附近横穿加拿大的高速公路上，卡车只是打开了前灯继续前进！很少有人会停下来，看一看到底是什么使得中午的天空变黑了。而我们却从全世界聚集到此来体验这一切。”

对观看日食上瘾的并不只有业余天文学家，还有大批的自然爱好者。正如一个老日食追逐者所言：“它令人上瘾，使人只想一次又一次地暴露在日全食之下。”

为了站在月球的影子之中，日食追逐者会不遗余力地前往地球上最遥远的地方。他们会毫不迟疑地承认自己对日全食壮观景象的痴迷。这张照片拍摄于 1998 年 2 月 26 日，在日全食期间加勒比海上的库拉索岛。为了目睹这一现象，有 3 万多人专门前往了加勒比海。

记，这场戏奏效了。阿拉瓦克人答应，如果上帝能使月亮复原，他们会向水手们提供所需的所有食物。在最终获救并返回欧洲前，这场表演可能使哥伦布及其船员免于饿死。

月食只有在满月并且地球正好位于太阳和月球的连线上时才会发生。当这些条件都满足时——通常一年2次，月球就能被地球的影子遮住，最长可达1.5小时。与日食（只能在有限的区域中看到）不同，所有夜半球的人都能看到月食，这为感兴趣的观测者提供了大量的前排座位。

在月食的过程中，月亮并不会完全变黑。通过地球大气漫射的阳光会使满月发出暗淡的光，把它的亮度削弱到平时的万分

近年来的日全食

日全食的范围通常为97~193千米宽。若需要具体信息，可查阅天文学杂志或在谷歌上搜索关键词“NASA eclipse”。

2015年3月20日：挪威北部的北冰洋

2016年3月9日：印度尼西亚和太平洋上的赤道地区

2017年8月21日：美国中部，从俄勒冈州到南卡罗来纳州，这次日全食将受到媒体的广泛关注

2019年7月2日：南太平洋，智利，阿根廷

2020年12月14日：南太平洋，智利，阿根廷，南大西洋

2021年12月4日：南极洲，南大西洋

2023年4月20日：印度尼西亚，澳大利亚

2024年4月8日：美国至加拿大（从得克萨斯州到安大略省，魁北克省和新不伦瑞克省）

近年来的日偏食（北美洲）

根据观测者的位置，日偏食发生的时间可能相差数小时，请仔细查阅历书或天文学杂志。

2014年10月23日：密西西比河西部的北美地区

2017年8月21日：整个北美洲，这次日偏食将受到媒体的广泛关注

2021年6月10日：新英格兰、加拿大沿海省份、纽芬兰、拉布拉多省，日出时可见

2023年10月14日：整个北美洲，最有可能出现在美国西南部

2024年4月8日：整个北美洲，这次日偏食将受到当地媒体的关注

2025年3月29日：新斯科舍、纽芬兰、拉布拉多省，日出时可见

近年来的月食（北美洲）

所给时间为食甚时刻，为了看见整个过程至少需要提前1小时开始观测。如有需要请转换时区。

2014年4月15日：整个北美洲可见全食（美国东部夏令时为4:46）

2014年10月8日：全美国可见全食，纽芬兰可见偏食（美国东部夏令时为6:54）

2015年4月4日：美国西部和加拿大可见全食（太平洋夏令时为7:00）

2015年9月27日：除育空地区和阿拉斯加外的整个北美洲可见全食（美国东部夏令时为22:47）

2018年1月31日：加拿大的五大湖西部和美国可见全食（太平洋夏令时为5:30）

2019年1月20日～1月21日：整个北美洲可见全食，全食发生时月亮高高悬挂在天空中

2021年5月26日：北美洲西部可见全食（太平洋夏令时为4:18）

2021年11月19日：整个北美洲可见深度月偏食（美国东部标准时间为21:03）

2022年5月16日～5月17日：整个北美洲可见全食（美国东部夏令时为12:11）

2022年11月8日：北美洲西部可见全食（太平洋标准时间为5:58）

2024年9月17日：北美洲东部可见轻度月偏食（美国东部夏令时为22:44）

2025年3月13日～3月14日：整个北美洲可见全食（太平洋夏令时为23:58）

之一。根据同样的原理，即便太阳已经位于地平线之下，但傍晚的天空依然比较明亮。

地球影子的黑暗程度与月食时地球大气中云、尘埃和污染物的量有关。偶尔，影子足够浓密，使月球几乎完全消失；有时，影子只会使月球蒙上一层淡淡的铁锈色。1991 年 6 月，菲律宾的皮纳图博火山爆发，向高层大气喷出了大量尘埃和硫酸雾，在随后的数月里，它们扩散到了整个北半球。这些颗粒物吸收阳光，使得北半球出现了明显的降温，并且还在 1992 年 6 月的月偏食中造成了一个漆黑的阴影，在 6 个月之后的月全食中造成了一个暗淡的灰影。在月全食的过程中，月亮十分暗弱，我估计其在食甚时的总亮度仅相当于一颗 4 等星。

随着月球绕地球转动，月球在天空中每小时向东运动的距离相当于其直径。地球的影子差不多是月球直径的 2 倍宽，因此如果月球从地球中心穿过的话，它可以完全置身于地球的影子中近 2 小时。有时，月亮会掠过地球的影子，发生月偏食。月偏食时，月球被照亮的部分和深色的阴影所形成的对比使得影子的实际颜色很难被确定，而这一现象也远没有月全食那么令人印象深刻。

一次月全食会以如下的过程展开：在月球进入地球影子大约 20 分钟前，月球的东侧边缘会变得稍暗，说明阴影区已在附近。当月球的边缘和影子相切的时候，这一变暗的效果是很明显的。在月全食的过程中，月球需要大约 1 小时的时间来进入地球的影子。一旦完全进入，全食就开始了，持续的时间从几分钟到 1.5 小时不等。在全食的最后 1 小时里，月球会慢慢地运动出地球的影子。

在食甚的前后 5 分钟里，可以尝试利用法国天文学家安德烈 - 路易 · 丹戎提出的等级来估计月食的亮度。这一针对肉眼制定的等级如下：

等级 0 为极黑暗的月食，在食甚期间月球实际上是看不见的。

等级 1 为深灰色或棕色的月食，月球的细节难以辨识。

等级 2 为深红色或铁锈色的月食，地影的中央区域较黑，边缘较亮。

等级 3 为砖红色的月食，地影边缘通常呈亮灰色或黄色。

等级 4 为明亮的铜红色或橙色的月食，地影具有很亮的蓝色边缘。

如果月食介于两个等级之间，如在 1 和 2 之间，则可以记为丹戎等级 1.5。记住，这个等级是用于肉眼观测的，在双筒望远镜或天文望远镜中，被食的月球会更亮。

对观测月食而言，大型望远镜或者高倍率的用处不大。我建议使用双筒望远镜或低倍率的天文望远镜，因为它们能使月食期间的月球整个处于视场之中。

在月全食期间，阴影区的范围和颜色的强度会大幅变化。在这张图片中，地影的核心位于左上角，而其边缘正好位于月面的右下角。

第10章

彗星、流星和极光

我曾经注视过十几颗至今仍不为人知晓的彗星，它们缓慢地划过天际，在太阳的来客记录中留下了自己华丽的一笔。

——莱斯利·佩尔蒂埃

1995年7月22日晚，来自美国亚利桑那州菲尼克斯的5位天文爱好者决定前往位于该城南部的观测地点，以便远离城市的灯光。这个夜晚像往常一样，大家卸下望远镜、三脚架、折叠椅子和星图。随着夜幕的降临，将望远镜对准星系、星云和星团，一个标准的业余天文学之夜开始了。

在23点，观测者之一的吉姆·史蒂文斯把望远镜对准了人马座中的球状星团M70。自己看了一会儿之后，史蒂文斯退后以便让汤姆·波普来看一看。波普当时并没有望远镜，是受邀来一起观赏天空盛景的。

当他透过目镜看去时，他看到了M70模糊的光芒。这个星团距离地球65 000光年，其中的单颗恒星呈微小的亮点状，就像停留在被迷雾覆盖的路灯周围的小萤火虫。随后波普问道："视场边缘那个模糊的小天体是什么？"

于是，史蒂文斯回到目镜前仔细地看了看，也看到了那个小天体。史蒂文斯核对星图，认为它可能是之前没被注意到的一个星系或是暗弱的星团。根据星图，那里什么都不该有。这群天文爱好者的望远镜都对准了那个神秘的天体。毫无疑问，它就在那里——每个人都同意——但它究竟是什么？

到了子夜，他们确定这个天体发生了微小的位移，这意味着它只能是一样东西：彗星！

汤姆·波普跳上车赶回家，通过电子邮件向国际天文学联合会总部报告了这一发现。与此同时，在邻近的新墨西哥州，"彗星猎人"艾伦·海尔正在搜索天空中尚未被发现的彗星，随后他决定休息一下，看一些他最钟爱的天体，其中就包括了M70。当他看见其周围漂浮

自 1910 年的哈雷彗星以来，1997 年的海尔 - 波普彗星是能在北半球看到的最亮彗星。它拥有两条壮观的彗尾，白色彗尾是被阳光照亮的尘埃，蓝色彗尾则是受到太阳风激发而发光的气体。

着的云雾状物质时，他几乎立刻就确定这是一颗彗星。他也报告了这一发现，比波普早了几分钟。第二天，两人得知他们发现了一颗彗星，它随后被命名为海尔 - 波普彗星。

这不是一颗普通的彗星。在 1997 年 3 月底和 4 月初，海尔 - 波普彗星成了夜空中亮度仅次于月亮和天狼星的第三亮的天体。据估计，地球上有 10 亿居民看到了它。自 1910 年哈雷彗星的历史性回归以来，从加拿大和美国来看，它是唯一一颗如此明亮且在子夜时分的地平线上清晰可见的彗星。考虑到这样明亮的彗星的罕见程度，海尔 - 波普彗星应该是目前健在的人在一生中能看到的最亮的彗星。

在 1997 年 3 月和 4 月的大部分时间里，海尔 - 波普彗星（上图）的亮度为 1 等或者更亮，在月光下都足以引起人们的注意。它还保持着一项纪录——它是历史上唯一一颗在一年多的时间里都能被肉眼看到的彗星。1996 年 3 月可见的百武彗星（左图）拥有比海尔 - 波普彗星更长的彗尾，但对那些偶尔才进行观测的人来说，百武彗星不如海尔 - 波普彗星壮观。

彗星其实是天王星和海王星这两颗巨行星形成时残留下来的飞行冰山。今天，有数十亿颗彗星存在于海王星和冥王星轨道之外冰冷的区域中。它们按照巨大的轨道绕太阳转动，绕一圈需要几百年甚至数千年的时间。偶尔地，来自海王星或者是从太阳系旁经过的恒星或星云的微弱引力会影响其中一座宇宙冰山，把它送上一条前往地球所在的内太阳系的道路。

随着彗星接近太阳，冰在阳光的照射下就会开始蒸发。在真空中，蒸汽会形成一片数倍于地球的巨大气体和尘埃云。太阳光压以及太阳风中不断向外流动的电子和质子会把这些气体和尘埃云向后推，形成彗尾——确切地说是两条彗尾，一条白色的尘埃尾和一条蓝色的气体或等离子尾，后者在彩色照片中比用肉眼观测更加清晰。这些彗尾的长度可达数百万千米。

在 1997 年 4 月初的鼎盛期，海尔 - 波普彗星的两条彗尾可长达 1 亿千米，是地球到月球距离的200多倍。然而，对如此大的东西来说，彗尾包含的物质却少得惊人，其中气体和尘埃的量相当于覆盖美国特拉华州的积雪蒸发不到2厘米时所释放的物质的量。彗尾十分稀薄，其中大部分空间都像是良好的真空实验室。然而，从远处看，在漆黑夜空的映衬下，彗尾却伪装成了一个实实在在的物体。彗星专家弗雷德·惠普尔曾讽刺地说："彗尾是最接近没有但又确实有东西的物质。"

在彗星的两条彗尾中，尘埃尾一般比较亮。大小和窗台上灰尘一样的粒子原本都掺杂在彗核的冰中。随着阳光蒸发彗核的外层，尘埃会和气体一起被释放出来。正如漂浮在暗室中的灰尘在阳光下容易被看见一样，彗尾中的尘埃反射阳光的效果是惊人的。事实上，家里的一些尘埃毋庸置疑正是彗星尘埃。随着彗星在其彗尾中抛撒物质，这些尘埃就会散落在太阳系中，之后在行星绕太阳运行时被行星扫过。较大的会在地球大气中燃烧形成流星，细小的则会以每天几吨的量缓缓地落到地球上。

彗星小百科

彗星以其发现者命名。向国际天文学联合会总部报告疑似发现新彗星的前两个人会被赋予发现权。在已被发现的彗星中，差不多有半数是由业余天文学家发现的，这通常经过了多年的潜心搜寻。

在命名上，哈雷彗星是一个例外。埃德蒙·哈雷并不是这颗彗星的发现者，但他成功地预报了它的回归时间——1758年（在上一次看见它的76年后）。哈雷彗星最近一次造访内太阳系是在1986年，当时它从北半球看上去很暗（4等），并不显眼。但它在1910年出现时极为靠近地球，呈现类似1997年海尔-波普彗星的景象。

海尔-波普彗星被认为是200多年来造访内太阳系的最大彗星。这颗彗星的直径为35千米，其冰质彗核的质量较大，至少是已知最大的彗星之一——哈雷彗星——的彗核质量的10倍。就与地球的距离而言，1996年3月末可见的百武彗星比海尔-波普彗星近了13倍，大小却不到后者的1%。

即便海尔-波普彗星的核在其最亮时每秒会抛射出100吨的气体和蒸汽，但在它通过内太阳系的旅途中，其核心的物质只蒸发了不到万分之一。

彗星向后延伸的彗尾使它看上去好像是以头在前、尾在后的方式向前运动，但其实彗星的运动方向和其彗尾的朝向关系不大。由于太阳辐射将彗尾向后推，彗星总是头朝太阳的。随着它在长椭圆形的轨道上绕太阳运动，彗星来的时候是头在前，走的时候就变成了尾在前。

海尔-波普彗星的轨道是巨大的。上一次它通过太阳系的内部是在4 206年前。但多亏了1996年7月木星在1.2亿千米外的一次助力，它的轨道在木星的引力作用下发生了改变，现在它会在2 380年内重返内太阳系。

上图是海尔-波普彗星接近太阳的时候，其转动的核心抛射出的气体和尘埃壳层。天文爱好者用小型望远镜很容易就能看到这些令人印象深刻的特征。左图是百武彗星的特写。

著名的和非著名的彗星

哈雷彗星是迄今为止最著名的彗星，这既因为其亮度，也因为其76年的轨道周期恰好和人的平均寿命相当，因此几乎每个人都有机会看到它一次，然后和他们的子孙分享关于它的传奇。然而，这一循环在1986年被打破了，当时这颗彗星的位置非常不利于北半球的观测者，而且它在最亮时也仅有4等。但在1910年，这颗大彗星以其壮观的彗尾和1等的彗发引起了轰动。而天文学家通过计算发现，在837年，哈雷彗星从极为靠近地球的地方经过，其亮度相当于娥眉月，是过去的2 000年里地球人所能见到的最亮的彗星。

环绕木星的舒梅克-列维9号彗星发现于1993年3月，它在天文学的历史上是独一无二的。木星的强大引力不仅俘获了这颗彗星，还把它撕成了21块，由此产生的迷你彗星群在1994年7月撞上了木星。撞击产生的爆炸在木星的大气层上留下了巨大的黑色伤痕，其中一些伤痕和地球一样大，用小到60毫米的折射式望远镜就能看到。这是人类唯一一次目睹太阳系中的一个天体实实在在地撞上了另一个天体。

百武彗星因在1996年3月末距离地球不足1 600万千米而成了一颗亮度达到1等的小彗星。在不到1周的时间里，它从牧夫座运动到北极星，拖着一条长达65° 的稀薄的蓝色彗尾。如果1年之后更为明亮的海尔-波普彗星不出现的话，它会成为20世纪最后20年中最亮的彗星。

1976年3月的威斯特彗星比海尔-波普彗星还亮，但能在曙光中看见它的时间只有几天。它并不广为人知，除了天文发烧友之外很少有人看到它。在20世纪后半段，另一些明亮的彗星还有1970年的贝内特彗星、1965年的池谷-关氏彗星以及1957年的姆尔科斯彗星和阿连德-罗兰彗星。

还有一些彗星被预计很壮观，但结果令人失望。最"臭名昭著"的是科胡特克彗星，它在1974年1月达到的最大亮度仅为4等，还不到天文学家预计的1/10。同样地，被主要天文学杂志事先冠以"巨型彗星"称号的奥斯汀彗星也"哑火"了，在1982年8月用肉眼只能勉强看到。

看上去，彗星的核接近星点状，周围包裹着被称为彗发的模糊气团。从彗发向后伸出的模糊的彗尾通常比彗发暗得多，结构稀疏。偶尔，优雅纵长的线条使彗尾看上去就像一束头发，或者赋予了它精细的羽毛状外形。彗星的英文"comet"来自古希腊语"kometes"，意为"留着长发"。

不同的彗星在形状、尘埃尾的长度以及彗发的亮度上差异巨大，一些具有明亮的彗发和暗弱短粗的彗尾，一些具有扇形的彗尾，另一些则具有细得像铅笔杆似的彗尾。通常，由于彗星在其轨道上运动，其彗尾是弯曲的。但其中的气体尾总是笔直的，因为它直接受到太阳风的影响，而太阳风是来自太阳的带电粒子流。

当彗星进入火星轨道之后，其亮度通常会上升

用天文爱好者手中的望远镜看不到舒梅克-列维9号彗星，但1994年7月，当它的碎片撞击木星时，用小型天文望远镜就能看到撞击留下的痕迹（上图）。威斯特彗星（顶图）壮观的弧形彗尾点缀着1970年3月北半球清晨的天空。海尔-波普彗星（右图）亮到在城市中就被能看到，这是城里的数百万人第一次看到彗星，照片中的是在卡尔加里天文馆的人们。

作者于 1996 年 3 月 27 日美国东部标准时间 4:05 拍摄了这张位于北极星附近的百武彗星的照片，展示了它 2 000 万千米长的彗尾。在 75 秒的曝光时间里，与“和平”号空间站对接在一起的“亚特兰蒂斯”号航天飞机出现在地影中，从左向右滑过。

到 5 等以上，在每个晴朗的夜晚（或者早晨，因为半数的彗星出现在早晨的天空中）都可以被观测到。黑暗的天空充分增加了彗尾中可见细节的数量，尤其是它的总长度。因为彗尾通常会延伸好几度，所以使用双筒望远镜可以在观测明亮的彗星时获得最佳的视觉效果。

在望远镜中，彗核通常都呈星点状，但它有时也会被彗发所包裹，看上去就像是中心亮的一团光雾，类似在雾中的遥远路灯。我们经常看不到彗星中的任何结构，尤其是较为暗弱的彗星。最亮的彗星是最活跃的，目视观测往往比在照片中能更好地看到其彗发周围的结构细节。和彗星的这些特定细节同样有趣的是，随着彗星相对于恒星背景的缓慢移动，其大小、形状和亮度也会夜复一夜地变化。

流星

我们每个人都可能遇到过这样的事：匆匆瞥一眼布满星星的天空——也许只有一秒，就在这时，空中平静的景象被一颗“落下的星星”打破了。解释这件事很容易：这种划过天空并很快消失的天体是流星体。

流星体和恒星一点关系都没有。流星体是微小的太空碎片，小到你的手掌就可以轻易地盛下数千颗。但是它们能在夜空中发出常见的短暂而明亮的闪光——它们以 6 万千米 / 时的速度冲入地球的高层大气，结束了自己的生命，这才发出了如此耀眼的光。由于这样高的速度，一个普通大小的流星体在和空气粒子的摩擦下，在 1 秒钟内就能蒸发。突然出现的闪光正是由于蒸发时产生的高热量所致。

地球每天都会经过至少 400 吨流星物质，

其中大部分是不会产生可见流星的微小尘埃，它们会撞上地球大气并且在数月或者数年之后飘落到地面上。另有少数大到足以形成可见的流星。在罕见的情形下，一块大到能在高温的坠地过程中幸存下来的物质被称为陨星。

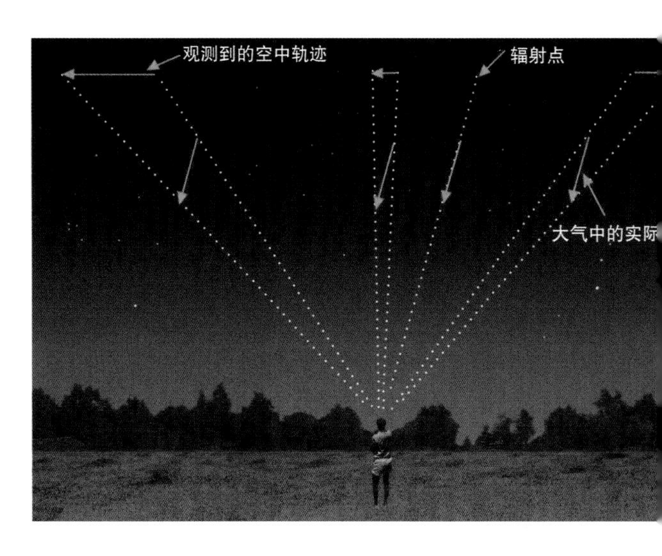

流星和流星体这两个词很容易引起混淆，我们在这里需要解释一下一些相关的概念。流星指的是在夜晚可见的一道亮光，由小块太空碎片在地球大气中燃烧所致。流星体是太空中的小块物质，有可能成为流星。陨星是从地球大气层下落的过程中幸存下来并抵达地表的碎片。与之相关的小行星则是围绕太阳公转的小型亚行星天体，一般位于火星和木星的轨道之间。大的陨星被认为是小行星间碰撞产生的残骸。

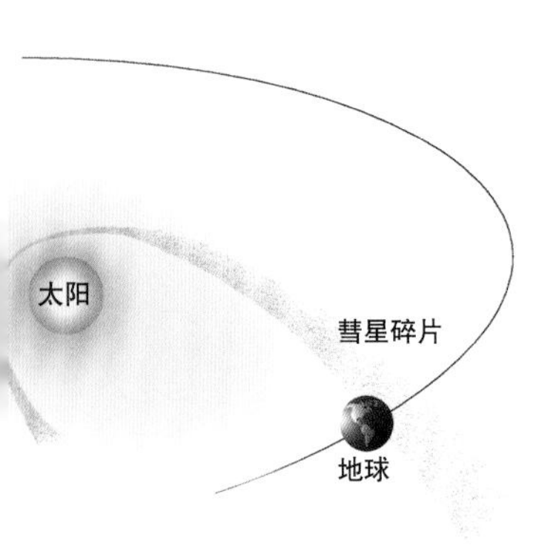

不管这些令人困惑的术语，我们来看看在夜空中可见的流星。在一个黑暗的地点，在一个普通的晴朗夜晚，我们每小时可以看见 3 或 4 颗中等亮度的流星，到黎明前这个数字能上升到 7 或 8 颗。然而，随着地球绕太阳运转，地球在可预测的时间段里会遇上大群的流星物质。位于地球轨道上特定位置的流星群就像跑道上的标志，会快速地与地球相遇，然后很快又被甩到后面。就这样，流星雨最多只能持续几晚。比较壮观的流星雨平均每分钟就会出现一颗流星，不过大多数流星雨达不到这个水平。

当地球穿过彗星抛出的碎片时（上图），在每年相同的夜晚会出现流星雨。在某些情况下，彗星已经不复存在了，但它留下的尘埃轨迹能保持数千年。流星看上去像是从天空中的某个点飞出的，那里被称为辐射点（右上图）。这是透视效果，流星飞行的轨迹其实是相互平行的。在右下图中，一颗明亮的流星和 M7 星团一起出现在视野中。

无论是否出现流星雨，流星的峰值期是 1 点左右到黎明前，因为在子夜之后，地球的夜晚一侧就会朝向其绕太阳公转的方向。这一子夜后的一侧或“前导”侧会比子夜前的一侧或“后随”侧遇到更多的流星。打个比方，当我在大雪天走在户外时，我外套的前侧会粘满雪花，后背上却只有一点，这是由于我在雪中向前运动造成的。同理，地球以 108 000 千米 / 时的速度不断在轨道上向前运动的时候也是这样。

有经验的流星观测者会使用有垫子的草坪躺椅，它可以被调节至接近水平，让你能舒服地看到尽可能大的天空。在可选择的范围内挑选最黑的地点，面朝流星雨的辐射点（下页表）。记得备好毛毯和驱虫剂。对观测流星来说，双筒望远镜或天文望远镜没什么用，因为相对于人眼它们的视场太小了。流星实际上会毫无预兆地从任何地方飞出。由于流星观测不需要特殊的器材，这对把天文学介绍给其他人以及熟悉恒星和星座而言是一个难得的机会。

认真的流星观测者会在全天星图（如本书中所给的）的复印件上记录每颗流星的轨迹。这需要用到经过高度滤光的红光手电，否则夜视能力就会受损。当观测到一颗流星时，他们会仔细地记下它在群星中的起点和终点，然后在星图上画出它的轨迹，用箭头表示它的飞行方向。在观测结束之后，反向延长它的轨迹就能得到这个流星雨的辐射点。有一些流星并非是从这个区域出现的。它们是偶然出现的非流星雨流星，可以在一年中的任何一个晚上看到。

已知流星雨（下表）中的流星是彗星留下的碎片。在和太阳密近会合的过程中，彗星会抛撒出流星物质。这些冰质天体会部分蒸发，释放其中的尘埃和密度较大的冰，它们会沿着彗星的轨道散开，就像是一个漏了的沙袋所留下的痕迹。当地球穿过它们时，流星雨就发生了。

拍摄流星的最佳方法是在流星雨峰值期的当晚曝光几分钟来拍摄星象迹线（右上图）。上图是 1997 年狮子座流星飞过御夫座的照片。

在每年流星雨最繁盛的时候，在理想的条件下，每小时能观测到几十颗流星，单颗流星间的平均距离超过了 100 千米。因此造成流星雨的物质“群”中实际上几乎是空白的。目前还不知道有哪颗属于流星雨的流星抵达过地球表面。就算是那些亮如金星的流星也会很快烧尽，但它们往往会留下持续数秒的发光痕迹。

每年主要的流星雨

流星雨名称	辐射点	极大日期	极大时每小时流量①
象限仪座流星雨	东北（天龙座）	1 月 3 日	10 ~ 50
天琴座流星雨	东北（天琴座）	4 月 21 日	5 ~ 25
宝瓶座 η 流星雨	东（宝瓶座）	5 月 4 日	5 ~ 20
宝瓶座 δ 南流星雨	东南（宝瓶座）	7 月 27 ~ 29 日	10 ~ 20
英仙座流星雨	东北（英仙座）	8 月 12 日	30 ~ 70
猎户座流星雨	东（猎户座）	10 月 20 日	10 ~ 30
狮子座流星雨	东（狮子座）	11 月 16 日	10 ~ 20
双子座流星雨	东（双子座）	12 月 13 日	30 ~ 80

极光

绿色、白色和红色的透明帷幕在北方的夜空中舞动，犹如在来自远方的宇宙风的吹动下

① 数字范围表示不同年份的流星雨的强度变化，这些数字并不包含每小时 6 颗左右的偶然出现的流星。

翻腾、打转。一些人曾经见过这一夜空中的壮观景象——极光。在某些晚上，极光看上去更像是跳动的云彩或者是地平线上朦胧的光弧。或者，在更为罕见的情况下，天空中充满了不断变化的光。

在加拿大南部和美国平原北部，平均每年都能看到一些壮观的极光景象。而每10年则有1～2次，极光会向南延伸至佛罗里达州。

对这一现象最古老（也是完全错误）的解释认为，极光是极地的冰所反射的阳光。不过早在20世纪初，挪威天体物理学家卡尔·斯托默就给出了正确的解释——极光源自太阳爆发而朝地球方向喷射出的高能粒子。这些粒子以数百万千米每小时的速度运动，会在1～2天内抵达地球，但不是直接闯入地球大气，它们会在地球磁场的作用下发生偏转。

之后，这些粒子会被迫沿着地球磁场的磁力线运动，最终进入磁极上方的大气，它们在

那里会激发地球高层大气中的稀薄气体。这些气体在粒子的激发下会发光，就像一块巨大的电视屏幕似的。氧在极低的气压下会发出绿色或红色的光，电离的分子氮则会发出蓝色的光。虽然极光发生的高度从100～1 000千米不等，但最壮观的景象都发生在这个区域的底部附近，那里的大气密度合适，能够产生最好的效果。

这张照片拍摄于加拿大的北极地区，在那里和美国的阿拉斯加可以看到最频繁和最强的极光。不过每10年就会有几次，这一盛大的“演出”会覆盖整个北美大陆，如2004年11月7~8日的夜里，右上图即是作者当时在后院里拍摄的。深红色的极光带和更常见的绿色极光是自然界中典型的夜间光。

由于极光和太阳活动有着直接的联系，黑子极大期前后的剧烈的太阳活动总会增强极光的活动。在这一时期，在更靠南的地方看到极光的可能性变大了，因为地球的磁层——由地球周围被磁场束缚的粒子所构成的等离子体区域——会变得紊乱，把极光区朝赤道方向扩展，让更多的人看到这些闪动的光幕。

极光的观测记录可以追溯到公元前6世纪的中国文献，它把极光描述成了星群中的火龙。中国最丰富的极光记录出现在11世纪和12世纪，正好和剧烈的太阳活动发生的时间相吻合。而古希腊的阿那克西美尼以及其他人的记录证明了这是一直都令人们感到惊奇的现象。

一场典型的极光“表演”往往始于北方地平线处的白色或淡绿色光芒。随后，一些光点或者光弧会慢慢地爬上天空，并随着高度的增加而不断变亮。在极光亮度增加的同时，垂直的光

带开始闪烁摇摆，发展成波纹状和褶皱状，形成了天空中的幕帷。效果最佳的时候，这些波动的红色、绿色和紫色的帷幕可以存在几分钟到数小时。

最壮观的极光会发展成从头顶辐射出的明亮彩带，令天空充满了光和色，几乎掩盖了所有的星星。这种形态的极光被称为极光冕，是自然界最壮观的景象之一。极光冕的光线其实是平行的，但看上去似乎都汇聚在磁天顶，就像平行的铁轨看似会在远处相交一样。对于美国的大部分地区和加拿大，磁天顶就位于头顶稍稍偏南的地方。我们必须在一个黑暗的地点才能充分欣赏极光，路灯、后院甚至是城市的照明灯光都会掩盖极光精细的结构和色彩。

关于能听到极光声音的报告不绝于耳，许多科学家开始相信这是真的。有数百份报告是关于与极光有关的劈啪声和嘶嘶声的，但只有部分人真正听到了这些声音。一般来说，一群人中仅有一两人听到了声音。这些声音的起源仍有争议，但它们意味着宇宙的神秘之处就在我们的大气上方。

上面的照片拍摄于1997年4月10日，位于左下角树梢附近的海尔-波普彗星在明亮的极光面前相形见绌，该照片是用第164页左上角的照相机曝光30秒拍摄的。右图是典型的绿色极光。

第11章

天文摄影

天文学带来的乐趣会与日俱增而非逐渐淡去，你了解得越多就会越喜欢它。

——怀康特·格雷

除了少数空间探测器拍摄的照片之外，本书中几乎所有的照片都是业余天文学家拍摄的，而且往往是在他们的后院里拍摄的。其中一些照片拍摄起来比较容易；另一些则需要使用尖端的器材，作数小时的准备，还要求摄影师具有丰富的技巧和经验。本章将一步一步地教你进行最简单的天文摄影。

在得知一些壮观的天文照片不需要使用天文望远镜或者特殊器材就能拍摄时，刚入门的天文摄影师往往会感到惊讶。只要拥有一部普通的照相机和一个相机三脚架，你就能够拍摄自己的第一幅天文照片了。我们可以把这种摄影想成夜间的普通摄影。

白天和夜间户外摄影的主要区别在于现场光。例如，傍晚拍摄娥眉月和一些亮行星需要曝光几秒。而在阳光下的快照只需要曝光1/500秒，因此在夜间摄影时，我们需要利用三脚架来使相机在曝光中保持稳定。

在完全黑暗的情况下，曝光时间会长很多。在此出现了一个限制因素：地球自转。由于照相机镜头的焦距不同，地球自转会使恒星、行星以及月球在曝光半分钟或者更短的时间内在照片中显示出运行轨迹。本章的后面会对曝光时间和设定照相机进行指导。

在深入探讨关于夜间摄影的问题之前，我们需要感谢自1999年以来在业余摄影界掀起的数字成像技术革命狂潮。在这之前，如果我们想找一种几乎适合所有类型天文摄影的照相机，我们只能选择使用35毫米彩色幻灯片或印片用胶片的单镜头反光照相机（简称单反相机）。但是，就像暴风雨过后被重塑的地貌，新的数码时代已经来临。如果你正在阅读这一关于摄影的章节，那么你有可能就是一个摄影爱好者，参与到了这一数字革命中并购买了数码相机。

由于这一摄影史上前所未有的分水岭，我觉得有必要重新调整并完全更新这一章的内容。因为数码相机现在已经相当普及了，它应该在这里成为主角。如果你打算继续用一阵胶片相机，请见第165页框中的指南。

从大多数方面来看，数码相机都比正被它取代的胶片相机更易于使用，二者的关键区别是用数码相机拍摄后，我们可以立即在液晶屏幕上看到结果。对天文摄影来说这是一个显著的优点，因为它的拍摄条件决定了它往往需要反复尝试

2004年1月24日，在加拿大封冻的安大略湖的现代雕塑上方，使用ISO 400、曝光10秒拍摄的金星和娥眉月。在黄昏拍摄一组天体唯一需要的器材就是架设在三脚架上的照相机。上一页的图中是M16鹰状星云。

（比如，“现在，如果你延长曝光时间并稍稍往左挪一点……”）。

差不多所有的数码相机都能用于天文摄影，但单反数码相机最为理想，因为它既具有35毫米单反胶片相机的灵活性，又具有数码相机的所有优点。

除了单反数码相机之外，数码相机可以分为两大类。一类是卡片数码相机，也叫作傻瓜数码相机。另一类则是曾经被摄影爱好者们所不屑的手机相机，如今手机相机的使用越来越普遍。有些手机相机可以拍摄出非常好的曙光和暮色的照片，还能通过望远镜的目镜拍摄月球。

除了月球之外，夜晚的恒星、行星和极光等都太暗了，至少需要数秒的曝光时间。许多天文摄影都需要15秒的曝光时间，因此这是对曝光时间的最低要求。相机必须在曝光时保持稳定，因此能被安装到三脚架上是对它的一个主要要求。

下一页框中的文字描述的技术可以用于四类最简单的天文摄影，我们只需要一部照相机而不需要望远镜。拍摄第一类“天空肖像”不需要太多技术，我们差不多可以使用所有的傻瓜数码相机。拍摄第二类照片——星象迹线——使用的是胶片时代的标准技术，但如果将几十年来一直在胶片相机上运用得很好的长时间曝光技术用于数码相机，后者的图像就会被噪点掩盖。而数码叠加软件的出现使单反数码相机的长时间曝光成为了可能。拍摄第三类和第四类照片——带地平线的广角照片以及深空天体——时使用单反数码相机的效果最好。

架在三脚架上的这部单反数码相机（左上图）被用来拍摄第74页的图和第167页的上面两幅图，以及本书中许多其他的照片。快门线可以让摄影师在不触碰照相机的情况下开始和结束曝光。如右图所示，一个内置极轴瞄准镜的赤道装置是使用单反数码相机进行长时间（1~10分钟）曝光拍摄天体轨迹的理想装备。底部的小插图显示的是从瞄准镜中看到的样子。为了尽可能地对准北天极，我们需要调整支架，使北极星位于一个小的偏距圆上，而小熊δ位于图中直线延伸到的左侧的另一个圆（图中未显示）上。

今天的单反数码相机（500美元起）是数字革命对天文摄影师的最大馈赠。即便像素相同，专门为认真的业余摄影师和摄影记者设计的这类相机也比傻瓜数码相机对低光照度敏感得多。对白天拍摄小孩和宠物来说，这一区别微不足道；但对会遇到各种环境的摄影记者——尤其是进行天文摄影的记者——来说，单反数码相机在低光照度情况下的表现是一大亮点。为了解释这一区别的根本原因，我们需要谈一谈像素。

所有数码相机都会以百万像素为单位清楚地标出传感器的尺寸，即标出获得图像的数码传感器芯片上像素的多少。与数码相机极为类似的是电视机屏幕，它由一行行的点组成，从一定距离外看就组合成了图像。数码相机传感器上的像素比电视机屏幕上的点小得多，而傻瓜数码相机和单反数码相机的主要区别之一就是像素的大小。

虽然一部傻瓜数码相机和一部单反数码相机都拥有1600万像素的传感器，但单反数码相机的像素一般比傻瓜数码相机的大6倍左右。正如大型望远镜比小型望远镜收集的光更多，单反数码相机的像素在一次曝光中收集的光比傻瓜数码相机多出6倍。因此与后者相比，单反数码相机能捕捉到更加暗弱的物体，而这无疑是天文摄影中的加分点。

因为具备这种能力，目前拥有标准套装镜头（一般为18～50毫米的变焦镜头）的单反数码相机已经成了了不起的天文摄影工具。在漆黑无月的夜晚，配上18毫米、f3.5的镜头和三脚架，一部ISO 1600的单反数码相机曝光25秒即可拍摄到9等的星星。在照片中，银河能被很好地呈现出来，在星光下还能看到人

放在三脚架上的照相机

“天空肖像”

为了拍摄和肉眼所见差不多的夜空照片，我们需要使用最大的广角镜头以容纳熟悉的前景。使用 f2.8~f4，曝光时间为 12~30 秒，可以避免照片中出现明显的星象迹线。对拍摄星座和极光来说，ISO 400~1600 是理想的配置。而拍摄黎明或黄昏的天体可以使用 ISO 100 或 200，既可以尝试使用相机内置的自动曝光模式，也可以反复尝试手动曝光模式。

星象迹线

若想拍摄壮观的星象迹线，要点在于黑暗的天空和长时间的曝光。由于曝光时间长，胶片相机在此具有优势。如果曝光时间为 30~60 分钟，我们可以使用 ISO 100 或 200 的胶片加 f2.8 光圈或者 ISO 400 的胶片加 f4 光圈。如果是凸月或满月，就把光圈再调小两档（更大的光圈值）。月光会把地面照得如同白天。

利用赤道装置跟踪天体

广角 + 地平线

将照相机安在极轴已经调准且具有马达驱动的赤道装置（或旋门追踪器）上，避免照片中出现星象迹线。但是由于照相机是跟着天空一起运动的，地面的景物会出现运动的痕迹。因此，关键在于使用广角镜头和 f2.5~f3.5 并曝光 30~90 秒。这样照片中的前景只会稍有模糊，而天空中的细节则很锐利。利用这种强大的技术可以拍摄出壮观的夜空景象，尤其是使用单反数码相机时。使用 ISO 400 或更高的感光度。

长焦镜头拍摄深空天体

用 50~100 毫米的长焦镜头或变焦镜头拍摄时，把赤道装置的跟踪时间延长 2~6 分钟就可以拍到大量细节。拍摄前需要精确地调准极轴以避免出现星象迹线。上图是天鹅座中的北美星云，拍摄时用的是上一页中的赤道装置，采用 f4.5、ISO 1600 和85 毫米的焦距，曝光 4 分钟。使用 100 毫米以上的焦距拍摄时需要用到更先进的导星技术。

物和风景。过去的相机不可能拥有这样的性能。

对天文摄影来说，佳能的任意一款单反数码相机都是理想器材。佳能公司率先研发出了在长时间（超过 30 秒）曝光下噪点极低的图像传感器，可以用于消费级单反数码相机。在我的测试中，佳能数码相机的传感器以其干净、几乎无噪点的 15 分钟曝光图像击败了其他品牌。

佳能是天文摄影专用相机的唯一制造商，针对天文摄影推出了其最畅销的单反数码相机之一 ——60D 的天文摄影版 60Da。在此之前，没有哪个大型的照相机制造商生产过专门针对天文爱好者的照相机。虽然 60Da 也可以用于日常摄影，不过它所具备的一些特点使之成了 21 世纪初天文摄影的首选设备。其中最重要的是一块经过改进的内部滤光片，它使得传感器芯片可以更多地记录夜空中最显眼的星云所发出的特定波长的红光。因此，与使用同一型号标准版的相机相比，使用 60Da 可以使许多深空天体的曝光时间缩短 50%。只要你拥有一部单反数码相机，不管它是什么品牌，你都可以尝试用它拍摄夜空。如果你的相机具有实时取景功能，你就可以在天文摄影时更轻松地获得锐利的图像。

在使用单反数码相机进行天文摄影时，确定要拍摄的画面和对焦往往是最难的部分。佳能的可选附件——弯角取景器会有一定帮助，它能稍稍放大佳能单反数码相机取景器中的图像并使之更容易被观察。

旋门追踪器

在天文摄影中，如果需要跟踪天体，赤道装置并不是唯一的选择。更为便宜的选择是自制一个被称为旋门追踪器的装置，花一个下午的时间就能把它组装起来。它不需要使用特别的设备来制造，也不需要马达和电池来驱动——它由一个转动手柄驱动。这是低技术所能达到的极致。

旋门追踪器的原理是它的合页和地球的自转轴平行，转动手柄推动由合页连接的其中一块板子（共有两块），以此来抵消地球自转带来的影响。连接在可以移动的板子上的照相机能够跟踪天体。

旋门追踪器上最昂贵的部件是托起整个装置的重型照相机三脚架，以及能在任何方向上固定住照相机的带小型球形云台的夹子。除了这两样之外，其余的材料都很便宜，大部分都很容易买到。这种装置的具体细节由你自己决定，下面介绍的仅仅是最基本的部分。

下图的旋门追踪器中用到了两个标准的门合页，只用一个也可以。传动螺栓是10厘米（4英寸）长1/4×20的车身螺栓。两个1/4×20的四角钉是需要用到的唯一专业器材。

将两块2厘米（3/4英寸）厚的胶合板切割成丁字形，将其和合页相连。这里唯一关键的是固定四角钉——用来支撑传动螺栓——的孔的位置，它应该精确地距离合页轴中心点29厘米（11 7/16英寸）。为了将两块板子固定在三脚架上，需要在下面的一块胶合板上钻一个1/4×20的螺纹孔，类似于照相机底部的那个螺纹孔。将另一个四角钉从上向下钉在这里，这样三脚架才能将四角钉向下拉，使其固定在下面的板子上。可以使用一个十字形手柄将传动螺栓每分钟转动一圈。每15秒钟轻轻地按顺时针方向将传动螺栓转动1/4圈，就能达到使用50毫米或更短焦距的镜头进行5分钟天文摄影所需的精度。

为了使旋门追踪器正常工作，合页的轴必须指向北极星，而且传动螺栓要位于右边（在你面朝北时的右边）。可以通过一根平行于合页的小管进行观察，帮助校准。

通过望远镜拍摄

当人们购买第一架望远镜时，他们问得最多的问题就是“我能用它来拍照吗？”通常这个潜在买家的意思是：我能用它拍摄出那些我在天文书籍或者杂志上看到的星云和星系的照片吗？而这就像在第一次上驾驶课前询问自己是否能成为赛车手一样。通过望远镜成功拍摄星云和（尤其是）星系照片的道路漫长而崎岖，无数爱好者最终都半途而废了。

因此，我们最好还是从简单的开始，然后逐步深入。就天文摄影而言，我们从照相机和三脚架开始谈起，然后慢慢步入星云和星系摄影。

话说回来，我们用任何傻瓜数码相机都能拍摄月亮——夜空中唯一又大又亮的天体。将照相机置于对准月亮的望远镜目镜上方，通过照相机的LCD屏幕取景。当你在屏幕上看到月亮时，轻轻地按动快门，然后检查你拍到的图像。你可能发现月亮像脱焦了，这也许是由于没有对准、拍照时手发抖或是其他原因，但你至少可以立刻发现出问题的地方，然后再试一次。可以利用相机的变焦功能并尝试启用和关闭自动对焦来获得最佳效果。开始时在低倍目镜下拍摄整个月亮，一旦你熟悉了这方法，就可以尝试用更高的放大倍率来拍摄更近的图像。

拍摄时，可以在目镜后手持相机，也可以把相机固定在三脚架上以便更稳地对准目镜，

为了把单反数码相机或35毫米单反相机（右上图）连接到望远镜上，我们需要用一个转接环（黑环）将照相机连接到31.75毫米（1.25英寸）或50.8毫米（2英寸）的照相机或望远镜适配器（图中有显示）上，这样照相机的位置就会像位于望远镜焦点上的目镜一样合适了。在你第一次尝试拍摄月亮时，这样的装备就能使你获得很好的图像。拍摄深空天体需要长时间曝光，因此我们还需要有精确的马达驱动的、稳定的赤道装置。

更好的办法是使用适配器来连接照相机和望远镜。不过，对于傻瓜数码相机，没有标准的照相机到望远镜的适配器，因此你需要为你的相机专门配一个。照相机专卖店中通常没有适配器，不过你可以通过望远镜经销商或者在网上购买。另外，我们还可以咨询目镜生产商。一些公司，如 Tele Vue，会为自己的目镜生产照相机适配器。

对单反数码相机而言，寻找适配器就简单多了。只要有一个适用于自己相机品牌的便宜的转接环，我们就能将标准的 31.75 毫米（1.25 英寸）或 50.8 毫米（2 英寸）的缩焦器与适配器相连。转接环和适配器从任何一个库存充足的望远镜经销商处都可以买到。遥控快门线是另一个必备的重要附件。一般单反数码相机的曝光时间最长只有 30 秒。为了延长曝光时间，我们需要使用 B 门（bulb，手控快门）以及遥控快门线来开始和结束曝光。（“bulb” 在摄影中指气吹球，这个名称源于旧式相机用于遥控快门的气动装置。）

现在来谈一谈怎样利用望远镜拍摄星云和星系。这是单反数码相机作为天文相机的核心舞台，也是它完胜傻瓜数码相机的所在。不过，在此我不得不说，虽然使用单反数码相机比使用 35 毫米单反胶片相机能更容易地拍摄星云和星系，但拍摄这些深空天体的特写——天文摄影的圣杯——需要一流的赤道装置来抵消地球自转带来的影响。如果你的望远镜在 2 000 美元以下，那几乎可以肯定的是，它的支架承担不了这一重任。（许多比这个更贵的望远镜也不行。）就算有了合适的支架，精确地对准北天极也是成功的关键。

我是在给你泼冷水吗？是的，至少一开始是这样，因为利用一种更为简单但常常被忽视的方法也能通过望远镜拍摄出令人满意的作品。正如第 165 页上方的第四类摄影中所描述的，将一部带有普通镜头的单反数码相机装在配有马达的赤道装置——有没有望远镜都行——上，它就成了一部强大的天文相机。如果你有相机但没有赤道装置，那么便宜的自制旋门追踪器（上一页）也可以完成这项工作。你最好选择能够架到相机三脚架上的小型商用追踪器。我推荐威信和艾顿的追踪器。

我喜欢在极轴中内置瞄准镜的赤道装置，这种装置能够帮助我们迅速地为深空摄影调准极轴。连接在赤道装置上的小型球形云台使照相机可以快速而稳定地对准任何方向。而赤道装置能抵消地球自转带来的影响，使照相机在长时间曝光中一直瞄准同一个目标。星象迹线会被消除，而长时间曝光能拍摄到暗得多的星星。开始时使用短焦镜头，因为它们对极轴指向出现的小偏差不太敏感。

举例来说，在黑暗的天空下，配有标准的 24 ~ 85 毫米变焦镜头的单反数码相机使用 f4 以及 ISO 800 或 1600 并曝光 2 ~ 5 分钟，能够拍摄到大量细节。我们可以在通过望远镜进行深空摄影之前尝试这种方法，因为它更可能带来令人满意的结果。

天文摄影师的终极挑战是拍摄太阳系之外的无数星系、星云和星团。为了能通过望远镜恰当地拍摄它们，我们需要单独的导星镜来确保主镜在曝光的过程中精确地指向了目标，即确保在拍摄的过程中引导星始终位于导星镜的中央，这就

单反数码相机上的广角镜头可以捕捉到业余天文摄影中的美。
顶图：亚利桑那沙漠中的观测者；佳能 20D，20 毫米 f2 镜头，ISO 1600，曝光 20 秒。
中图：工作中的天文摄影师；佳能 20Da，20 毫米 f2.5 镜头，ISO 1600，曝光 25 秒。
下图：银河和黄道光；Hutech 公司改装的佳能 300D，10 毫米镜头跟踪拍摄，曝光 10 分钟。

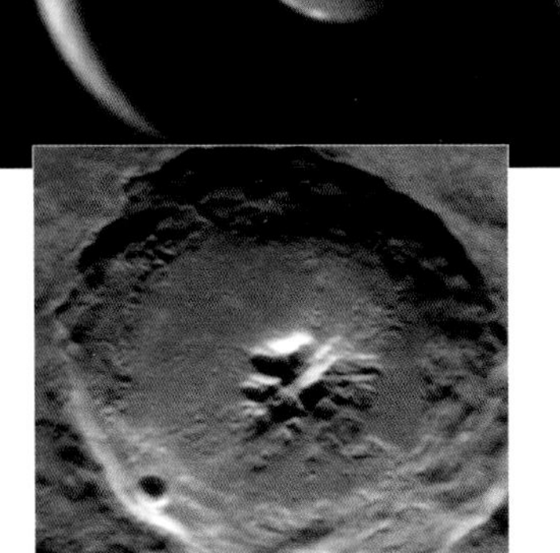

涉及了赤道装置上的马达驱动、微动控制和控制板。观测者需要先通过导星镜选出一颗恒星，再将其调整到导星镜目镜十字丝的中心，然后在曝光的过程中利用控制板来保持其位置不变。

除了手动导星之外，我们还可以进行自动导星，尤其是在长时间曝光拍摄时。这需要把导星镜目镜端的观测者换成CCD传感器，它们能探测到引导星的任何偏移，然后向支架发出电信号，使支架移动来矫正这一偏差。

拍摄行星

数字成像技术带来的另一场革命是用便宜的网络摄像头来拍摄行星。这些微小的照相机最初是用来拍摄低分辨率电影的，这些电影会通过计算机传到网上。然而，当网络摄像头被用来通过望远镜拍摄行星时，结果是令人震惊的——其拍摄的图像可以和几年前地面上最大的望远镜拍摄的最佳图像相媲美。

星特朗、猎户和一些厂商运用网络摄像头的成像技术推出了行星拍摄的专用相机，它们可以安装在望远镜目镜的接口上。望远镜旁的计算机可以记录下数千帧该相机输出的画面，所提供的软件（仅适用于个人电脑）会自动从中挑选出最锐利的20%，然后对准并叠加它们，这一过程能极为有效地去除噪点。（不过，拍摄行星需要不断学习和反复实践，初学者要有耐心。）

一般来说，利用这种方法获得的最终行星照片会比用普通的数码或胶片相机所拍摄的照片多呈现10～20倍的细节。现在，通过选择最锐利的图像并把它们叠加成一张照片，后院天文学家们可以得到比肉眼通过相同的望远镜所能看到的更清晰的图像。而火星的成像从这一发展中得益最多。

火星比其他天体拥有更多的细节和难以捉摸的痕迹。一个世纪前，人们对这些细节的解释导致了火星运河的“发现”。现在我们知道这些运河并不存在，而在后院天文学家们利用网络摄像头拍摄的图像中，我们可以第一次清晰地看到这些被误解成运河的细微特征。

预言天文摄影会何去何从就像是乱放枪。在我看来，没有人的预言能接近天文摄影未来在天文台和业余天文学领域的真正发展。无论是在数字成像技术的发展速度上，还是在其对天文学的深远影响上，天文摄影的发展都会比任何人想象的更好。我希望这一趋势会继续下去。

顶图：2005年，加拿大安大略省的业余天文学家达里尔·阿彻使用356毫米（14英寸）的施密特-卡塞格林式望远镜，花了两年时间完成了行星的“全家福”，从左到右分别是水星、金星、火星、木星、土星、天王星和海王星。利用飞利浦的ToUcam网络摄像头以及K3CCDTools和RegiStax软件，阿彻排序、叠加并处理了数千幅网络摄像头拍摄的图像，以便获得这些行星最锐利的彩色合成图像。就在10年前，地球上还没有望远镜能拍摄到具有如此清晰度和细节的图像。

下面那幅是极其精细的西奥菲勒斯环形山（直径为95千米）照片，网络摄像头拍摄技术也引发了月球摄影的革命。这幅照片是用457毫米（18英寸）牛顿反射式望远镜和Luminara相机拍摄的。

CCD照相机：高新天文摄影

单反数码相机能够拍摄出令大多数业余天文学家满意的高质量天体图像。但对那些想把天文摄影推向极致的人来说，他们会选择天文 CCD（电荷耦合器件）相机。有了 CCD 相机，后院天文学家们可以拍出惊人的图像。事实上，他们拍摄的一些照片可以称得上是迄今最精细的天体照片。

与单反胶片和数码相机不同，天文 CCD 相机是为通过望远镜进行天文摄影而专门设计的。我们通过计算机（通常就放在望远镜旁）来控制相机，拍摄一系列经过滤光的单色（绿、红、蓝）图像。单次曝光时间可持续几秒至 1 小时以上，但通常为 1~10 分钟。通常，这些用每块单色滤光片拍摄的图像和未滤光的图像（黑白）通过数字合成技术一起合成彩色图像。

以上是对这个过程的简单描述，实际上它需要相当艰苦的学习和在器材上的大量投资。CCD 传感器极高的灵敏度是它吸引人的地方，一个 CCD 的成像面几乎计算望远镜接收到的每个光子。虽然单反数码相机也在日臻完善，但前沿领域中的天文摄影（专业和业余）实践表明（至少从 2006 年开始），天文 CCD 相机能够挖掘出更多、更暗弱的细节。然而，它们的价格不菲：高档的天文 CCD 相机起价就能达到数千美元，如广受好评的由圣巴巴拉仪器集团（Santa Barbara Instruments Group）生产的那一系列。

为了吸引对 CCD 成像感兴趣的天文爱好者，几家天文器材制造商在 2004 年推出了价格较低的 CCD 相机。例如，米德的深空天体照相机工作起来和高档的基本一样，但分辨率较低，售价约 500 美元。猎户的深空 CCD 相机与之类似。对无意购买单反数码相机但又被 CCD 天文成像所吸引的人来说，它们都是合适的选择。

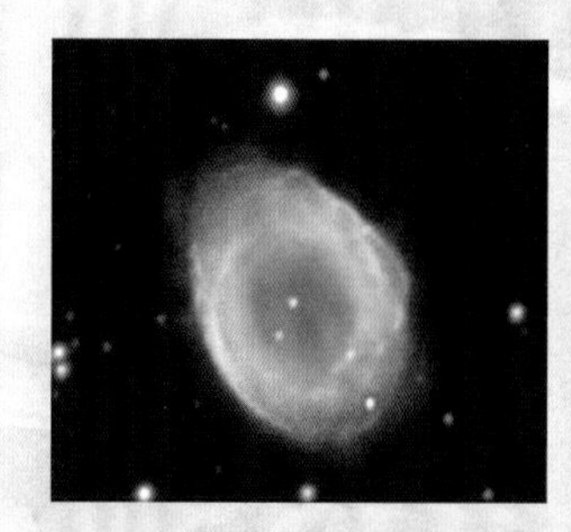

单反数码照相机最终会被天文 CCD 相机取代吗？从短期来看还不会。单反数码照相机会吸引更多以单反胶片照相机开始天文摄影生涯的天文爱好者，而以计算机和技术为导向的天文迷则会被 CCD 的成像威力所吸引。

总之，近年来天文摄影的发展速度快且具有革命性。在天文摄影中，数码相机和天文 CCD 相机已经在很大程度上取代了胶片相机。天文摄影家们从来不曾拥有如此强大而又多功能的工具，以及众多发挥创造力的机会。

左上图是加拿大安大略省渥太华的艾伯特·赛凯利，他在 279 毫米（11 英寸）星特朗的施密特 - 卡塞格林式望远镜上用 SBIG ST-10XME CCD 相机（左中图）拍摄了右侧的照片。虽然他的望远镜位于郊区的后院里，但赛凯利可以用屋内的笔记本电脑（左下图）来调整仪器的指向并控制曝光时间。我们可以从这些图像的清晰度看出，计算机处理可以大幅度地消除郊区光污染造成的有害影响。

第12章

南半球星空

对一些人来说，一颗星星就是一个太阳。

——卡尔·萨根

一段时间以来，很多北半球的天文学家都会暗自为地球生来就“上下颠倒”而惋惜。他们希望地球能转180°，使北半球朝南、南半球朝北。这样一来，天空中最富饶的部分就会位于地球上大多数居民的头顶，银河系的光辉能够在夜间完全展现出来，而不像现在——如果从北半球看，它靠近或者干脆就位于南方地平线之下。

解决的办法倒是有，不过北半球的居民必须在机场和机舱里忍受14～24小时（更不要说机票钱了）才能看到南半球的景色。不过对天文爱好者来说，这趟旅行绝对是值得的。北美和欧洲的天文爱好者若想目睹自己所未见过的星空，他们最钟爱的目的地就是澳大利亚。其实任何中南纬地区都能满足条件，不过澳大利亚以其适宜的气候、稳定的政治环境和熟悉的文化成了人们的不二选择。

在我第一次前往澳大利亚时，我发现北半球天文学家的第一要务是要习惯这里和北半球上下颠倒的天空景象，在原来的天空中朝上的星座在澳大利亚是朝下的。例如，在北半球的冬季（南半球的夏季），从南半球看去，猎户座是头朝下的，它倒转的腰带和佩剑在澳大利亚被称为平底锅。一旦我熟悉了上下颠倒的猎户座，它看上去的确有点像平底锅。

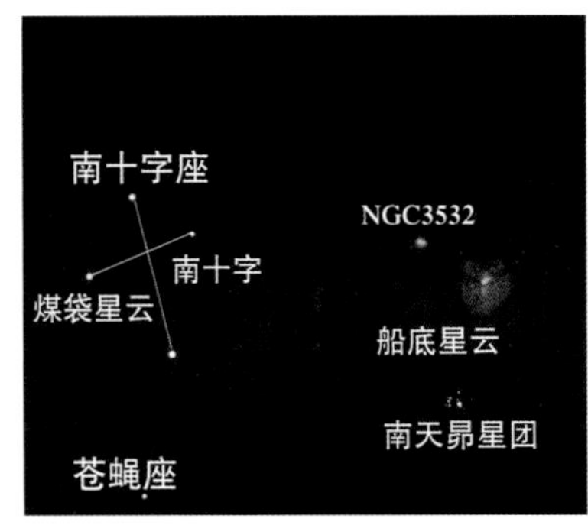

但是，让颠倒的星座带来的新奇和暂时的困惑黯然失色的是一大片新的天区，那里有几十个星座，是银河中灿烂的区域。那里就像一片天文学的仙境（下一页的图片显示了其中的一部分），看着那里几乎就像访问另一颗行星。天空中最棒的疏散星团、球状星团和星云，外加两个最近的星系，都在地球的南边而不是北边！

举例来说，仙女星系是在北半球能看到的最亮星系，它在肉眼中只是一个暗弱的模糊斑点，在双筒望远镜中是一块椭圆形的光斑，在天文望远镜中要更清楚一些。而大麦哲伦云（与仙女星系相比是一个较小的星系，但近了14倍）是在澳大利亚能看到的最亮星系，它在肉眼中是一块大得多、亮得多的灰色光斑，就像银河的一部分自己飘了下来。

在双筒望远镜中，大麦哲伦云是一大团恒星和星云状物质。在澳大利亚，我曾在一个晚上花了数小时的时间用457毫米（18英寸）的天文望远镜来观测它，这就

这张在澳大利亚拍摄的广角照片显示了南半球银河最富饶的区域——南十字座和船底星云附近。上一页的图是这张照片的指引图。

像是通过一扇窗户来窥视另一个宇宙连同其中的球状星团。

距离大麦哲伦云不远的是小麦哲伦云，在肉眼中也清晰可见。在16世纪初，葡萄牙探险家费迪南德·麦哲伦第一个记录了这两块光斑的位置和外形，注意到了它们在天空中的独特性。今天，我们知道它们是银河系的伴星系。大麦哲伦云的质量大约是银河系的5%，小麦哲伦云只有1%，它们与地球的平均距离分别为17万光年和19万光年。在未来的几十亿年里，它们最终会落入银河系并被撕碎，其中的星星会融入银河系的群星中。

在南半球的冬季（北半球的夏季），银河系的中心就位于观测者的头顶，那个隆起的发光区域就像是怀孕的银河鼓起的肚子。虽然当银心位于头顶时，银河系的车轮形结构十分明显，但天文学家们直到20世纪初才清楚这一点，部分原因就在于他们大都地处北半球。

南半球星图

与之前版本的书相比，本书中这一章是全新的，为探索南半球神奇夜空的北半球观测者提供了一系列星图。虽然我假设你在澳大利亚或者新西兰观测，但本章中的所有内容适用于全世界的中南纬地区（南纬15° ～ 45° ）。

在北半球的冬季（1 ～ 3月），在加勒比海地区也能看见部分通常属于南半球的夜空（第178页的图片），其中包括著名的南十字座。虽然在加勒比海的观测只相当于看地平线上的冰山一角，但它会吊起任何一个北半球天文爱好者的胃口，它为需要深入更南方才能看见的天空宝藏打出了极具诱惑力的广告。

南十字座既是南半球夜空中最棒的部分，也是最容易被误解的部分。就像北极星、冥王星和小北斗，每个人都听说过南十字。这些天体之所以出名是因为它们确实有名——就像是好莱坞的一些人，他们可能从来都没有在一部著名的电影中出现过，但每个人都知道他们。南十字确实是明亮的恒星构形，但猎户座更为显眼，北十字（天鹅座）也要显眼得多。南十字看起来就像钻石，它可以被当做路标，但没有北半球的北斗七星有效。

黑暗的南半球天空中给人印象最深刻的天

这张照片是作者在澳大利亚新南威尔士北部的一条偏远的高速公路旁拍摄的，显示的是南半球银河中壮丽的船底座—南十字座—半人马座部分。这里远离城镇，对2分钟的跟踪曝光拍摄来说，天空极为黑暗。不过在拍摄期间，一辆有着十几盏灯的巨型卡车正巧从画面中经过。图中左上角的亮星是半人马 α，南十字边上、银河中明显较暗的区域是煤袋星云。

文景观是什么？如果你随机挑选100个人进行调查，大多数人会说是南十字，少数人可能说是南半球银河——的确，一旦你见过南半球的银河，你就再也不会忘记它（上图）。

一个澳大利亚的朋友给我讲过一个故事。一次，他从美国来的几个亲戚造访他的大农场，在一个晴朗的夜晚，他建议亲戚们出去看星星。不一会儿，他们就回来了。“外面多云，”其中一个人说。他随即和亲戚们一起出去，告诉他们，他们头顶的并不是云，而是银河最亮的部

上图：在南半球的秋季和冬季（4~8月），在澳大利亚和新西兰这样的中南纬地区看时，代表银河系中心的巨大核球就位于观测者的头顶。银河的这部分中布满了可用双筒望远镜和小型天文望远镜观测的有趣星团和星云，对北半球中北纬地区的人来说，这里不是太靠近南方地平线，就是根本不可见。

左图：从澳大利亚拍摄的大、小麦哲伦云。

南半球春季夜空

在南半球的以下时间使用这两幅星图：

10 月初	22~0 点
10 月末	21~23 点
11 月初	20~22 点
11 月末	19~21 点
12 月初	18~20 点
12 月末	17~19 点

夏令时再加 1 小时

南半球春季夜空

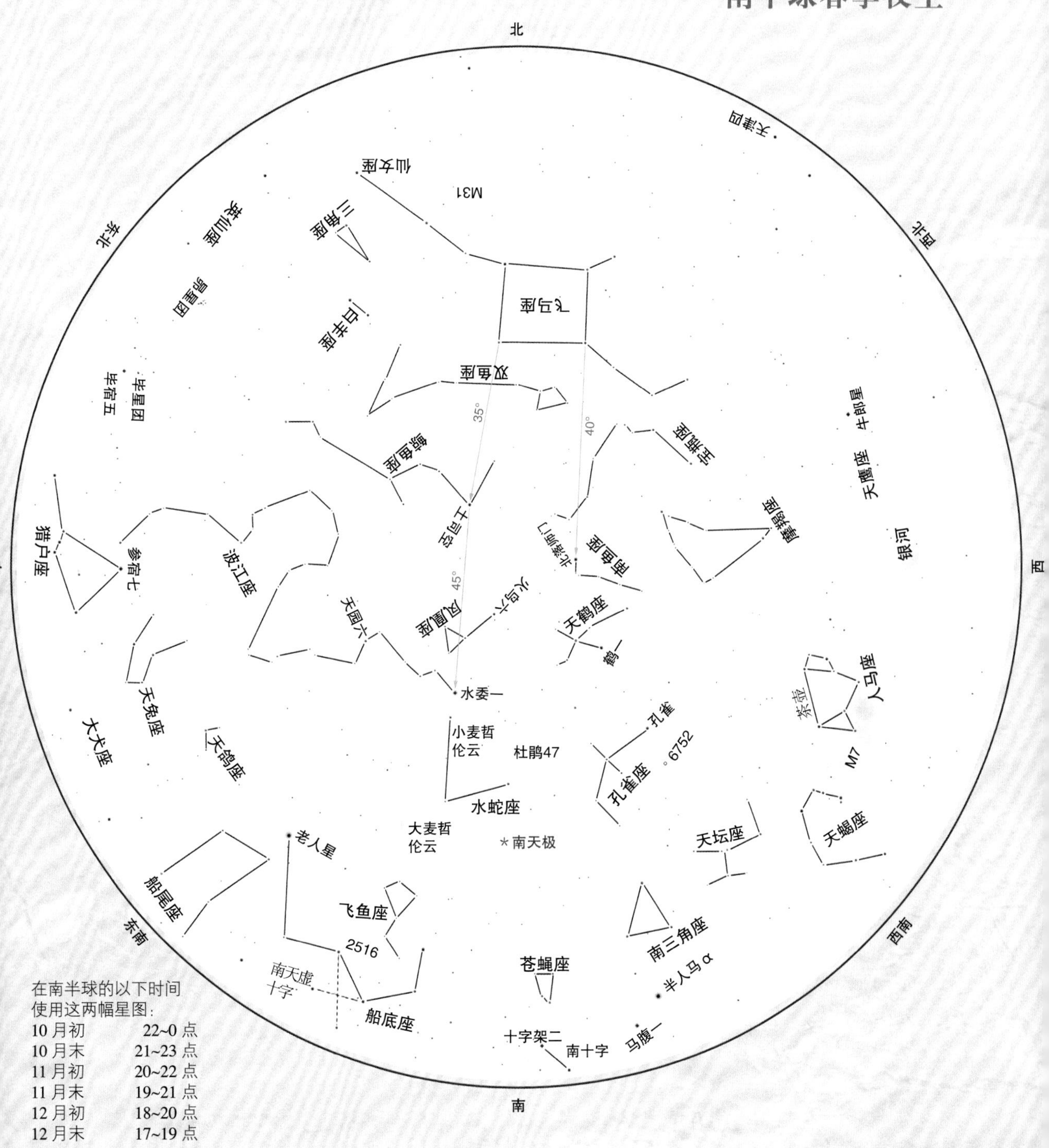

在南半球的以下时间使用这两幅星图：

10 月初	22~0 点
10 月末	21~23 点
11 月初	20~22 点
11 月末	19~21 点
12 月初	18~20 点
12 月末	17~19 点

夏令时再加 1 小时

南半球夏季夜空

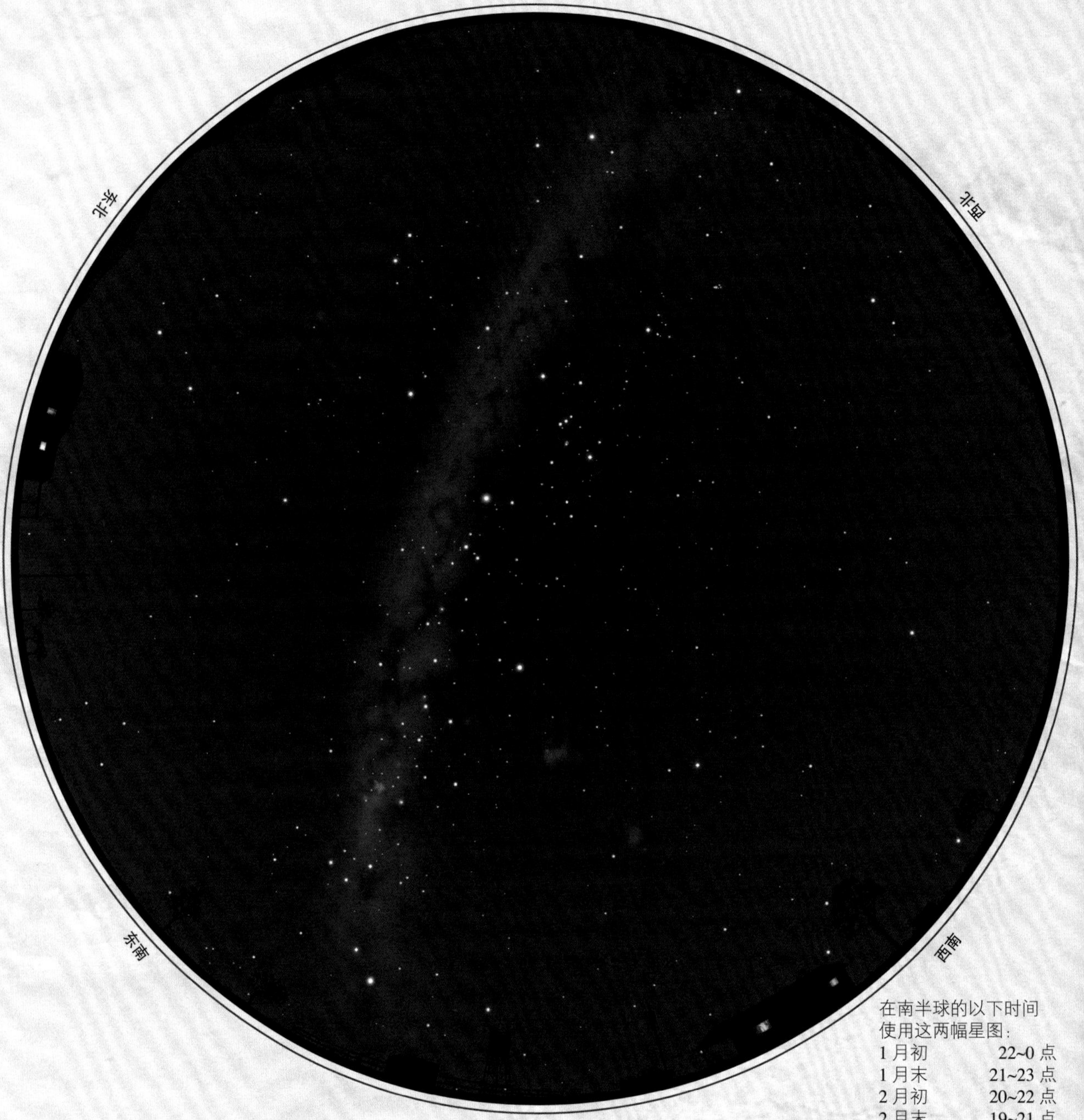

北

东北

西北

东

东南

西南

南

在南半球的以下时间
使用这两幅星图：

1 月初	22~0 点
1 月末	21~23 点
2 月初	20~22 点
2 月末	19~21 点
3 月初	18~20 点

夏令时再加 1 小时

南半球夏季夜空

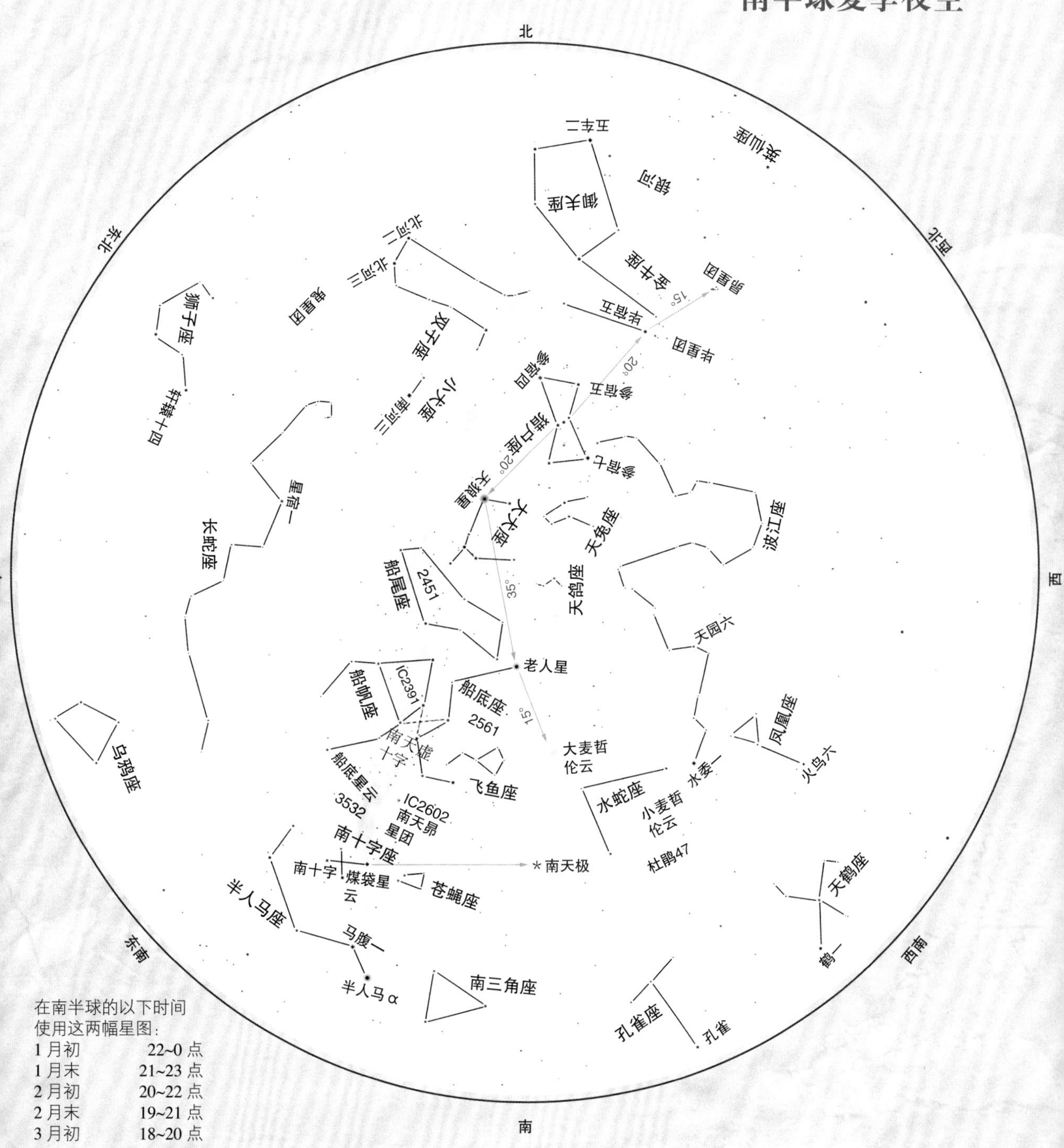

在南半球的以下时间
使用这两幅星图：

1 月初	22~0 点
1 月末	21~23 点
2 月初	20~22 点
2 月末	19~21 点
3 月初	18~20 点

夏令时再加 1 小时

分——银河系的中心！

明亮的银河——这是你会永远记住的景象，但只有在正确的时间和地点观测才行。南半球的秋季和冬季（4 ~ 8月）是观测银河的最佳时节，那时银河系的中心会位于天空高处。但是其他月份也有精彩的看点。当银河最亮的部分位于低处时，麦哲伦云就会居于高处。此外，和北半球的天空相比，无论什么时候看，南半球的天空都更亮。那里有更多的恒星，就如同银河系的闹市区一样。

南半球和北半球天空的另一个区别是南半球没有南极星。好吧，其实这个说法并不确切。南极 σ 是暗弱的5.4等星，它到南天极的距离和北极星到北天极的距离相当。但它实在太暗了，无法像北极星那样为肉眼观测提供明确的指引（但是，当校准赤道装置的极轴以用于天文摄影时，与北极星及其周围稀少的恒星相比，我发现南极 σ 及邻近的恒星所组成的四边形更易于使用）。不过，我们还有不用南极星找到南天极的巧妙方法。向南延伸南十字的长轴，当这条线与从大麦哲伦云向东延伸的线形成直角时，直角处与南天极的距离就在几度之内。

和北半球的星座不同，南半球的星座并不源于数千年来的传统和各种神话传说。在这里，星星的构形大多由16 ~ 18世纪的欧洲水手发明，他们利用这些清晰的空中路标航行到赤道以南

在北半球冬季的几个月里，加勒比海诸岛是人们一窥南半球富庶星空的地点。这张照片是作者于月光下在巴巴多斯南岸酒店的阳台上拍摄的，显示了从老人星到南十字的天区。这张照片左半部分的更多细节可以在第171页从澳大利亚拍摄的照片中看到。在那张照片中，请注意位于船底星云侧面的华丽星团NGC3532和IC2602（南天昴星团），这三个星团是每个到加勒比海度假的天文爱好者用双筒望远镜捕捉的主要目标。在加勒比海地区，上图中天区的可见时间大约是12月的5点、1月的3点、2月的1点和3月的23点。在相同的时间，从中美洲和墨西哥南部也能看到这部分天区。为了把这部分景象和南半球的整个星空对上，请参见第181页南半球秋季夜空星图的中央部分。

在肉眼中，半人马 ω 球状星团是银河系中最大、最亮的球状星团，像一颗 3.8 等的模糊恒星。在双筒望远镜中，它是明亮且略显椭圆形的光斑。而在天文望远镜中，它的样子令人永生难忘。

的地方。因此我们有了六分仪座、船底座、船帆座、船尾座、剑鱼座和罗盘座等星座。我们需要花些时间来熟悉这些新的夜空图案，其中一些景观在双筒望远镜中十分漂亮。因此，到南半球旅行时，记得带上你最钟爱的双筒望远镜。

在双筒望远镜中，南半球最漂亮的天文景观是大、小麦哲伦云，它们不同于天空中的其他任何天体。在肉眼中，它们呈云雾状；而用双筒望远镜，我们能看到其中的恒星，就像看近在咫尺的“星城”。

其次漂亮的是船底星云（更正规的名字是船底 η 星云）。它是类似于猎户星云的恒星形成区，但比后者更大、更亮。它可以用肉眼很容易地看到，犹如银河明亮区域中的一个点。在双筒望远镜中，它是一个结构清晰的灰色星云。

排在第三的是半人马 ω 球状星团，它是银河系中最大的球状星团。本页中的照片即是该星团，是我在澳大利亚用 102 毫米（4 英寸）折射式望远镜拍摄的。多么壮观的宇宙标本啊！

南半球最亮的恒星

恒星	亮度	距离（光年）	
老人星	−0.6	315	仅次于天狼星的全天第二亮星
半人马 α	−0.3	4.4	肉眼可见的最近的恒星
水委一	+0.5	150	和南河三亮度相似
马腹一	+0.6	525	和牛郎星亮度相似
十字架二	+0.8	320	南十字座中最亮的恒星
十字架三	+1.3	350	南十字座中第二亮的恒星
十字架一	+1.6	90	南十字座中第三亮的恒星
南船二	+1.7	110	又名船底 β

紧随其后的是杜鹃 47，它是一个较小、较暗的球状星团，位于小麦哲伦云旁边（但两者没有关系）。大多数观测者认为杜鹃 47 是天空中最漂亮的球状星团，因为它的恒星向中心聚集得更紧密。

还有几个疏散星团沿着南半球银河分布，它们也位于夜空中最美的天体之列。华丽的星团 NGC3532 是第一次拍摄时就令我喜出望外的。虽然它是用肉眼可以轻易看到的天体，但多年来还没有获得一个俗称，我建议将其称为“钻石尘星团”。

另一些漂亮的星团还有南天昴星团 IC2602（靠近船底星云）、船帆座的明亮星团 IC2391、靠近南天虚十字（上一页照片）底部的漂亮星团 NGC2516（用双筒望远镜可见），以及天蝎座中的 M7。从北半球看，M7 位于南方低处；但在南半球的冬季看，它靠近头顶，十分壮观。

南半球秋季夜空

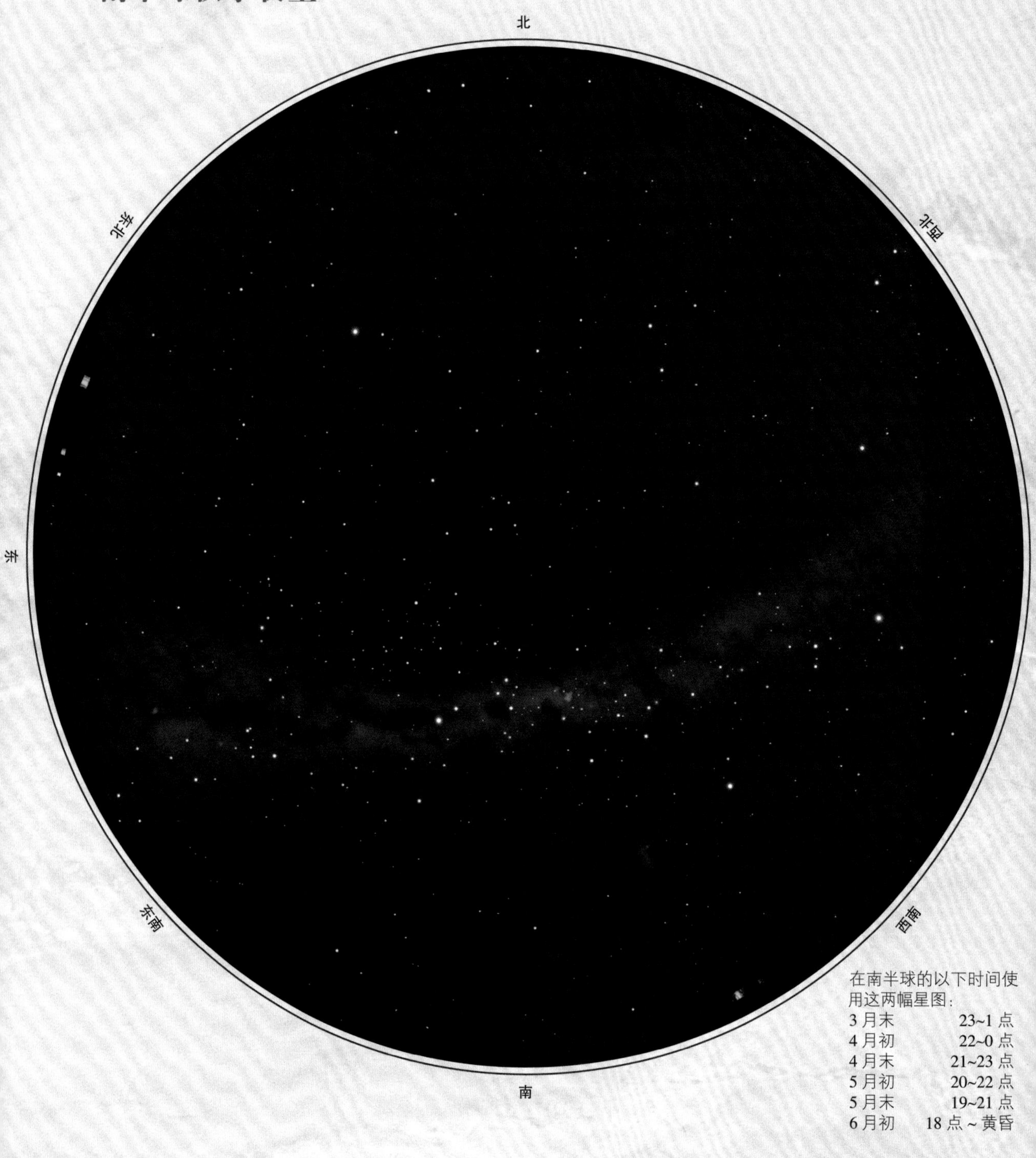

在南半球的以下时间使用这两幅星图：

3 月末	23~1 点
4 月初	22~0 点
4 月末	21~23 点
5 月初	20~22 点
5 月末	19~21 点
6 月初	18 点 ~ 黄昏

南半球秋季夜空

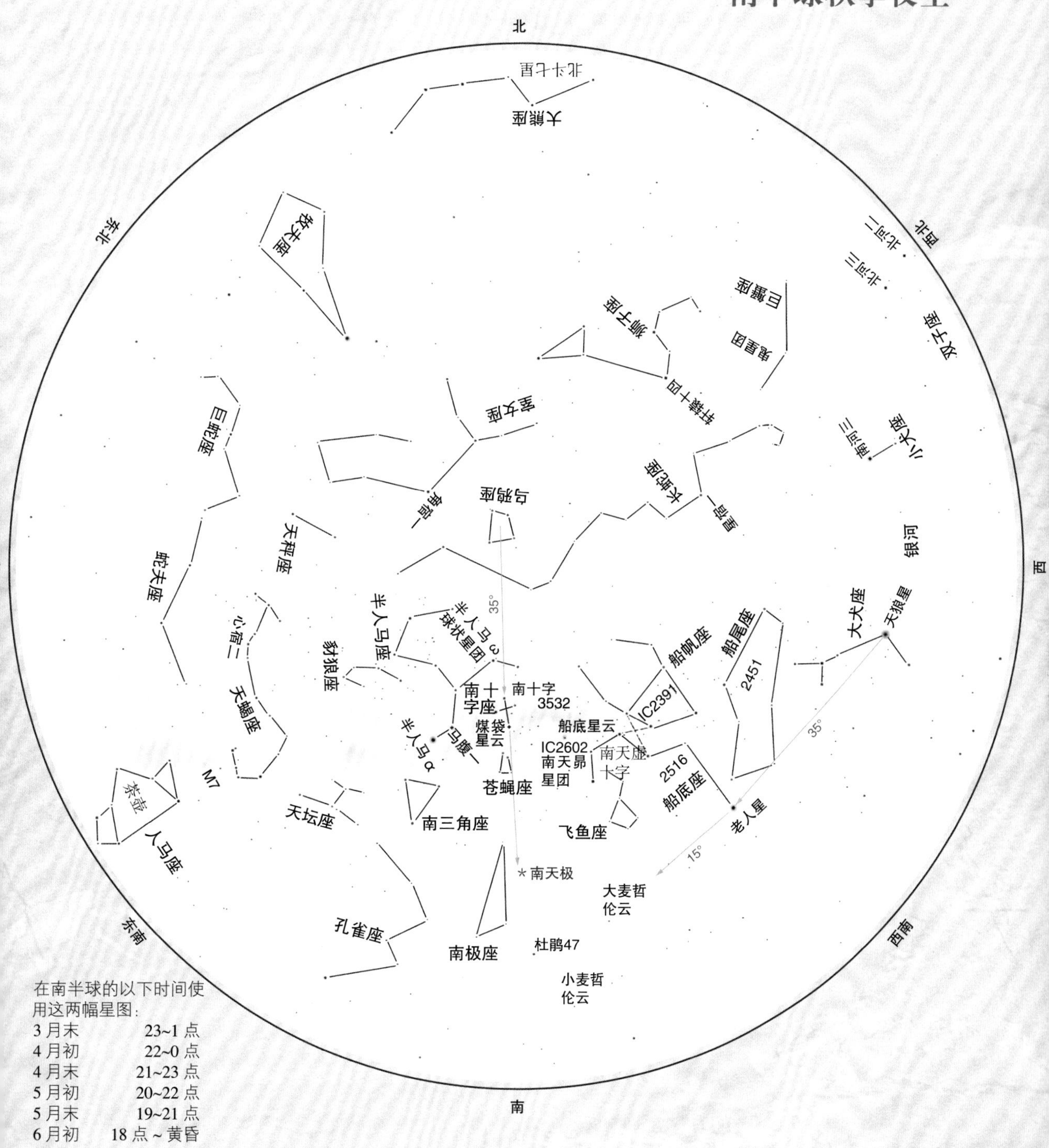

在南半球的以下时间使用这两幅星图：

3月末	23~1点
4月初	22~0点
4月末	21~23点
5月初	20~22点
5月末	19~21点
6月初	18点~黄昏

南半球冬季夜空

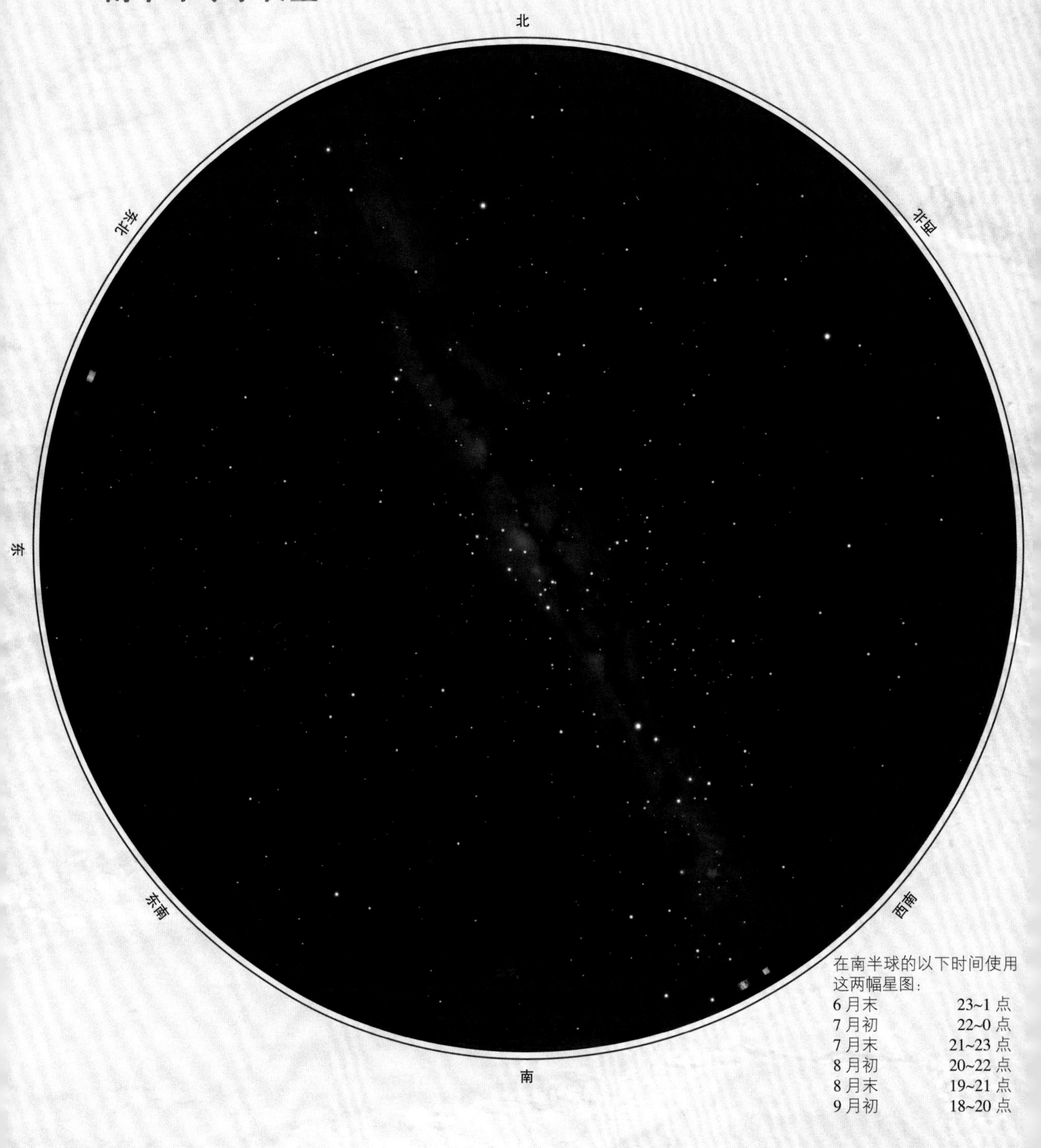

在南半球的以下时间使用这两幅星图：

6月末	23~1点
7月初	22~0点
7月末	21~23点
8月初	20~22点
8月末	19~21点
9月初	18~20点

南半球冬季夜空

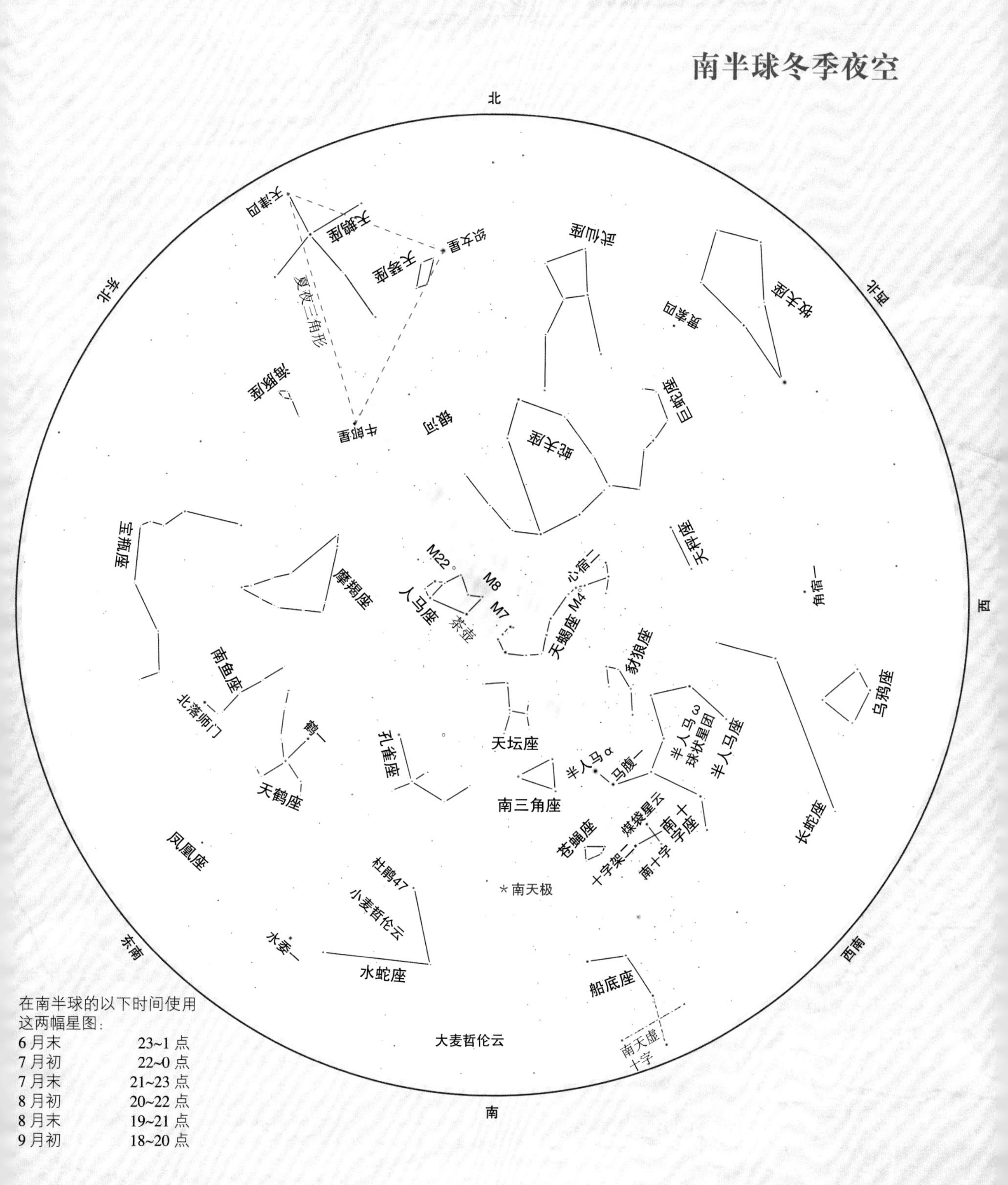

在南半球的以下时间使用这两幅星图：

6月末	23~1点
7月初	22~0点
7月末	21~23点
8月初	20~22点
8月末	19~21点
9月初	18~20点

第13章

在无数星星的光芒下，世间的一切也只不过是蚂蚁的烦恼。

——艾尔弗雷德·丁尼生勋爵

和所有业余爱好一样，天文学也需要在器材和其他用品上进行一定的初期投入。你至少需要一副好的双筒望远镜、一些普通的天文书籍、一两本实践手册、一个好的桌面天文软件、一本年度数据参考书，以及至少订阅一本天文杂志。本章将针对这些内容给出一些建议。

当然，通过谷歌这样的在线搜索引擎，我们可以找到海量的参考资料，但它们无法替代那些将资料以更方便阅读的形式呈现出来的好书，后者可以伴随你和你的望远镜去往任何地方。

观星实践指南

《夏季观星》（*Summer Stargazing*，萤火虫出版社）是本书的姊妹书，其中的星图和信息是针对夏季夜空的。

每个天文爱好者的书架上都应该有的一本经典参考书是罗伯特·伯纳姆的《伯纳姆天体手册》（多佛出版社）。这套三卷本的巨著花费了几十年时间著成，厚达2 100页，其中详细描述或列出了用天文爱好者望远镜可以看到的成千上万的聚星、变星、星团、星系和星云。

我最钟爱的6等星图是威尔·蒂里昂的《亮星图》（*Bright Star Atlas*，威尔曼-贝尔出版社）。书中给出了所有暗至6.5等的恒星，星图对开页上的表格中列出了数千个深空天体。（写信至Willmann-Bell Inc., Box 35025, Richmond, Virginia 23235可获得免费的天文图书目录。）《剑桥星图2000》（*The Cambridge Star Atlas 2000*，剑桥出版社）中的星图是彩色的，样式稍有不同。

更暗一些的星图（暗至7.5等）是邓洛普、蒂里昂和吕克尔的《夜空星图》（*Atlas of the Night Sky*，哈珀柯林斯出版社），其中包含了详细的月面图和观测时间表。

威尔·蒂里昂的《世纪天图》（天空出版社）是详尽的8等星图，大而整齐。本书的第93页上有该书的一部分图片。

对业余天文学家来说，令人印象深刻的9等星图是《量天2000》（*Uranometria 2000*，威尔曼-贝尔出版社），共两卷本220页，两页宽的星图上显示了暗至9.7等的28万颗星星，天文爱好者望远镜所能看见的几乎每一个天体都有标注。尤其宝贵的是另外26幅暗至11等的特写星图，放大了正常星图中拥挤的区域。其姊妹书是《深空星场指

南》(*The Deep Sky Field Guide*，威尔曼 - 贝尔出版社)，书里星图中每个深空天体的数据都被列出来了。

其他有用的参考书还有克罗森和蒂里昂的《双筒望远镜天文学》(*Binocular Astronomy*，威尔曼 - 贝尔出版社)、菲利普·哈林顿的《双筒望远镜巡游宇宙》(*Touring the Universe Through Binoculars*，威利出版社)、菲利普·哈林顿的《深空入门》(*The Deep Sky: An Introduction*，天空出版社)、《戴维·利维的夜空指南》(*David Levy's Guide to the Night Sky*，剑桥出版社)、艾伦·麦克罗伯特的《后院天文学家的星空旅行》(*Star-Hopping for Backyard Astronomers*，天空出版社)、开普尔和桑纳的《夜空观测者指南》(*The Night Sky Observer's Guide*，威尔曼 - 贝尔出版社)，以及哈佛·彭宁顿的《全年梅西叶马拉松指南》(*The Year-Round Messier Marathon Field Guide*，威尔曼 - 贝尔出版社)。对第一次制造望远镜的人来说，理查德·贝里的《制作自己的望远镜》(*Build Your Own Telescope*，卡姆巴克出版社)是一本好书，贝里本人是简单、耐用望远镜的设计专家。到目前为止，最好的月球观测指南是安东宁·吕克尔的《月亮地图集》(*Atlas of the Moon*，天空出版社)。吕克尔给出了漂亮的月面图，他对月面特征的简要描述也非常棒。

盖伊·奥特韦尔的《天文指南》(*The Astronomical Companion*)成功地整合了许多散布在不同天文学入门书籍中的概念，奥特韦尔还绘制了一系列新颖的插图，正确地表现出大范围的宇宙结构和天象。我在此强烈推荐此书（只能从其出版商处买到：Universal Workshop, Dept. of Physics, Furman University, Greenville, South Carolina 29613)。

天文馆

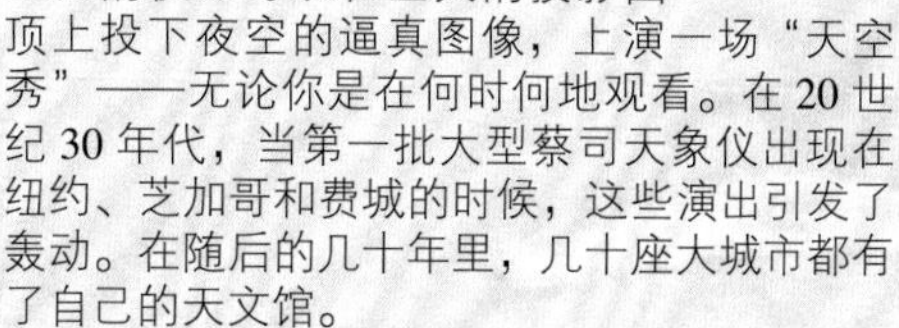

很多大城市都拥有天文馆，里面的仪器可以在巨大的投影圆顶上投下夜空的逼真图像，上演一场“天空秀”——无论你是在何时何地观看。在20世纪30年代，当第一批大型蔡司天象仪出现在纽约、芝加哥和费城的时候，这些演出引发了轰动。在随后的几十年里，几十座大城市都有了自己的天文馆。

今天，在一个拥有虚拟现实游戏和炫目的好莱坞视觉特效的时代，天文馆已经失去了大部分影响力。现在很少有新建的天文馆，已有的一些天文馆也因预算削减而不断萎缩。然而，参观天文馆的美好经历会对人——特别是年轻人——的一生产生影响。由于大多数天文馆都会制作自己的节目，其质量就会从非常吸引人到尚可不等。问题是，一旦你看了一场无聊的节目，你可能就不想再去任何一座天文馆了。我的建议是，如果发生了这样的情况，你可以试试另一座天文馆。或早或晚，你会看到真正好的节目。如果当地天文馆的节目质量很高，每逢有新节目你都可以去捧场，用这种方式来支持它。

一些天文馆还开设了不错的天文学入门课程，并在这些课程中提供望远镜。天文馆的书店也是天文书籍、星图和参考资料的最佳购买地。在多数情况下，当地的天文俱乐部也会在天文馆开会。如果天文馆具有这些功能的话，它应该会成为城市和周边地区天文活动的中心。

杂志

专门针对天文爱好者且在很多时候由业余天文学家撰文的天文月刊主要有两种。许多天文爱好者两种都订阅了，而定期深入地阅读至少一种会让你了解最新的天象和天文发现。它们同时还包含了大量广告，是天文器材卖家的最佳聚集地。

《天空与望远镜》，49 Bay State Road, Cambridge, Massachusetts 02138（电话：800-253-0245；网址：www.skyandtelescope.com)。所有认真的天文爱好者、许多职业天文学家和数千座图书馆都订阅了这一优秀的刊物。如果在美国或加拿大等国家，我们可以在报亭买到它，望远镜经销商处也常常有售。该杂志旨在覆盖整个天文学领域，从最新的天体物理学发现到有关天文爱好者集会的报导，当然

星空派对

每年，在北美的50多个地点，天文爱好者们会聚集起来，举办一年一度的星空派对，分享兴趣、交流经验并用高质量的望远镜观测星空。有经验的业余天文学家会进行演讲并发起讨论，著名的天文学者也会到场，望远镜经销商和制造商则会来展出自己的产品，每个人都很开心。近年来，随着这些活动越来越受到家庭的欢迎，更多的星空派对开始举办针对孩子的讲座和活动，参与者可以从几十人到2 000人，甚至更多。

星空派对已经成了北美天文活动的重要组成部分。新手可能对"派对"这个词有顾虑，但在这里，你会兴奋地看到你所见过的最好的木星云带或者M51的旋臂。对大多数参与者来说，星空派对是结识一大批天文发烧友的绝佳机会。如果你是刚入门的天文爱好者，我觉得没有比这更好的能让你瞬间完全沉浸在这个爱好中的方式了。而且，星空派对是了解望远镜并通过各种望远镜观测夜空的理想途径。

在北美地区，大部分天文集会都在夏季举办，它们都会于几个月前在《天文学》、《天空和望远镜》以及《星空新闻》杂志上公布地点和网址——提供更多信息。其中最大和最好的年度集会包括在得克萨斯州西南部大农场举办的得克萨斯星空派对、在佛蒙特州的斯普林菲尔德附近举办的星空派对、在宾夕法尼亚州举办的黑森林星空派对、在华盛顿州中部举办的平顶山星空派对、在加利福尼亚州大贝尔湖举办的河边望远镜制造者会议、在伊利诺伊州中部举办的天文节、在佛罗里达群岛举办的冬季星空派对（2月），以及在加拿大的安大略省举办的星星节。通常，这些活动会在适宜观测的地点持续举办2~3天。如果你打算参加一个星空派对，最好提前报名，因为许多活动提供的住宿和露营场地是有限的。

也包括通过图表展示的最新天文现象。

《天文学》(*Astronomy*)，P.O. Box 1612, Waukesha, Wisconsin 53187（电话：800-553-6644；网址：www.astronomy.com）。这一彩色出版物在国外的许多报亭有售，每期都包含了插图丰富的专题报导和关于天文器材、观测技术以及最新天象和星图的文章。

《星空新闻》(电话：866-759-0005；网址：www.skynews.ca)。这本加拿大的天文杂志为彩色双月刊，刊登针对初学者的文章和星图，在加拿大的许多报亭和美国的大型书店（如Barnes & Noble）有售。《星空新闻》同时也是加拿大皇家天文学会的会刊。

天文书籍

入门性的大学教科书概述了最新的天文学知识，例如蔡森和麦克米伦的《今日天文学》(*Astronomy Today*，普伦蒂斯·霍尔出版社)。在这类书籍中，它是我最爱的之一，不过还有几十种同类型的可选。逛一下离你最近的大学书店或者网上书店，买一本目前正在使用的天文学教材。

不如《今日天文学》那样专业的是特伦斯·迪金森的《宇宙和更远处》(*The Universe and Beyond*，萤火虫出版社)，其内容涵盖了天文学的各个方面，从太阳系探测到宇宙学，再到地外生命。针对一般读者而言，还有三本很棒的天文书籍：蒂莫西·费里斯的《进入银河的时代》(*Coming of Age in the Milky Way*，次日出版社)、蒂莫西·费里斯的《在黑暗中张望》(*Seeing in the Dark*，西蒙与舒斯特出版社）以及卡尔·萨根的《暗淡蓝点》(*The Pale Blue Dot*，兰登书屋)，这些都是很棒的科学作品。

伊恩·里德帕思的《星星的故事》(*Star Tales*，宇宙出版社）和杰弗里·科尼利厄斯的《星星知识手册》(*The Starlore Handbook*，综合出版社）详述了每个星座的经典神话。朱利叶斯·斯

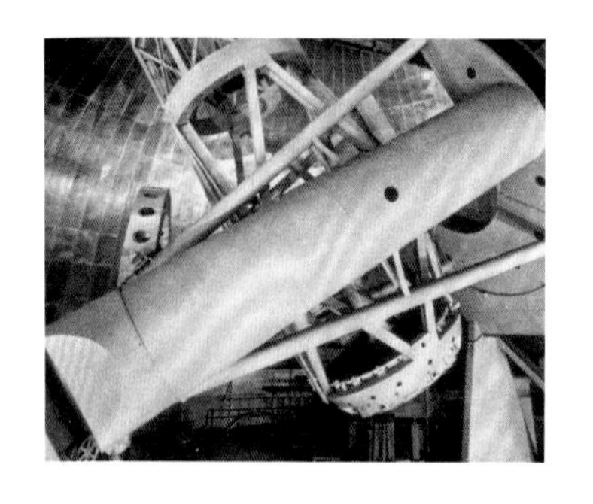

塔尔的《天空中的新图案》(*The New Patterns in the Sky*，麦克唐纳与伍德沃德出版社）中提到了关于其他文化的鲜有人知的神话。更专业的参考书是西奥尼·康多斯的《希腊和罗马的星星神话》(*Star Myths of the Greeks and Romans*，法涅斯出版社)。

光污染

从国际黑暗天空协会处可以获得非常好的参考资料（地址：3225 N. First Avenue, Tucson, Arizona 85719；电话：520-293-3198；网址：www.darksky.org)。

年度出版物

加拿大皇家天文学会（地址：203-4920 Dundas St. W ,Toronto, Ontario M9A 1B7）每年都会出版《观测者手册》，它是所有后院天文学家必备的参考书。其中有几十个关于天象的表格，从月出和月没时间到木星卫星的位置，再到北美的陨石坑。全面和精确使得《观测者手册》成了业余天文学家广泛使用的年度参考资料。

其他两本年度出版物是由《天文学》杂志出版的《探索宇宙》(*Explore the Universe*)，以及《天空和望远镜》杂志出版的《看星空》(*Sky Watch*)。到了秋季，国外的很多报亭都有售。虽然不如《观测者手册》那么全面，但它们仍包含了用于下一年观测的大量有用信息，而且每本10美元的价格也比较适中。

计算机软件

在过去的几年中，针对个人计算机的天文软件的发展十分迅猛，几十种功能各异的软件问世。对一般的天文爱好者来说，最有用的是包含天象仪程序的软件。用户可以选择日期、时间和地点，软件会模拟出包含地平线、行星、恒星和星座（有或没有连线）等的天空。这种软件通常也包含其他有用的功能，但易于使用的天象仪功能是最主要的。

两大最流行的桌面天象仪程序是 Starry Night（网址：www.starrynight.com）和 TheSky（网址：www.bisque.com)。这两种软件都很棒，有不同的版本，适用于个人电脑和苹果电脑。另一个流行且免费的天象软件是 Stellarium，它会帮助你找到你所需要的一切，你可以在网上下载此软件。如今的天象软件可以呈现出极为逼真的夜空景象，你会发现它们是最有用的观测助手。

天文俱乐部

关于业余天文学，我所作的最明智的决定之一就是参加一个天文俱乐部——加拿大皇家天文学会（RASC）(地址：203-4920 Dundas St. W, Toronto, Ontario M9A 1B7；电话：888-924-7272 或 416-924-7973；网址：www.rasc.ca)。加拿大皇家天文学会在加拿大的所有大型城市都有分会，其 4 000 名会员会收到一些实用的出版物，其中包括不可或缺的《观测者手册》。美国没有可以和加拿大皇家天文学会相提并论的国家天文学会，但有一个与之相似的区域性组织——太平洋天文学会（地址：390 Ashton Avenue, San Francisco, California 94112；电话：415-337-1100)，这个组织中包括了西部各州的 7 000 多名业余和职业天文学家。

在北美，几乎每个人口超过 5 万的城市都有一个天文俱乐部。会员可以参加观测日全食的旅行或小组观测活动，这是寻求建议和了解各类望远镜的最佳机会。一些天文小组利用会员的资助来为俱乐部建造天文台，会员在订阅天文杂志和购买天文书籍时能享受折扣。

你可以用以下方法来寻找离自己最近的天文俱乐部。大型天文杂志的网站会给出关于俱乐部的最新列表。你也可以给黄页中“望远镜”一栏下方的商店打电话，它们一般都和当地的天文爱好者有联系。如果还不行，你可以向最近的博物馆或天文馆咨询，其工作人员应该知道当地活跃的天文爱好者组织以及他们的活动地点。

望远镜设备和附件

哪里是购买望远镜的最佳地方？也许并不是当地的购物中心和周边的大型折扣店，这些商店卖的往往是我在第 5 章中警告大家不要购买的入门级望远镜。一些颇具规模的城市会有望远镜经销商，他们会在大型天文杂志、黄页和网上做广告。当地天文俱乐部的成员也会乐于向你推荐购买望远镜的地方。在经销商处，你既可以看到各种各样的器材，也会从比百货商店售货员更有知识的人那里得到建议，还有人能为你提供售后服务。大多数望远镜经销商会销售所有著名品牌的望远镜，你还可以在那里预定几乎全部的附件。

有用的网站

下面列出的网站都得到了很好的维护，也十分实用。由于之前已经提到了一些网站，因此这里列出的并不多。此外，大多数天文迷的兴趣比较具体，他们更喜欢浏览针对性较强的网站。

www.cleardarksky.com。今晚是晴天吗？这个杰出的网站能预报 36 小时内你所在地上空的云量，它可能是你最常访问的网站。

apod.nasa.gov/apod。作为美国国家航空航天局（NASA）每日一图的来源地，这个网站每天都会提供新的天文图片及对其的简短描述，这些图片往往和最新的发现直接相关。这个网站是一个很好的资源库，其中包含数千张图片，你可以利用关键词来搜索它们。

spaceweather.com。流星雨、彗星、极光、太阳耀斑……总之，你可以在这个网站上了解任何相对靠近地球的天象变化。

www.jpl.nasa.gov/news。美国国家航空航天局专门提供关于无人行星探测任务的信息和新闻的网站。

hubblesite.org。这个网站会发布哈勃空间望远镜拍摄的最新照片和相关新闻。

www.heavens-above.com。这个非常棒的网站可以提供你所在区域上空可见人造卫星的时间和位置。只要输入你的经纬度，它就会给出相关的名单。

www.universetoday.com。这个网站综合了新闻和最新的天文发现的图片。

http://photojournal.jpl.nasa.gov。美国国家航空航天局提供由探测器拍摄的太阳系天体图片的网站，有数千幅行星、小行星和彗星的图片。这个网站是个很好的资源库，你可以找到由卡西尼号土星探测器、“好奇”号火星探测器、伽利略号木星探测器和旅行者号探测器等拍摄的图片。

www.spaceref.com。这是一个非常棒的新闻网站，专门提供关于载人和无人探测器空间探测任务的新闻。

http://spaceflightnow.com。虽然该网站与上一个网站很相似，但是它们提供的信息非常互补。

就像其他人一样，天文爱好者也有自己的论坛。在那里，志趣相投的人们会交换想法、询问或解答问题。其中许多观点看似有理，但请记住这些意见和说法（尤其是关于某些商业器材的）在这些开放的论坛中可能是不准确的，因为论坛上的人可以随意发表自己喜欢的内容。